# 用思维导图学WORD

一品云课堂　编著

中国水利水电出版社
www.waterpub.com.cn
·北京·

## 内 容 提 要

本书以“思维导图”的形式对Word软件进行系统的阐述；以“知识速记”的形式对各类知识点进行全面的解析；以“综合实战”的形式将知识点进行综合应用；以“课后作业”的形式让读者了解自己对知识的掌握程度。

全书共8章，分别对Word基本入门操作、文本及段落的设置、文档排版、文档表格的应用、文档的保护和审阅、文档的输出与打印等功能进行详细讲解。所选案例紧贴实际，以达到学以致用、举一反三的目标。本书结构清晰、思路明确、内容丰富、语言精练、解说详略得当，既有鲜明的基础性，也有较强的实用性。

本书适合想要提高工作效率的办公人员阅读，同时也可以作为社会各类Office培训班的首选教材。

图书在版编目（CIP）数据

用思维导图学Word / 一品云课堂编著. -- 北京 : 中国水利水电出版社, 2020.8
ISBN 978-7-5170-8730-4

Ⅰ. ①用… Ⅱ. ①一… Ⅲ. ①办公自动化－应用软件 Ⅳ. ①TP317.1

中国版本图书馆CIP数据核字(2020)第138740号

策划编辑：张天娇　　责任编辑：白　璐

| | |
|---|---|
| 书　　名 | 用思维导图学Word<br>YONG SIWEI DAOTU XUE Word |
| 作　　者 | 一品云课堂　编著 |
| 出版发行 | 中国水利水电出版社<br>（北京市海淀区玉渊潭南路1号D座　100038）<br>网址：www.waterpub.com.cn<br>E-mail：mchannel@263.net（万水）<br>sales@waterpub.com.cn<br>电话：（010）68367658（营销中心）、82562819（万水） |
| 经　　售 | 全国各地新华书店和相关出版物销售网点 |
| 排　　版 | 德胜书坊（徐州）教育科技有限公司 |
| 印　　刷 | 雅迪云印（天津）科技有限公司 |
| 规　　格 | 185mm×240mm　16开本　14.5印张　237千字 |
| 版　　次 | 2020年8月第1版　2020年8月第1次印刷 |
| 印　　数 | 0001—4000册 |
| 定　　价 | 59.80元 |

凡购买我社图书，如有缺页、倒页、脱页的，本社营销中心负责调换

# 前言 PREFACE

## ■思维导图&Word

思维导图是一种有效地表达发散性思维的图形思维工具，它用一个核心词或想法引起形象化的构造和分类，以辐射线连接所有具有代表性的字词、想法、任务或其他关联的项目。思维导图有助于掌握有效的思维模式，将其应用于记忆、学习、思考等环节，更进一步扩展人脑的思维方式。它简单有效的特点吸引了很多人的关注与追捧。目前，思维导图已经在全球范围得到广泛应用，而且衍生出了世界思维导图锦标赛。

不少人会认为Word很简单，无非就是打打字、设置一下文字格式。非也！Word的实际作用远比你想的要更强大。它与其他办公组件相比，门槛相对比较低，只要会基本的电脑操作、会打字就能够使用，但想要将Word用得熟练，能够轻松处理好日常办公中的一些疑难问题，那还需要不断研究学习才行。

本书用思维导图对Word的知识点进行了全面介绍，使读者通过这种发散性的思维方式更好地领会各个知识点之间的关系，为综合应用解决实际问题奠定良好的基础。

## ■本书的显著特色

### 1．结构划分合理 + 知识板块清晰

本书每一章都分为了思维导图、知识速记、综合实战、课后作业四大板块，读者可以根据需要选择学习充电、动手练习、作业检测等环节。

### 2．知识点分步讲解 + 知识点综合应用

本书以思维导图的形式增强读者对知识的把控力，注重于对Word相关知识的系统阐述，更注重于解决问题时的综合应用。

### 3．图解演示 + 扫码观看

书中案例配有大量插图以呈现操作效果。同时，还能扫描二维码进行在线学习。

### 4．突出实战 + 学习检测

书中所选择的案例具有一定的代表性，对知识点的覆盖面较广。课后作业的检测，可以起到查缺补漏的作用，保证读者的学习效率。

### 5．配套完善 + 在线答疑

本书不仅提供了全部案例的素材资源，还提供了典型操作过程的学习视频。此

外，QQ群在线答疑、作业点评、作品评选可为读者学习保驾护航。

## ■操作指导

### 1．Microsoft Office 2019 软件的获取方法

要想学习本书，须先安装Microsoft Office 2019软件，可以通过以下方式获取：

（1）登录Microsoft（微软）官方商城（https://www.microsoftstore.com.cn/），选择购买。

（2）到当地电脑城的软件专卖店咨询购买。

（3）到网上商城咨询购买。

### 2．本书资源及服务的获取方式

本书提供的资源包括案例文件、学习视频、常用模板等。案例文件可以在QQ交流群（QQ群号：737179838）中获取，学习视频可以扫描书中二维码进行观看，作业点评可以通过QQ与管理员在线交流。

本书在编写和案例制作过程中力求严谨细致，但由于水平和时间有限，疏漏之处在所难免，望广大读者批评指正。

编　者

2020年7月

# 目录 CONCENTS

前言

第 1 章 为什么要学Word操作

思维导图……2
知识速记……3
1.1 Word能用来做什么……3
1.1.1 制作常用办公文档……3
1.1.2 制作图文混排文档……3
1.1.3 制作各类特殊文档……4
1.2 职场中常见问题的解决方法……4
1.2.1 被滥用的空格键……5
1.2.2 删不掉的空白页……6
1.2.3 页眉的横线删除不了……7
1.2.4 回车后总是自动编号……8
1.2.5 输入网址后，网址自动变为链接状态……8
1.2.6 无法调整行间距……9
1.2.7 图片插入后为什么显示不全……9
1.2.8 修改内容时，总是出现“吃字”的现象……10
1.3 养成文档操作的好习惯……10
1.3.1 文件重命名很重要……10
1.3.2 随时随地都要Ctrl+S……11
1.3.3 记得设置文档自动备份……12
1.3.4 及时开启标尺及导航窗格……13
1.3.5 显示编辑标记……14
1.3.6 提前设置页面布局……15
综合实战……16
1.4 网页文档的处理方式……16
1.4.1 将网页格式转换为常规文档格式……16
1.4.2 设置合理的文档样式……19
1.4.3 检查并修改文档内容……23
1.4.4 为文档添加页眉和页码……24
课后作业……26

Word

# 第 2 章 好文档用细节说话

思维导图 …… 28
知识速记 …… 29
2.1 几类特殊文本的输入方法 …… 29
2.1.1 输入常用符号 …… 29
2.1.2 输入数学公式 …… 30
2.1.3 输入大写中文数字 …… 31
2.1.4 输入生僻字 …… 32
2.1.5 为文字添加拼音 …… 33
2.2 文本的选择与复制 …… 34
2.2.1 选择文本的多种方法 …… 34
2.2.2 复制文本有技巧 …… 35
2.3 文本格式的设置方法 …… 37
2.3.1 设置基本格式 …… 37
2.3.2 设置特殊格式 …… 38
2.3.3 调整字符间距 …… 39
2.3.4 设置文字方向 …… 40
2.4 段落格式的设置方式 …… 40
2.4.1 设置段落格式 …… 40
2.4.2 应用段落分隔符 …… 43
2.4.3 巧用制表符对齐内容 …… 44
综合实战 …… 47
2.5 制作单位员工收入证明 …… 47
2.5.1 输入证明内容 …… 47
2.5.2 设置证明文档格式 …… 49
2.5.3 将证明文档保存为模板 …… 54
2.5.4 打印证明文档 …… 55
课后作业 …… 56

目录 CONCENTS

## 第3章 高效排版不含糊


思维导图 ······ 58

知识速记 ······ 59

3.1 样式，快速统一文档神器 ······ 59

3.1.1 套用内置文档样式 ······ 59

3.1.2 新建文档样式 ······ 61

3.1.3 应用新样式 ······ 63

3.1.4 复制样式 ······ 64

3.2 编号，让文档具有条理性 ······ 65

3.2.1 应用自动编号 ······ 66

3.2.2 应用多级编号 ······ 68

3.2.3 应用项目符号 ······ 71

3.3 模板，对文档进行统筹布局 ······ 72

3.3.1 了解Word模板 ······ 72

3.3.2 创建与使用模板 ······ 73

3.3.3 保存模板 ······ 74

综合实战 ······ 75

3.4 制作公司考勤制度文档 ······ 75

3.4.1 输入并设置制度文档的样式 ······ 75

3.4.2 为制度文档自动化排版 ······ 78

3.4.3 将制度文档保存为模板 ······ 82

3.5 批量制作桌签 ······ 83

3.5.1 做好前期准备工作 ······ 84

3.5.2 使用“邮件合并”功能导入数据 ······ 85

课后作业 ······ 88

Word

## 第 4 章 图文关系的多种可能性


思维导图······90

知识速记······91

4.1 设置文档的页面布局······91

4.1.1 文档的页面设置······91

4.1.2 页面背景的设置······91

4.1.3 特殊稿纸的设置······95

4.1.4 为文档添加页眉、页脚······95

4.2 文档中图片的处理方法······98

4.2.1 两种插入图片的快捷方法······98

4.2.2 对图片进行简单编辑······99

4.2.3 处理图片的显示效果······102

4.3 实现图文混排的秘诀······104

4.3.1 文本框的重要性······104

4.3.2 通用型图文混排版式······107

综合实战······110

4.4 制作企业员工费用报销明细······110

4.4.1 用模板创建费用报销明细文档······110

4.4.2 为文档添加费用报销流程图······114

4.4.3 为文档添加费用报销发票示意图······117

4.4.4 为费用报销文档添加页眉、页脚······119

课后作业······122

# 目录 CONCENTS

## 第 5 章 别以为表格只能用来处理数据


思维导图 ······ 124

知识速记 ······ 125

5.1 在文档中创建表格 ······ 125

5.1.1 插入空白表格 ······ 125

5.1.2 导入Excel表格内容 ······ 126

5.1.3 对插入的表格进行编辑 ······ 127

5.1.4 美化表格样式 ······ 131

5.2 在表格中进行简单运算 ······ 132

5.2.1 利用公式进行运算 ······ 132

5.2.2 对数据进行排序 ······ 133

5.3 表格的其他用法 ······ 134

5.3.1 利用表格对齐内容 ······ 134

5.3.2 利用表格进行图文混排 ······ 136

综合实战 ······ 137

5.4 制作企业招聘简章 ······ 137

5.4.1 制作招聘简章标题版式 ······ 137

5.4.2 制作招聘简章正文版式 ······ 139

5.4.3 对招聘简章的页面进行美化 ······ 144

课后作业 ······ 146

Word

# 第6章 处理长篇文档的锦囊妙计

思维导图 ······ 148
知识速记 ······ 149
6.1 在长文档中快速定位 ······ 149
6.1.1 利用“定位”功能快速定位 ······ 149
6.1.2 利用超链接快速定位 ······ 149
6.1.3 利用书签快速定位 ······ 150
6.1.4 利用交叉引用快速定位 ······ 151
6.2 文档目录与索引功能的应用 ······ 152
6.2.1 创建文档目录 ······ 153
6.2.2 管理文档目录 ······ 154
6.2.3 创建文档索引 ······ 155
6.3 题注、脚注及尾注功能的应用 ······ 156
6.3.1 使用文档题注 ······ 156
6.3.2 使用文档脚注和尾注 ······ 158
6.4 批量查找与替换 ······ 159
6.4.1 查找指定的文本 ······ 159
6.4.2 批量替换文本格式 ······ 160
6.4.3 图片的批量替换 ······ 162
6.4.4 使用通配符进行替换 ······ 164
综合实战 ······ 166
6.5 编排产品使用说明书 ······ 166
6.5.1 处理说明书中的错别字及空行 ······ 166
6.5.2 调整说明书的文档样式 ······ 167
6.5.3 为说明书添加目录 ······ 171
6.5.4 为说明书添加封面 ······ 173
6.5.5 为说明书添加页眉和页码 ······ 174
课后作业 ······ 178

## 第7章 审阅、保护文档很重要


思维导图 ······························································180

知识速记 ······························································181

7.1 校对文档内容 ······························································181

7.1.1 文档的拼写和语法 ······························································181

7.1.2 统计文档的页码与字数 ······························································182

7.1.3 文字简繁转换 ······························································184

7.2 修订文档内容 ······························································184

7.2.1 开启“修订”功能 ······························································184

7.2.2 设置修订格式 ······························································185

7.2.3 接受或拒绝修订 ······························································186

7.3 对文档进行批注 ······························································187

7.3.1 添加文档批注 ······························································187

7.3.2 删除批注内容 ······························································188

7.4 合并与比较文档 ······························································188

7.4.1 合并文档 ······························································188

7.4.2 比较文档 ······························································190

7.5 对文档进行保护 ······························································190

7.5.1 对文档加密 ······························································191

7.5.2 文档的限制编辑 ······························································192

综合实战 ······························································194

7.6 修订房屋租赁协议 ······························································194

7.6.1 校对协议内容 ······························································194

7.6.2 对协议内容进行修订 ······························································195

7.6.3 保护协议内容 ······························································198

课后作业 ······························································201

Word

# 第 8 章 文档的查看与输出


思维导图 ············ 204

知识速记 ············ 205

8.1 快速查看文档的方法 ············ 205

8.1.1 利用视图窗口查看文档 ············ 205

8.1.2 利用大纲视图查看文档 ············ 208

8.2 在Word中调用其他数据 ············ 210

8.2.1 Excel与Word间的协作 ············ 210

8.2.2 Word转换成PPT ············ 211

8.3 打印文档的方法 ············ 213

8.3.1 打印时文档版式变化了怎么办 ············ 213

8.3.2 如何打印指定区域的内容 ············ 213

8.3.3 如何一次性打印多份长文档 ············ 215

8.3.4 如何实现双面打印 ············ 215

综合实战 ············ 216

8.4 多人协作编排一份电子书稿 ············ 216

8.4.1 分发电子书稿 ············ 216

8.4.2 合并汇总电子书稿 ············ 218

8.4.3 将汇总的电子书稿转换为普通书稿 ············ 219

课后作业 ············ 220

Word

# 第1章 为什么要学Word操作

张姐，Word还用专门学习吗?

听你这么问，就知道你是个职场小白。先问你一个问题：你经常用Word做什么?

我是做行政工作的，一般用Word来拟定一些公司文件，如各种员工手册、公司活动策划等。

你处理这些文档一般需要多长时间?

看难易程度了。简单的大概半个小时；复杂的就不好说了，有时可能会花上大半天。

这效率有些低哦！对你来说，Word应该是非常熟悉的办公软件了，就是因为你对它一知半解，很多功能不会用，才导致效率低下。例如，你不知道Word的复制技巧，那么你每次复制可能都会比别人多浪费半分钟。

那这么说，是我太小看Word了?

Word在办公中的使用频率很高，所以才是我们最需要花时间去学习的！

好，张姐，为了能够提高工作效率，我要学Word，到时候还需要您给指点一下！

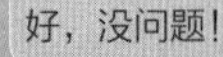

好，没问题！

## 思维导图

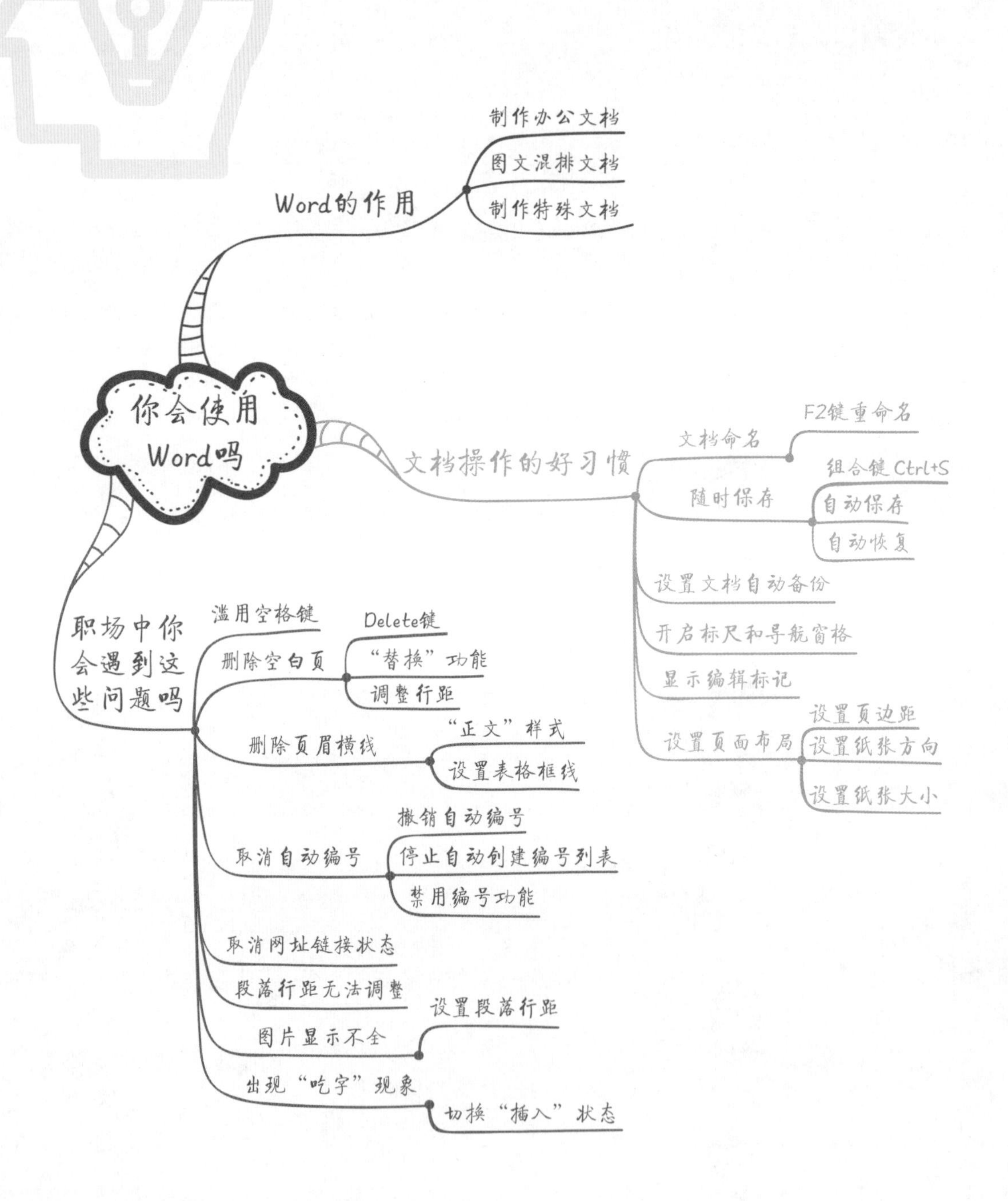

你会使用Word吗
Word的作用
制作办公文档
图文混排文档
制作特殊文档
文档操作的好习惯
文档命名
F2键重命名
随时保存
组合键Ctrl+S
自动保存
自动恢复
设置文档自动备份
开启标尺和导航窗格
显示编辑标记
设置页面布局
设置页边距
设置纸张方向
设置纸张大小
职场中你会遇到这些问题吗
滥用空格键
删除空白页
Delete键
“替换”功能
调整行距
删除页眉横线
“正文”样式
设置表格框线
取消自动编号
撤销自动编号
停止自动创建编号列表
禁用编号功能
取消网址链接状态
段落行距无法调整
图片显示不全
设置段落行距
出现“吃字”现象
切换“插入”状态

# 知识速记

## 1.1 Word能用来做什么

说起Word软件，很多人会认为它很简单，只要会打字就会使用，没有必要专门去学习。有这样想法的人，那说明还不够了解Word。它具有很多功能，能够用来做很多事。例如，制作一般的办公类文档，制作论文、报告类文档，制作一些特殊格式的文档等。

### 1.1.1 制作常用办公文档

办公文档包含很多类型，其中常见的会议通知、企业各项规章制度、各类证明文档等都属于该范围。这类文档的结构比较简单，主要以文字为主，用户只需要掌握最基础的排版便可操作，如图1-1所示。

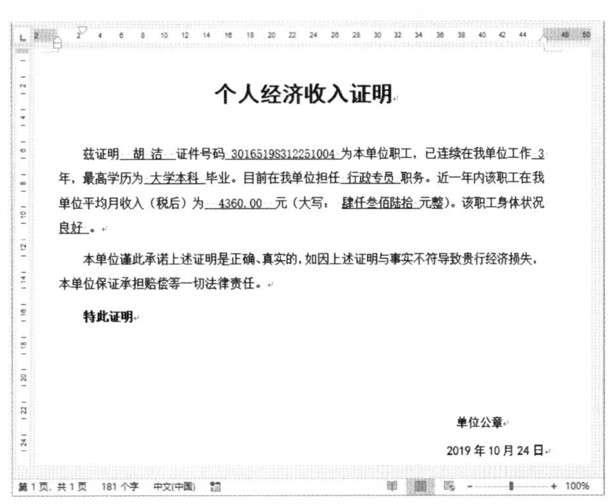

个人经济收入证明

兹证明 胡 洁 证件号码 30165198312251004 为本单位职工，已连续在我单位工作 3 年，最高学历为 大学本科 毕业。目前在我单位担任 行政专员 职务。近一年内该职工在我单位平均月收入（税后）为 4360.00 元（大写： 肆仟叁佰陆拾 元整）。该职工身体状况 良好 。

本单位谨此承诺上述证明是正确、真实的，如因上述证明与事实不符导致贵行经济损失，本单位保证承担赔偿等一切法律责任。

特此证明

单位公章

2019 年 10 月 24 日

图1-1

### 1.1.2 制作图文混排文档

职场中图文混排文档也是经常见到的，如企业年度简报、宣传页、述职报告等。这类文档除文字外，还包含图片、表格及图表等内容，其结构相对要复杂一些，如图1-2所示。

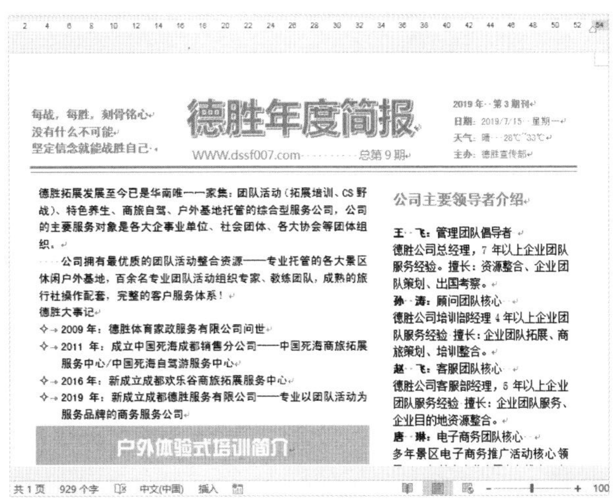

每战，每胜，刻骨铭心
没有什么不可能
坚定信念就能战胜自己

德胜年度简报

WWW.dssf007.com　总第 9 期

2019 年 第 3 期刊
日期：2019/7/15 星期一
天气：晴 28℃~33℃
主办：德胜宣传部

德胜拓展发展至今已是华南唯一一家集：团队活动（拓展培训、CS 野战）、特色养生、商旅自驾、户外基地托管的综合型服务公司，公司的主要服务对象是各大企事业单位、社会团体、各大协会等团体组织。

公司拥有最优质的团队活动整合资源——专业托管的各大景区休闲户外基地，百余名专业团队活动组织专家、教练团队，成熟的旅行社操作配套，完整的客户服务体系！

德胜大事记

- 2009 年：德胜体育家政服务有限公司问世
- 2011 年：成立中国死海成都销售分公司——中国死海商旅拓展服务中心/中国死海自驾游服务中心
- 2016 年：新成立成都欢乐谷商旅拓展服务中心
- 2019 年：新成立成都德胜服务有限公司——专业以团队活动为服务品牌的商务服务公司

户外体验式培训简介

公司主要领导者介绍

王 飞：管理团队倡导者
德胜公司总经理，7 年以上企业团队服务经验。擅长：资源整合、企业团队策划、出国考察。
孙 涛：顾问团队核心
德胜公司培训部经理 4 年以上企业团队服务经验 擅长：企业团队拓展、商旅策划、培训整合。
赵 飞：客服团队核心
德胜公司客服部经理，5 年以上企业团队服务经验 擅长：企业团队服务、企业目的地资源整合。
唐 琳：电子商务团队核心
多年景区电子商务推广活动核心领

图1-2

### ■1.1.3 制作各类特殊文档

对于一些特殊类型的文档，如公司信函、奖状、调查问卷、名片等，用Word都可以轻松搞定，如图1-3所示。

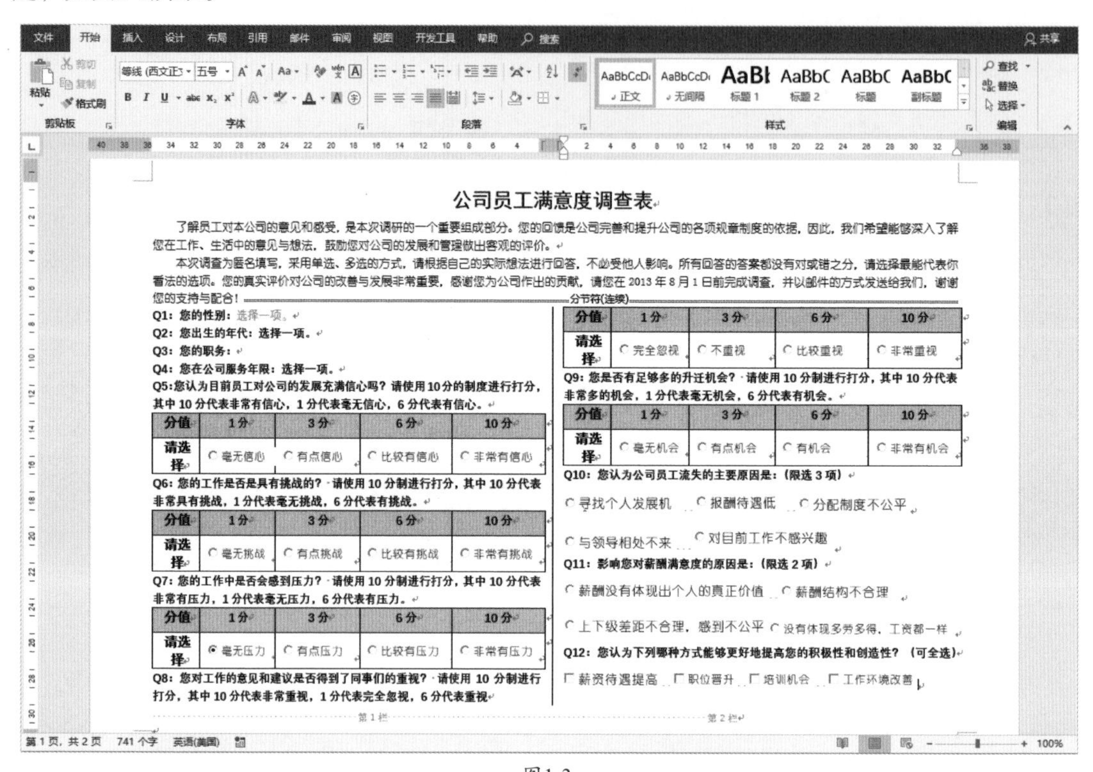

公司员工满意度调查表

了解员工对本公司的意见和感受，是本次调研的一个重要组成部分。您的回馈是公司完善和提升公司的各项规章制度的依据，因此，我们希望能够深入了解您在工作、生活中的意见与想法，鼓励您对公司的发展和管理做出客观的评价。

本次调查为匿名填写，采用单选、多选的方式，请根据自己的实际想法进行回答，不必受他人影响。所有回答的答案都没有对或错之分，请选择最能代表你看法的选项。您的真实评价对公司的改善与发展非常重要，感谢您为公司作出的贡献，请您在 2013 年 8 月 1 日前完成调查，并以邮件的方式发送给我们，谢谢您的支持与配合！

Q1：您的性别：选择一项。

Q2：您出生的年代：选择一项。

Q3：您的职务：

Q4：您在公司服务年限：选择一项。

Q5:您认为目前员工对公司的发展充满信心吗？请使用10分的制度进行打分，其中 10 分代表非常有信心，1 分代表毫无信心，6 分代表有信心。

| 分值 | 1分 | 3分 | 6分 | 10分 |
|---|---|---|---|---|
| 请选择 | 毫无信心 | 有点信心 | 比较有信心 | 非常有信心 |

Q6：您的工作是否是具有挑战的？请使用 10 分制进行打分，其中 10 分代表非常具有挑战，1 分代表毫无挑战，6 分代表有挑战。

| 分值 | 1分 | 3分 | 6分 | 10分 |
|---|---|---|---|---|
| 请选择 | 毫无挑战 | 有点挑战 | 比较有挑战 | 非常有挑战 |

Q7：您的工作中是否会感到压力？请使用 10 分制进行打分，其中 10 分代表非常有压力，1 分代表毫无压力，6 分代表有压力。

| 分值 | 1分 | 3分 | 6分 | 10分 |
|---|---|---|---|---|
| 请选择 | 毫无压力 | 有点压力 | 比较有压力 | 非常有压力 |

Q8：您对工作的意见和建议是否得到了同事们的重视？请使用 10 分制进行打分，其中 10 分代表非常重视，1 分代表完全忽视，6 分代表重视

| 分值 | 1分 | 3分 | 6分 | 10分 |
|---|---|---|---|---|
| 请选择 | 完全忽视 | 不重视 | 比较重视 | 非常重视 |

Q9：您是否有足够多的升迁机会？请使用 10 分制进行打分，其中 10 分代表非常多的机会，1 分代表毫无机会，6 分代表有机会。

| 分值 | 1分 | 3分 | 6分 | 10分 |
|---|---|---|---|---|
| 请选择 | 毫无机会 | 有点机会 | 有机会 | 非常有机会 |

Q10：您认为公司员工流失的主要原因是：（限选 3 项）

寻找个人发展机　报酬待遇低　分配制度不公平

与领导相处不来　对目前工作不感兴趣

Q11：影响您对薪酬满意度的原因是：（限选 2 项）

薪酬没有体现出个人的真正价值　薪酬结构不合理

上下级差距不合理，感到不公平　没有体现多劳多得，工资都一样

Q12：您认为下列哪种方式能够更好地提高您的积极性和创造性？（可全选）

薪资待遇提高　职位晋升　培训机会　工作环境改善

图1-3

哇，看来Word确实不简单，一直以为宣传页之类的文档是用PS这些专业的设计软件制作的，原来在Word中也能做到呀！太厉害了！

嗯，学好Word后，它能够帮你提高工作效率，节省出一半的工作时间！

难怪我效率这么低，我是得好好学学了！

## 1.2 职场中常见问题的解决方法

在使用Word时是不是总会遇到这样或那样的问题呢？有些问题看似容易，但总是要消耗很多精力去解决。下面将介绍一些Word常见疑难问题的解决方法，希望能够帮助到大家。

## 1.2.1　被滥用的空格键

无论是对齐文本还是文本首行缩进，大多数人都喜欢按空格键来操作，如图1-4所示。

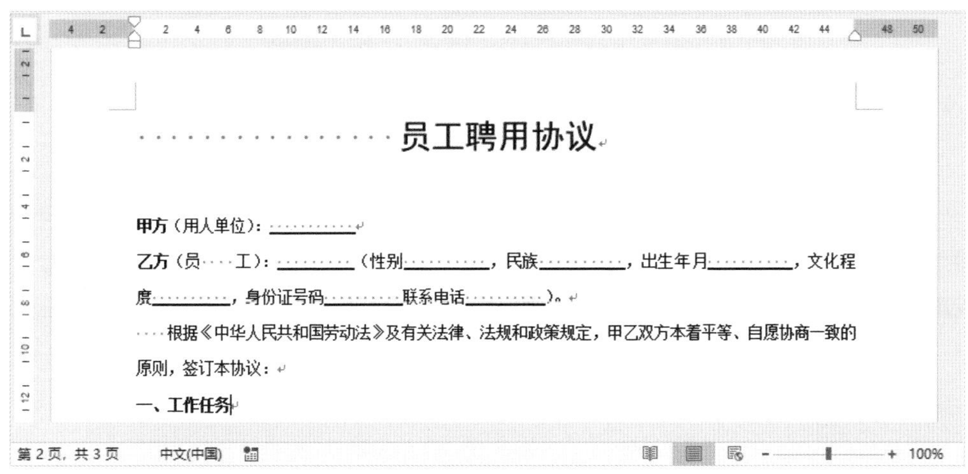


图1-4

利用空格键来对齐文本，常常会出现这样的情况：按一次空格键嫌少，多按几次空格键又嫌多，始终无法对齐。这时用户完全可以利用Word自带的“对齐”功能或“标尺”功能来操作。选中文本，在“段落”选项卡中单击“居中”按钮即可将文本居中对齐，如图1-5所示。当然，单击“左对齐”“右对齐”和“两端对齐”按钮，同样可以迅速实现相应的文本对齐操作。

同样，用户想要在段首空两格时，可以使用标尺来设置。选中段落文本，在标尺中拖动“首行缩进”滑块来控制字符的缩进值，通常为2个字符，如图1-6所示。

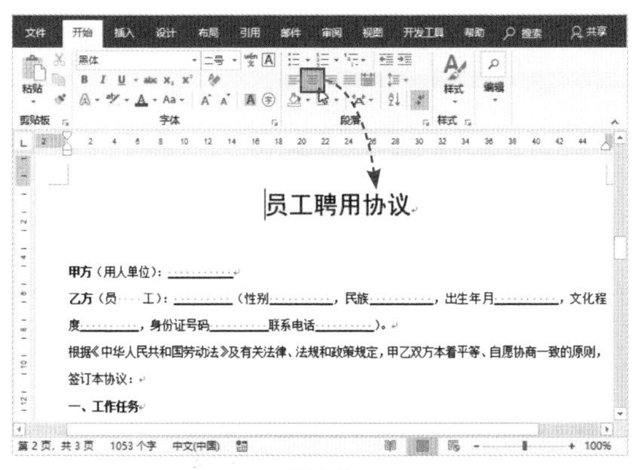

图1-5

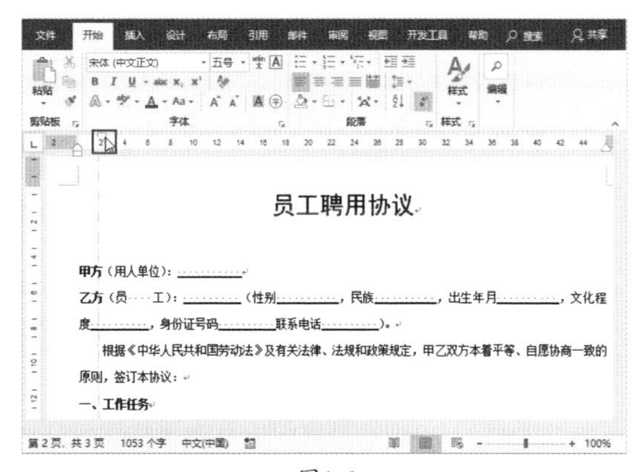

图1-6

张姐，空格键不让用，那么这个空格键到底有什么用呢？

我要纠正你这个说法，不是不让用空格键，而是不要滥用空格键！要想知道空格键有什么用，我们继续看后面的内容。

输入一个英文单词，就要按一次空格键来分隔每个单词，如图1-7所示。另外，一些填空题、判断题等都需要空出一些空间方便别人填写内容，这时也可以使用空格键，如图1-8所示。

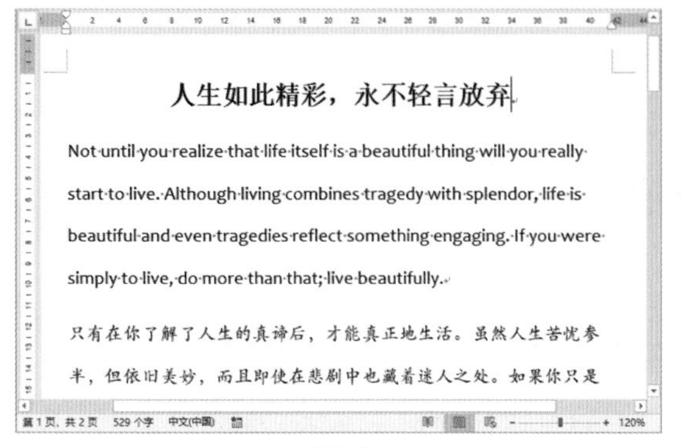
人生如此精彩，永不轻言放弃

Not until you realize that life itself is a beautiful thing will you really start to live. Although living combines tragedy with splendor, life is beautiful and even tragedies reflect something engaging. If you were simply to live, do more than that; live beautifully.

只有在你了解了人生的真谛后，才能真正地生活。虽然人生苦忧参半，但依旧美妙，而且即使在悲剧中也藏着迷人之处。如果你只是

图1-7

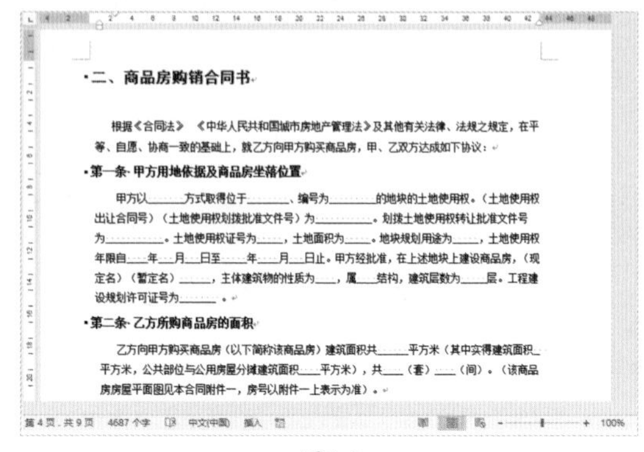
二、商品房购销合同书

根据《合同法》《中华人民共和国城市房地产管理法》及其他有关法律、法规之规定，在平等、自愿、协商一致的基础上，就乙方向甲方购买商品房，甲、乙双方达成如下协议：

第一条 甲方用地依据及商品房坐落位置

甲方以______方式取得位于________、编号为_________的地块的土地使用权。（土地使用权出让合同号）（土地使用权划拨批准文件号）为__________。划拨土地使用权转让批准文件号为__________。土地使用权证号为_____，土地面积为_____。地块规划用途为_____，土地使用权年限自____年___月___日至_____年____月___日止。甲方经批准，在上述地块上建设商品房，（现定名）（暂定名）______，主体建筑物的性质为____，属____结构，建筑层数为_____层。工程建设规划许可证号为_______。

第二条 乙方所购商品房的面积

乙方向甲方购买商品房（以下简称该商品房）建筑面积共______平方米（其中实得建筑面积_平方米，公共部位与公用房屋分摊建筑面积____平方米），共____（套）____（间）。（该商品房房屋平面图见本合同附件一，房号以附件一上表示为准）。

图1-8

## 知识拓展

空格有两种，分别为半角空格和全角空格。半角空格占1个字符（1个字母大小），通常以小方格显示；而全角空格占2个字符（1个汉字大小），通常以小灰点显示。如果想要隐藏空格标记，可以在“段落”选项组中单击“显示/隐藏编辑标记”按钮。

## 1.2.2 删不掉的空白页

有时文档里会多出一些空白页，想删又删不掉。这种情况该如何处理呢？解决方法有以下3种。

### 1. 按 Backspace 键或 Delete 键

通常多余的空白页是由多出的回车符、制表符或分页符所造成的。对于这种情况，用户只需利用Backspace键或Delete键删除这些分隔符即可。

张姐，我用过这两个键来删除空白页，但好像没有用啊！

这种方法只针对一般情况。如果该方法行不通，我们可以尝试采取另外两种方法。

### 2. 使用“替换”功能

使用以上方法无法删除空白页，那么用户就可以使用“查找和替换”功能来操作。按组合键Ctrl+H打开“查找和替换”对话框，在“查找内容”文本框中输入“^m”，将“替换为”文本框留空，单击“全部替换”按钮即可，如图1-9所示。

图1-9

3. 调整行间距

有时用户会遇到表格后的空白页无法删除的情况，这时可以通过设置段落行距值来解决。将光标放置在空白页面中，打开“段落”对话框，将“行距”设为“固定值”，并将其磅值设置为1磅即可。

## ■1.2.3　页眉的横线删除不了

一般情况下，删除文档的页眉内容后，会留下一条页眉的横线，而这条横线是无法使用Delete键删除的。这时用户可以双击页眉区域，进入可编辑状态。将光标放在页眉段落标记位置，再在“样式”下拉列表中选择“正文”选项即可删除页眉的横线，如图1-10所示。

图1-10

## ■1.2.4　回车后总是自动编号

“自动编号”功能给用户带来方便的同时也会造成一些排版上的麻烦。其实用户可以根据实际情况，选择保留或取消“自动编号”功能。

输入完第1个编号内容，按回车键后，默认情况下会自动生成后续的数字编号。单击编号前的“自动更正选项”按钮，在其下拉列表中选择“撤消自动编号”或“停止自动创建编号列表”选项即可取消自动编号，如图1-11所示。

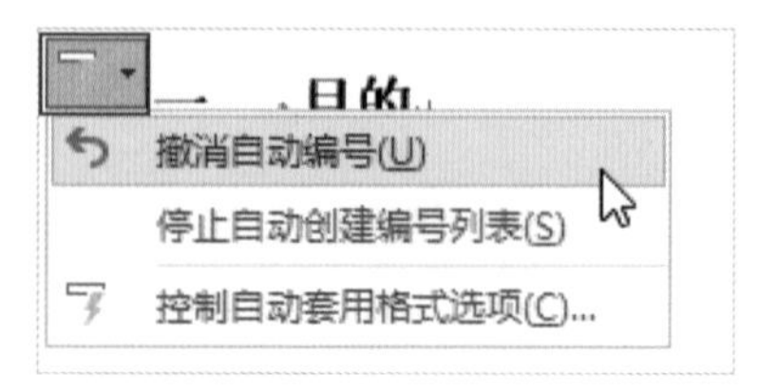


图1-11

张姐，“撤消自动编号”选项和“停止自动创建编号列表”这两个选项有什么区别吗?

前者指的是临时取消自动编号；而后者指的是直接禁用该功能。

如果用户想要永久禁用“自动编号”功能，可以在“文件”选项卡中选择“选项”选项，在打开的“Word 选项”对话框中选择“校对”选项，并单击“自动更正选项”按钮，打开到“自动更正”对话框的“键入时自动套用格式”面板，取消勾选“自动编号列表”复选框即可，如图1-12所示。

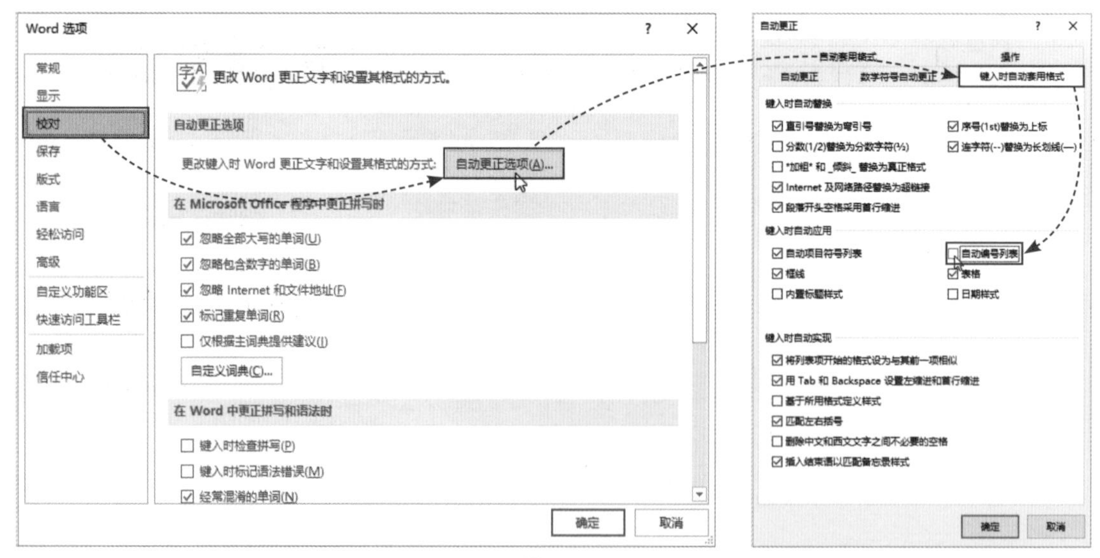


图1-12

## ■1.2.5　输入网址后，网址自动变为链接状态

每当用户在文档中输入网址内容后，系统都会自动将其变为链接状态，这样不便于用户对

文档进行统一的编辑操作。那么，如何能够既快又好地将网址变为纯文本形式呢？

打开“Word 选项”对话框，同样在“校对”选项中单击“自动更正选项”按钮，打开“自动更正”对话框，在“键入时自动套用格式”面板中取消勾选“Internet 及网络路径替换为超链接”复选框即可，如图1-13所示。

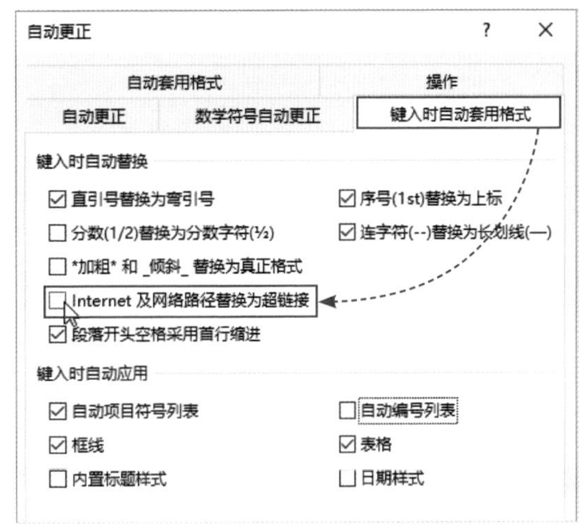


图1-13

## ■1.2.6　无法调整行间距

以Word 2019版本为例，该版本默认字体是“等线”，该字体的行间距比较宽，整体效果不太美观。如果想要缩小行间距的话，一般只有更换字体才可以。那么，如何在不更换字体的情况下，调整“等线”字体的行间距呢？用户可以通过以下方法来操作。

选中段落，打开“段落”对话框，取消“如果定义了文档网格，则对齐到网格”复选框即可，如图1-14所示。

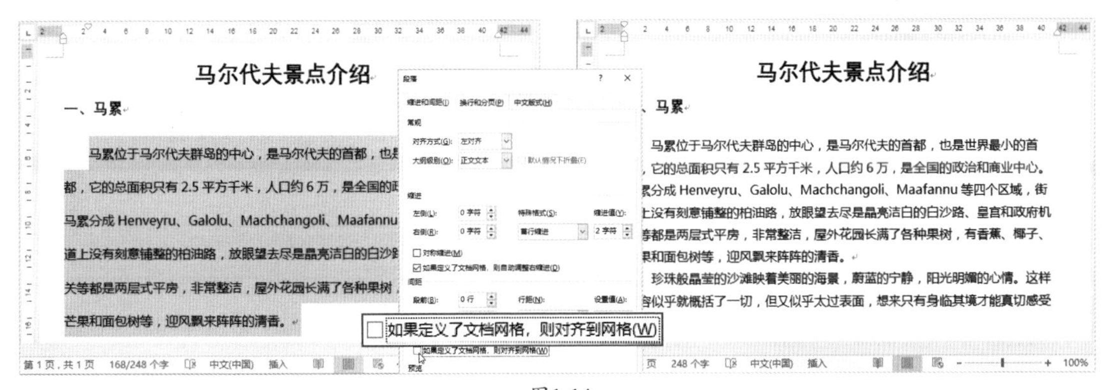


图1-14

## ■1.2.7　图片插入后为什么显示不全

插入图片后，图片只显示出来一部分，这说明当前的段落行距值不是默认的“单倍行距”。解决方法很简单，选中图片，打开“段落”对话框，将“行距”设为“单倍行距”即可，如图1-15所示。

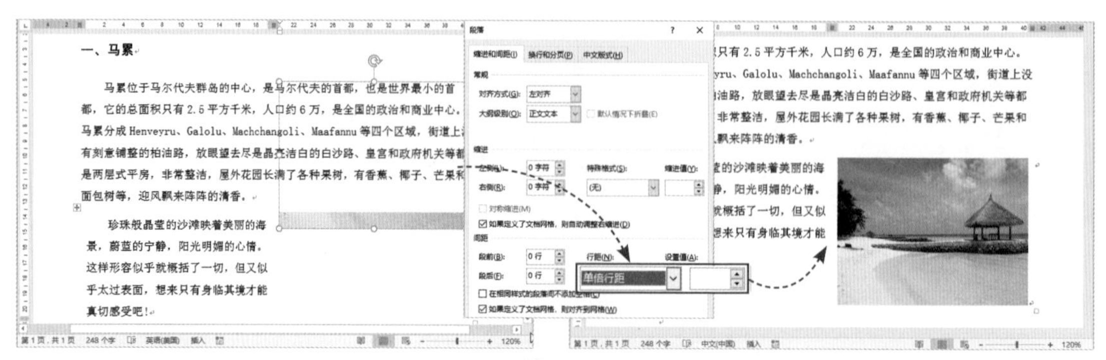

图1-15

## 1.2.8 修改内容时，总是出现“吃字”的现象

如果在操作过程中出现“吃字”的现象，是因为文字的输入状态是“改写”而不是“插入”。用户只需将“改写”状态切换为“插入”状态即可。单击状态栏中的“改写”按钮，当它转换为“插入”时就可以了，如图1-16所示。

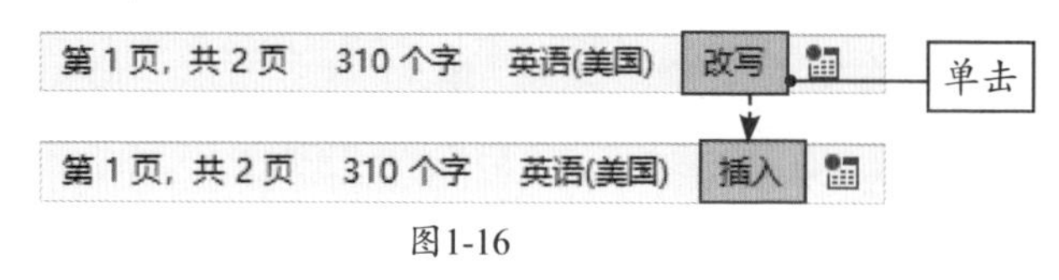


图1-16

张姐，我的状态栏中没有这个“改写”状态啊？

右击状态栏，在打开的“自定义状态栏”列表中勾选“改写”这个选项就会显示该状态了。当然了，你还可以直接按键盘上的Insert键，也能实现切换操作。

# 1.3 养成文档操作的好习惯

在工作中养成一些好的操作习惯，可以使自己的工作效率提升百倍。而这些习惯很多都是顺手的事，不需要大动干戈地刻意练习。下面就罗列了几条良好的操作习惯供大家学习。

## 1.3.1 文件重命名很重要

新建一个Word文档，它会默认以“新建Microsoft Word文档”进行命名，如果创建了多个Word文档，那么对于喜欢偷懒的用户来说，他们会习惯在原文件名的基础上添加1、2、3等来作区分，如图1-17所示。这样操作虽然在保存文档时省事，但是会给后期工作带来不小的麻烦。例如，要在众多文档中快速找到指定的文档，该怎么办？所以，对文件重命名还是很重要的，至少它能够让用户在第一时间找到所需的文档。

用户可以在进行“另存为”操作时重命名，也可以在保存好的文件上按F2键进行重命名，如图1-18所示。

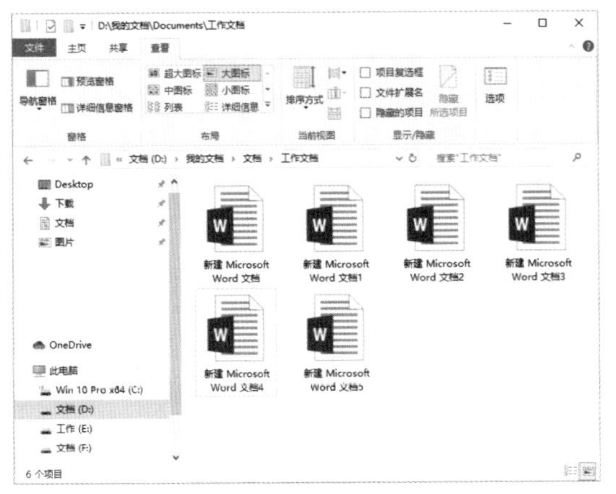

图1-17

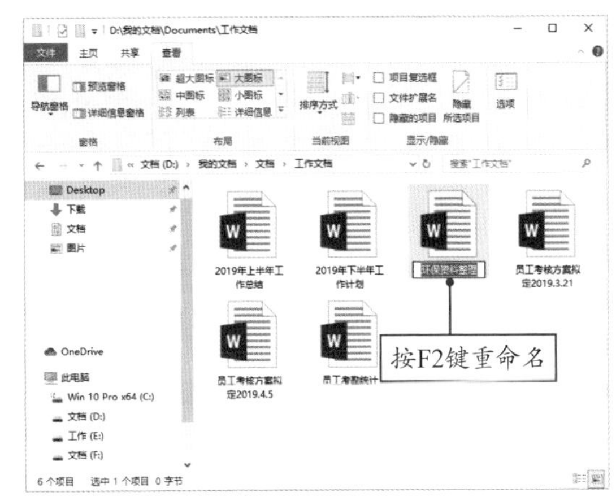


图1-18

## ■1.3.2 随时随地都要Ctrl+S

制作文档时，一定要记得随手按组合键Ctrl+S保存文档。输完标题后，Ctrl+S一下；输完一小节内容，Ctrl+S一下；偶尔放松一下时，还要记得Ctrl+S。让按Ctrl+S变成下意识的行为，这样也能够避免一些不必要的麻烦。

除此之外，Word系统也提供了自动保存文档的功能。一旦用户忘记按组合键Ctrl+S保存文档，该功能也可以帮助用户在计算机突然“罢工”的情况下尽可能地恢复文档。

在“文件”选项卡中选择“选项”，打开“Word 选项”对话框，选择“保存”选项，并在右侧的列表中勾选“保存自动恢复信息时间间隔”复选框并设置参数，默认为10分钟系统会自动保存一次文档，用户可以将其设为3～5分钟，如图1-19所示。

图1-19

张姐，设置自动保存后，如果文档非正常关闭，我该到哪里找回文档呢?

其实不用你去找，系统会在你重新启动该文档时自动打开最近一次保存的文档，并且询问你是否保存自动恢复的文档。这时，你只需将它保存即可。

重新打开文档后，如果系统没有打开自动恢复的文档，那么用户可以打开“Word选项”对话框，在“保存”选项中找到“自动恢复文件位置”选项，并单击“浏览”按钮，在打开的对话框中选择所需的文档后打开它即可，如图1-20所示。

图1-20

## ■1.3.3　记得设置文档自动备份

日常工作中往往会遇到对某一份资料文档进行反复修改的情况。有时改着改着突然发现修改的内容有错，这时如果文档没有关闭，那么可以使用组合键Ctrl+Z进行撤销操作。如果文档保存好了，同时也退出了Word程序，这种情况下想找回之前未保存的文档那就难了，这时自动备份文档就显得格外重要了。

自动备份文档其实就是在每编辑一次文档时，Word会自动保存一个名为“备份属于XXX.wbk”的副本文件，如图1-21所示。该副本文件一直跟随着原文件，当下次再打开文档时，副本文件也会被随之刷新。如果文档被误操作，可以通过备份文档找回原文档。

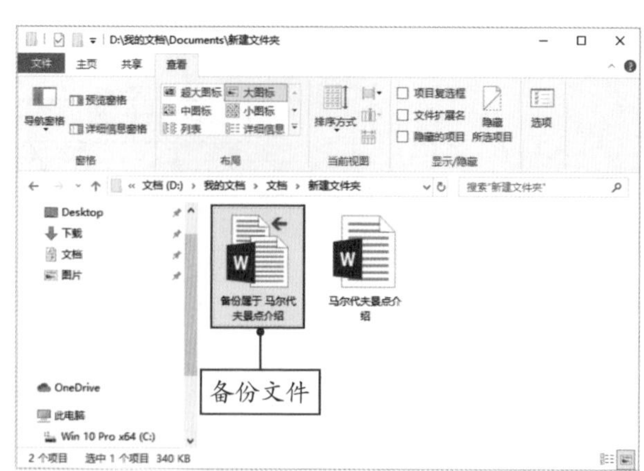


图1-21

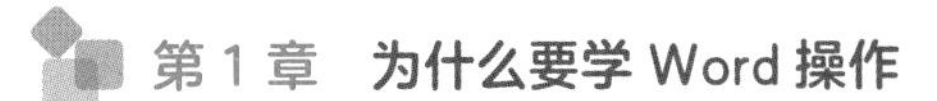

建议用户在制作文档前，手动设置一下自动备份操作。打开“Word 选项”对话框，选择“高级”选项，在右侧的“保存”列表中勾选“始终创建备份副本”复选框即可，如图1-22所示。

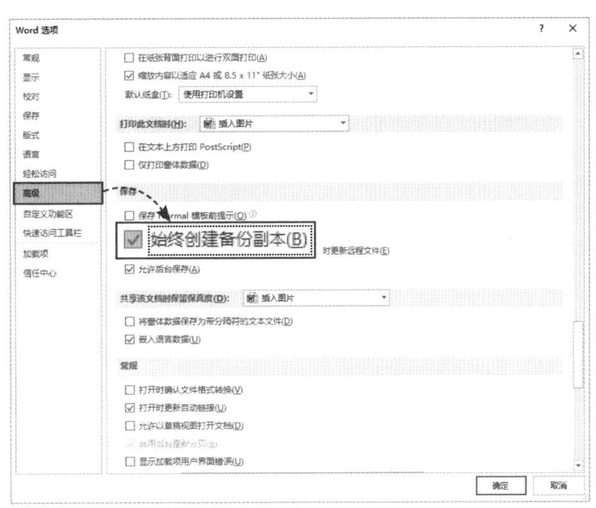


图1-22

## 1.3.4　及时开启标尺及导航窗格

在制作文档前，建议用户开启标尺及导航窗格。用户可以利用标尺快速对齐段落文字内容，如首行缩进、悬挂缩进等，如图1-23所示。

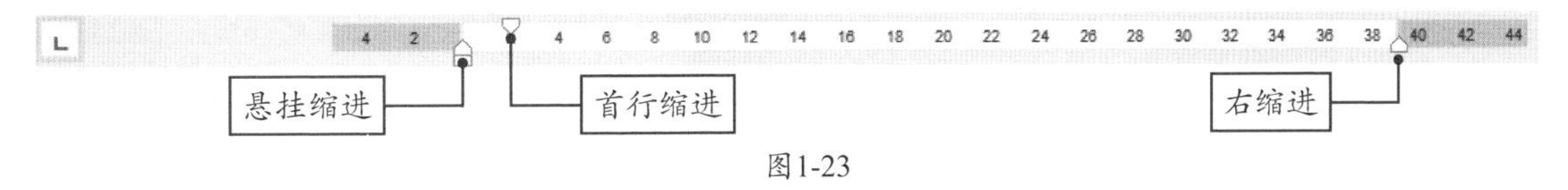


图1-23

标尺上的数字代表“字符”，它是以2个字符为一个单位来显示的，不受字号大小的影响。用户如需调整文字缩进值，可以直接拖动标尺上的滑块。

对于一些长文档来说，开启导航窗格可以方便用户快速了解该文档的结构和层次，如图1-24所示。如果认为文档的结构不合理，用户还可以直接在窗格中对其进行调整，如调整文本前后位置、删除文本内容等，如图1-25所示。

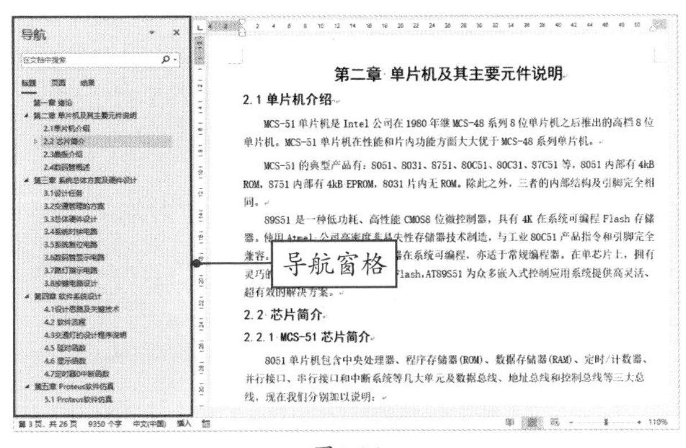


图1-24

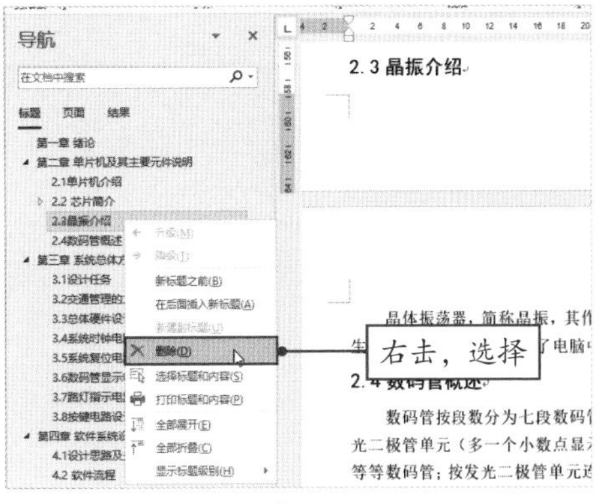

图1-25

无论是开启“标尺”功能还是“导航窗格”，用户只需在“视图”选项卡的“显示”选项组中勾选相应的功能选项即可，如图1-26所示。

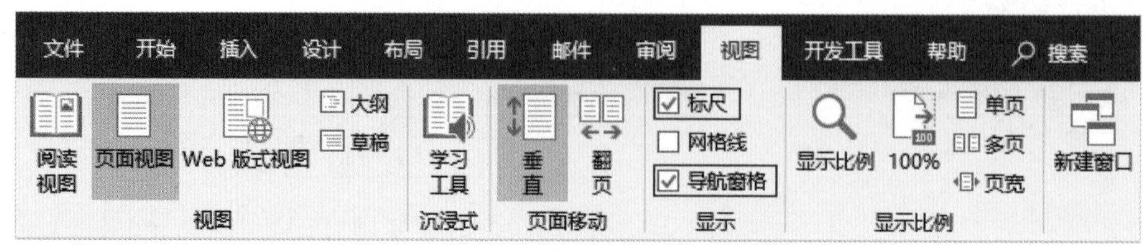


图1-26

## ■1.3.5 显示编辑标记

在文档中设置显示编辑标记是一个非常好的习惯。因为显示了编辑标记后，该文档的所有格式都能一目了然。用户也可以及时地发现异常的文档格式，从而对其调整或修改。显示编辑标记的效果如图1-27所示，隐藏编辑标记的效果如图1-28所示。

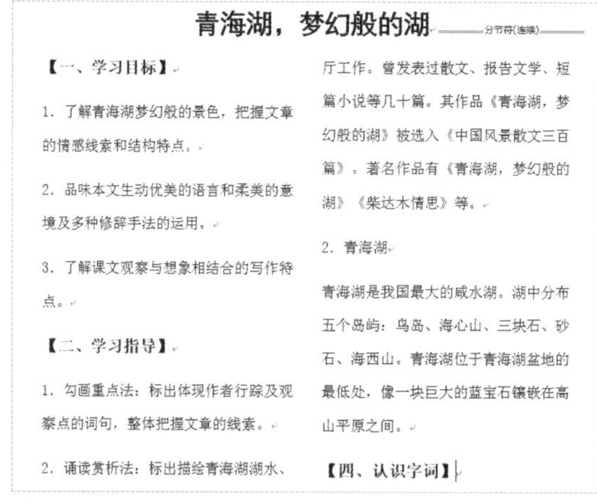

青海湖，梦幻般的湖 分节符(连续)

【一、学习目标】

1. 了解青海湖梦幻般的景色，把握文章的情感线索和结构特点。

2. 品味本文生动优美的语言和柔美的意境及多种修辞手法的运用。

3. 了解课文观察与想象相结合的写作特点。

【二、学习指导】

1. 勾画重点法：标出体现作者行踪及观察点的词句，整体把握文章的线索。

2. 诵读赏析法：标出描绘青海湖湖水、

厅工作。曾发表过散文、报告文学、短篇小说等几十篇。其作品《青海湖，梦幻般的湖》被选入《中国风景散文三百篇》。著名作品有《青海湖，梦幻般的湖》《柴达木情思》等。

2. 青海湖

青海湖是我国最大的咸水湖。湖中分布五个岛屿：鸟岛、海心山、三块石、砂石、海西山。青海湖位于青海湖盆地的最低处，像一块巨大的蓝宝石镶嵌在高山平原之间。

【四、认识字词】

图1-27

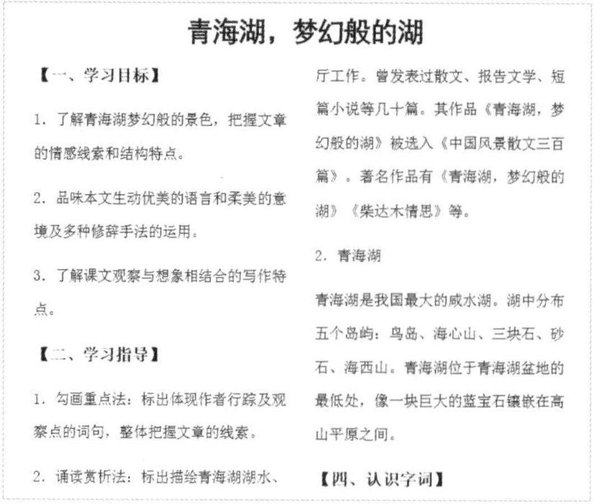

青海湖，梦幻般的湖

【一、学习目标】

1. 了解青海湖梦幻般的景色，把握文章的情感线索和结构特点。

2. 品味本文生动优美的语言和柔美的意境及多种修辞手法的运用。

3. 了解课文观察与想象相结合的写作特点。

【二、学习指导】

1. 勾画重点法：标出体现作者行踪及观察点的词句，整体把握文章的线索。

2. 诵读赏析法：标出描绘青海湖湖水、

厅工作。曾发表过散文、报告文学、短篇小说等几十篇。其作品《青海湖，梦幻般的湖》被选入《中国风景散文三百篇》。著名作品有《青海湖，梦幻般的湖》《柴达木情思》等。

2. 青海湖

青海湖是我国最大的咸水湖。湖中分布五个岛屿：鸟岛、海心山、三块石、砂石、海西山。青海湖位于青海湖盆地的最低处，像一块巨大的蓝宝石镶嵌在高山平原之间。

【四、认识字词】

图1-28

张姐，编辑标记是什么意思？

编辑标记就是格式标记，例如我们经常见到的回车符、空格符、分页符等都属于编辑标记。编辑标记只显示在文档中，而不会被打印出来。

## 1.3.6　提前设置页面布局

在制作文档前，用户需要养成先设置好页面尺寸、纸张方向等习惯，从而避免返工的麻烦。

一般来说，新建文档后需要对页面大小、纸张方向、页边距等参数进行设置。在“布局”选项卡中单击“页面设置”右侧的小箭头按钮，在打开的“页面设置”对话框中，用户可以根据需要进行具体的设置，如图1-29所示。

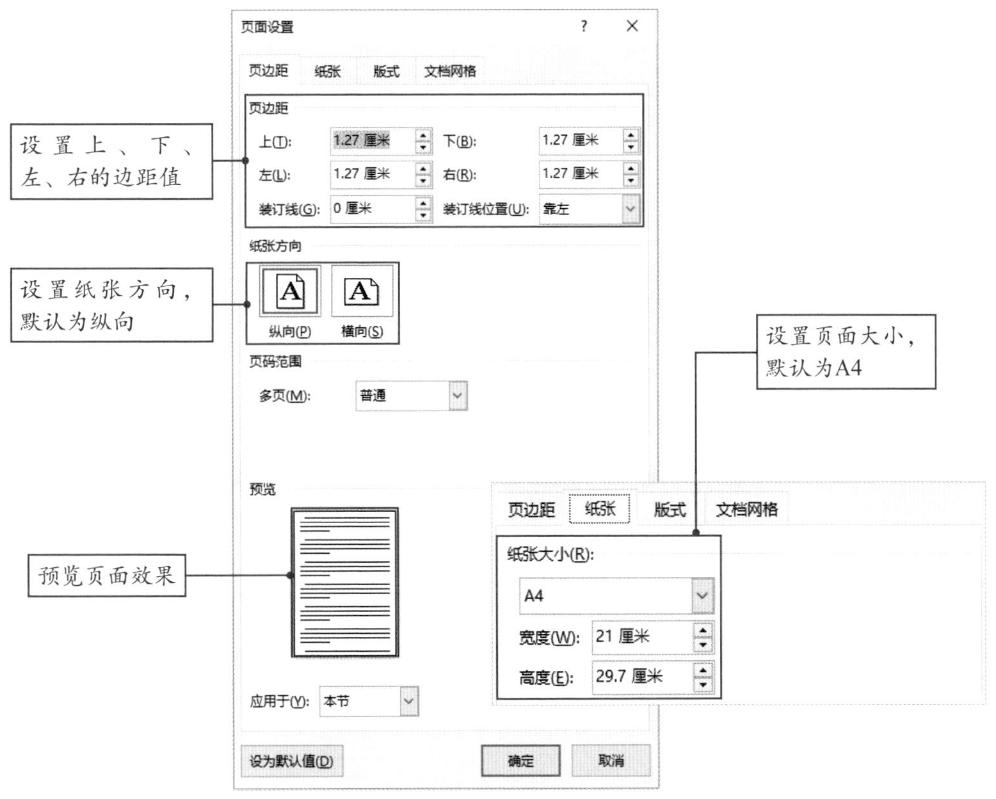


图1-29

# 综合实战

## 1.4 网页文档的处理方式

日常工作中，用户多多少少都会利用互联网来查询相关资料，并将资料整理成Word文档，以便后期参考使用。那么，又该如何处理网络文档呢？也许你会回答：“直接复制粘贴不就行了。”其实处理网页文档没有想象中的那么简单，下面以“消防安全管理制度”文档为例，来介绍规范处理网页文档的方法。

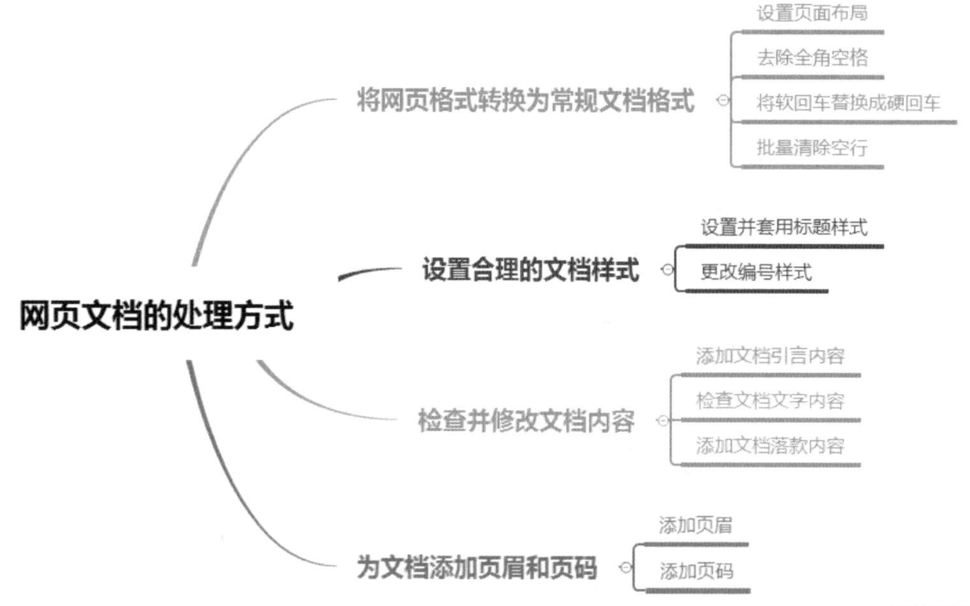


### 1.4.1 将网页格式转换为常规文档格式

扫码观看视频

由于是网页文档，所以该文档格式会以网页格式来显示。这时用户就需要将网页格式转换为常见的文档格式，以提高文档的可读性。

**Step 01** **设置页边距。** 打开“消防安全管理制度”原始文件，单击“布局”选项卡的“页边距”下拉按钮，选择“自定义页边距”选项，在打开的“页面设置”对话框中将“上”“下”“左”“右”的值都设为2，其他选项为默认值，如图1-30所示。

图1-30

**Step 02 启动“替换”功能去除全角空格。**按组合键Ctrl+H打开“查找和替换”对话框，将段首的方格复制到“查找内容”文本框中，然后将“替换为”文本框留空，单击“全部替换”按钮，再在打开的替换结果对话框中单击“否”按钮，如图1-31所示。

**Step 03 查看效果。**设置完成后，关闭对话框。此时，所有段首前的方格已全部去除，如图1-32所示。

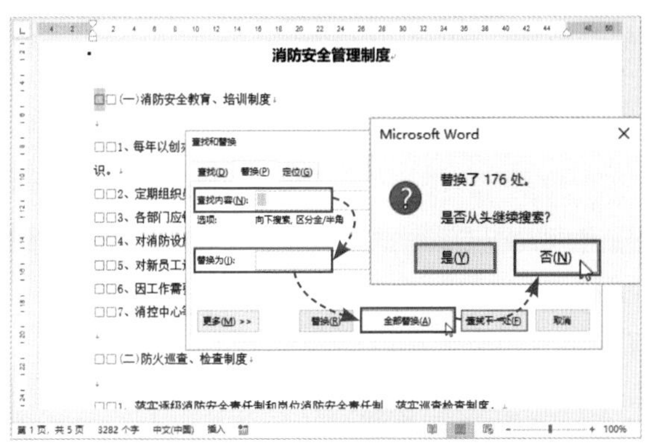


图1-31

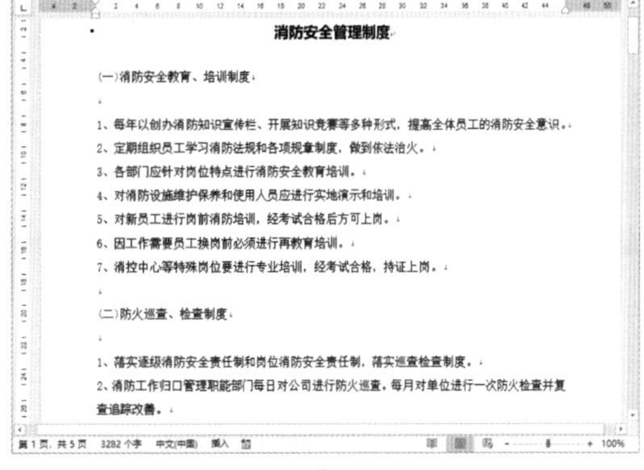


图1-32

**Step 04 查找软回车。**按组合键Ctrl+H打开“查找和替换”对话框，将光标定位到“查找内容”文本框中，清除文本框中的内容，单击“更多”按钮展开选项列表，再单击“特殊格式”按钮，从中选择“手动换行符”选项，如图1-33所示。

**Step 05 将软回车替换成硬回车。**完成上一步后，在“查找内容”文本框中会显示“^l”字符，将光标定位到“替换为”文本框中，同样单击“特殊格式”按钮，从中选择“段落标记”选项，如图1-34所示。此时，在“替换为”文本框中则会显示“^P”字符。

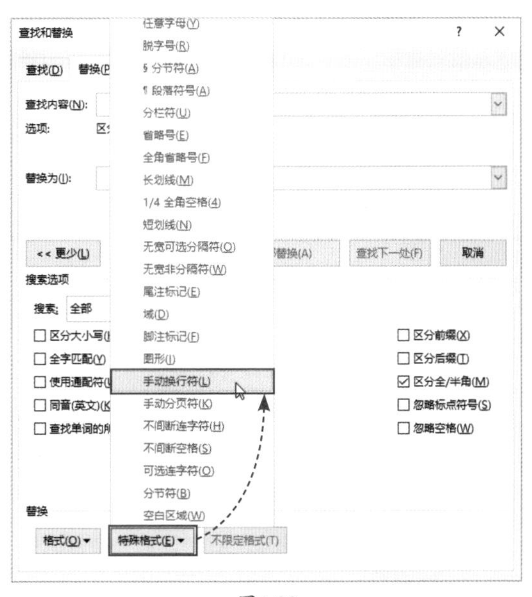


图1-33

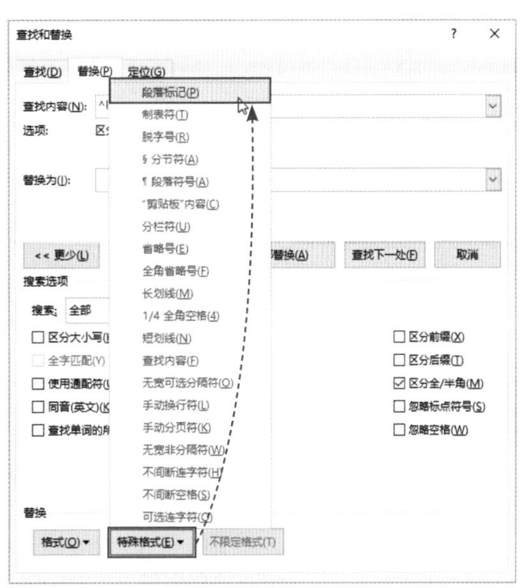


图1-34

● **新手误区：** 当使用过“替换”功能后，再次打开“查找和替换”对话框时，系统会自动保留上一次的替换内容，用户需要先清除上一次的内容，再进行新的替换操作。

张姐，什么是软回车？什么是硬回车？这一段我有点懵，不太明白！

平常我们敲回车键所产生的换行符叫作硬回车↵，而由程序自动换行的字符叫作软回车↓。软回车一般出现在网页文档中。两个硬回车之间为一个段落，所以硬回车又被称为段落标记；而两个软回车之间不能称为一个段落，只是表示换行显示而已，所以软回车是一种换行标记。

**Step 06** **查看效果。**设置完成后，单击“全部替换”按钮，并在替换结果对话框中单击“确定”按钮即可，如图1-35所示。

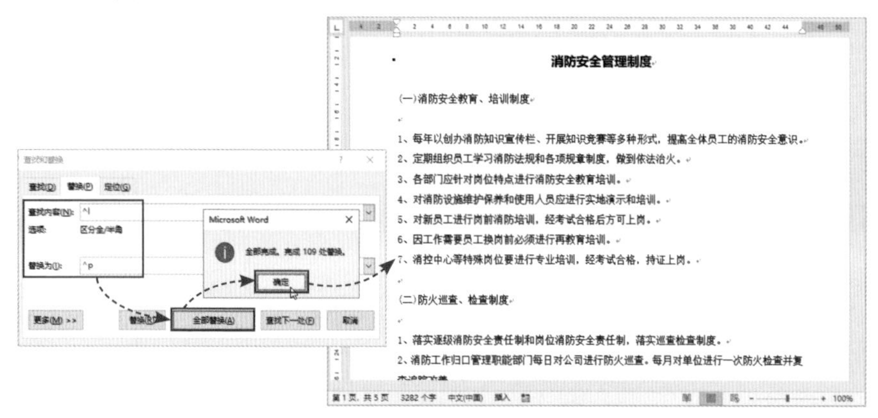


图1-35

**Step 07** **批量清除空行。**按组合键Ctrl+H打开“查找和替换”对话框，将光标放在“查找内容”文本框中，单击“特殊格式”按钮，选择“段落标记”选项，再选择一次该标记，让文本框中显示两个段落标记（^p^p），如图1-36所示。

**Step 08** **完成清除操作。**将光标定位在“替换为”文本框中，按照上述步骤进行相同操作，添加一个段落标记（^p），单击“全部替换”按钮即可清除文档中多余的空行，如图1-37所示。

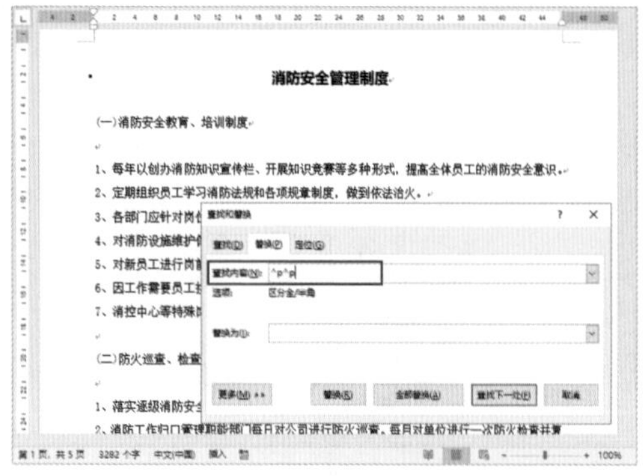


图1-36

图1-37

**新手误区：**空行是以段落标记来显示的。按照常理来说，在“查找内容”文本框中输入一个段落标记，然后将“替换为”文本框留空，执行替换操作就可以删除空行。但是这里需要提醒用户，这种方法虽然可以删除所有的空行，但也会删除文档中所有的段落标记，这意味着整篇文章会从头至尾没有分段，如图1-38所示。所以，这里建议用户按照Step 08的操作来实现想要的效果。

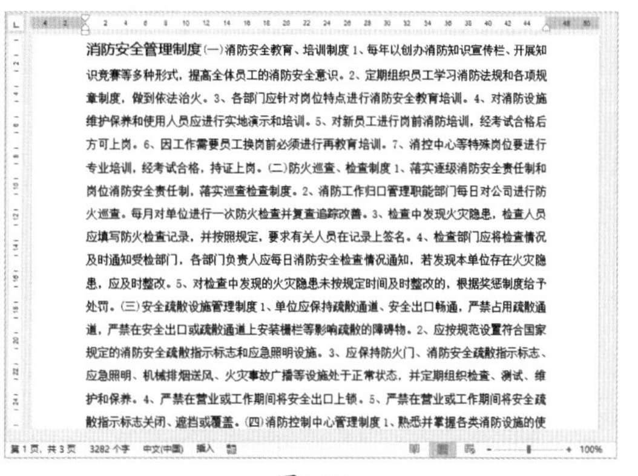


图1-38

## 1.4.2 设置合理的文档样式

有些网页文档的文档样式很随意，那么用户就可以按照一定的要求来调整该文档的样式，包括调整文档的标题样式、正文样式、编号样式等。

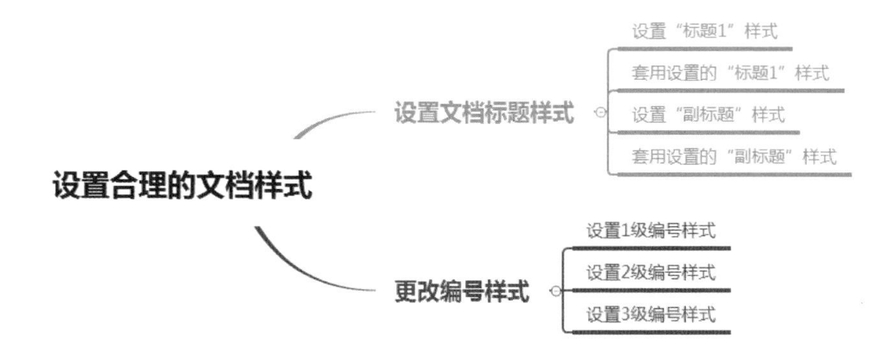


**Step 01 启动“样式”窗格。**将光标放置在标题末尾处，在“开始”选项卡中单击“样式”选项组右侧的小箭头按钮，打开“样式”窗格，单击“标题1”下拉按钮，从中选择“修改”选项，如图1-39所示。

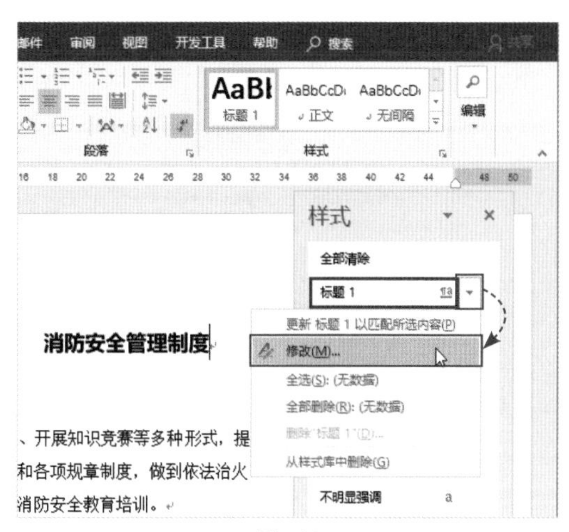


图1-39

**Step 02 设置标题样式。**在打开的“修改样式”对话框中重新调整标题的字体、字号及对齐方式，完成后单击“格式”按钮，从中选择“段落”选项，在打开的“段落”对话框中设置标题的段前、段后值，如图1-40所示。

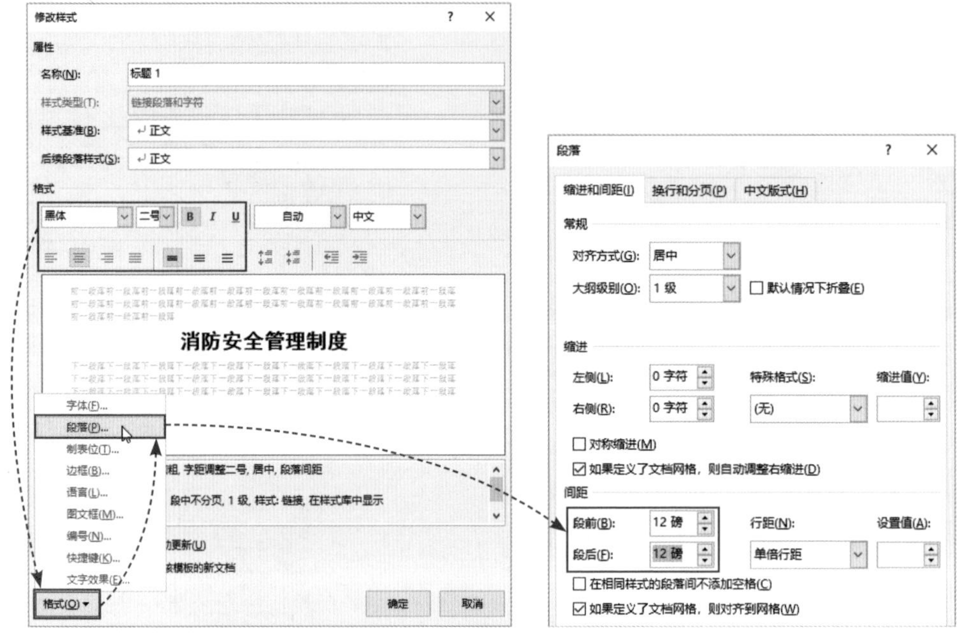


图1-40

**Step 03 套用标题样式。**设置完成后，依次单击“确定”按钮返回到文档界面。选中标题后，在“样式”窗格中选择刚设置的“标题1”样式即可，如图1-41所示。

**Step 04 修改副标题样式。**按照上述方法，将副标题的字体设为“黑体”，字号设为“三号”，对齐方式设为“左对齐”，段前、段后值均为“6磅”，如图1-42所示。

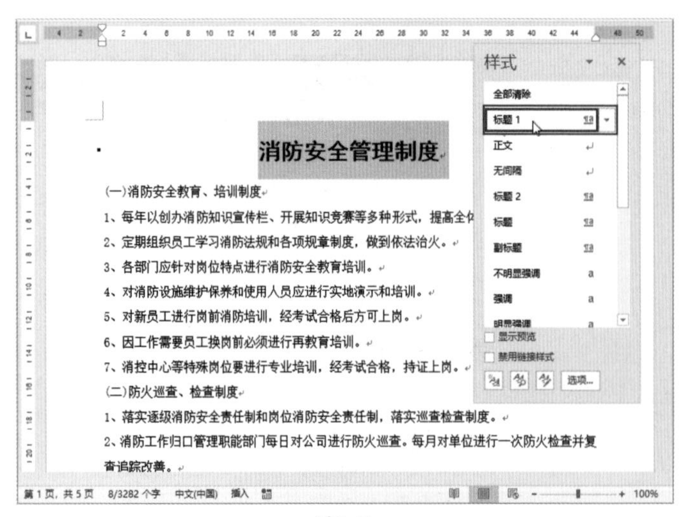


图1-41

图1-42

**Step 05 套用副标题样式。**选中文档中所有带有（一）、（二）……的标题内容，在“样式”窗格中选中设置的“副标题”即可批量套用该样式，如图1-43所示。

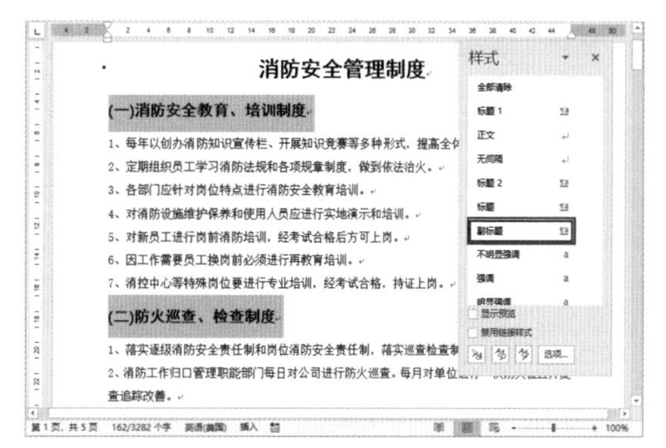


图1-43

原来还可以批量设置文档样式啊，我以前都是挨个儿设置的。

是的，这就是“样式”功能带来的好处。套用样式后，如果对该样式进行修改，那么文档中被套用的文档样式会被统一修改，不需要我们再逐个手动修改了。“样式”功能的操作，将在第3章进行详细的介绍。

**Step 06 快速选择类似样式的文本。**选中“（一）”副标题内容，在“开始”选项卡的“编辑”选项组中单击“选择”下拉按钮，从中选择“选择格式相似的文本”选项，此时文档中所有的副标题都会被选中，如图1-44所示。

**Step 07 更改编号样式。**将副标题保持选中状态，在“开始”选项卡的“段落”选项组中单击“编号”下拉按钮，从中选择合适的编号样式，如图1-45所示。

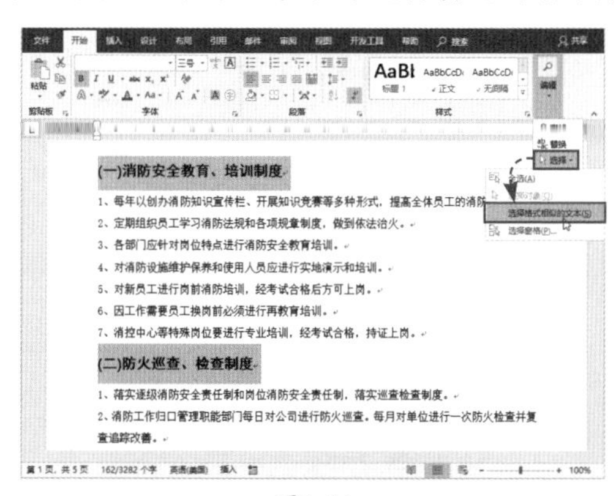


图1-44

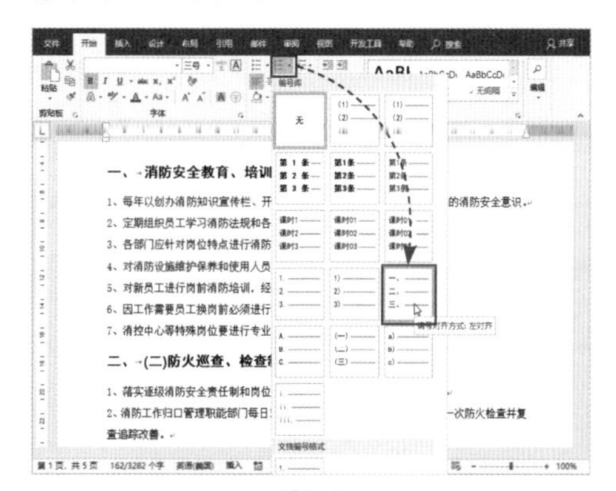


图1-45

**Step 08 添加正文编号。**添加编号后，用户需要手动删除副标题中多余的编号内容。选中“一、消防安全教育、培训制度”下面的正文内容，单击“编号”下拉按钮，选择“1.”编号样式，为其添加正文编号，如图1-46所示。

**Step 09 设置编号级别。**将正文保持选中状态，再次单击“编号”下拉按钮，选择“更改列表级别”选项，并在级联菜单中选择“2级”，如图1-47所示。

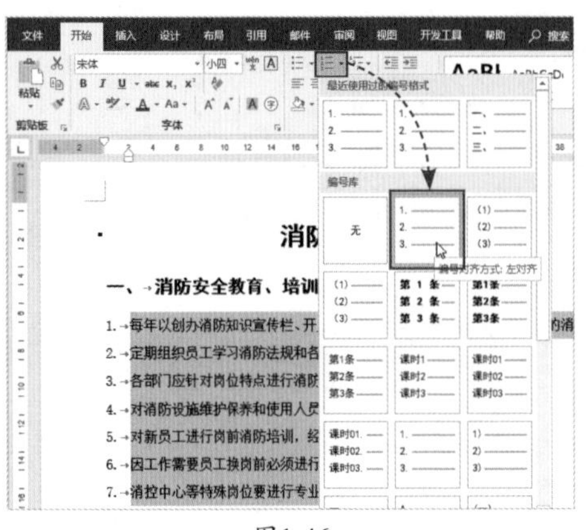

图1-46

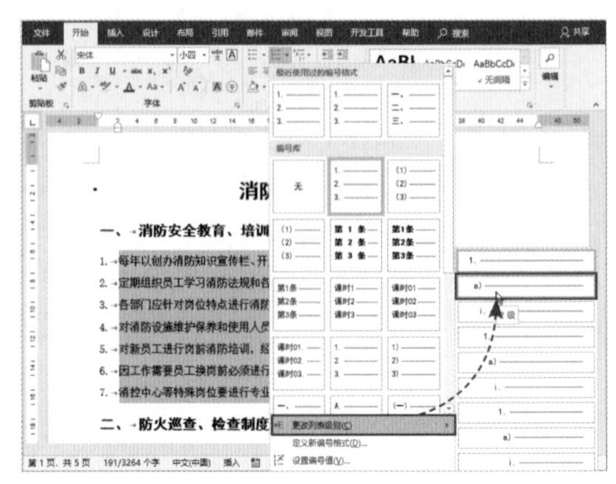

图1-47

**Step 10 选择2级编号样式。**在“编号”列表中选择一个合适的编号样式即可，如图1-48所示。

**Step 11 设置其他正文编号。**按照上述操作方法，为其他正文也添加相应的编号，如图1-49所示。

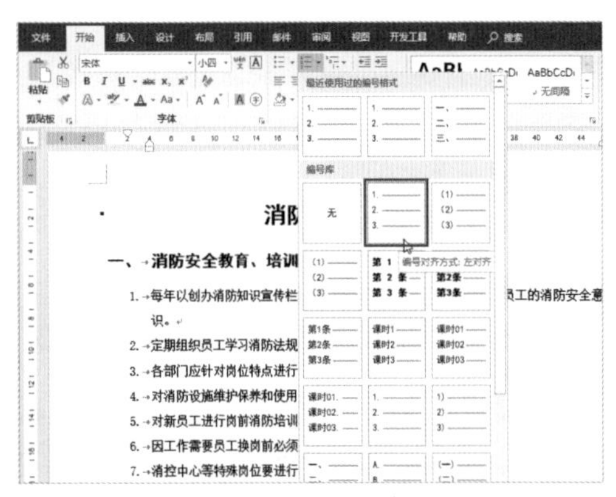

图1-48

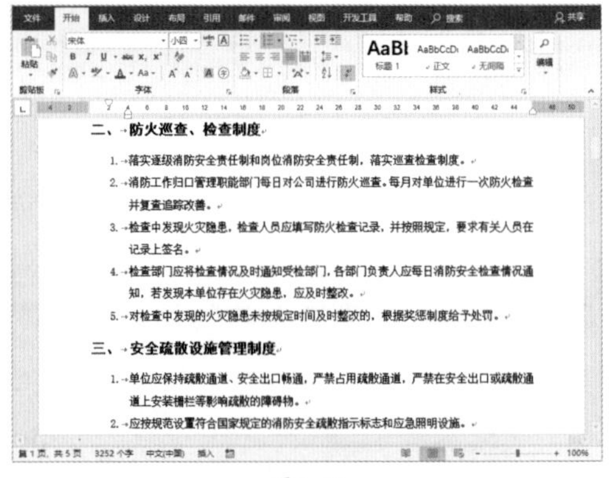

图1-49

## 知识拓展

在设置编号的过程中，有些2级编号下还有3级编号，这时用户先将所有内容都设为2级，然后再选中所需内容，并在“编号”列表中将编号更改为3级即可，如图1-50所示。其操作与设置2级编号相同。

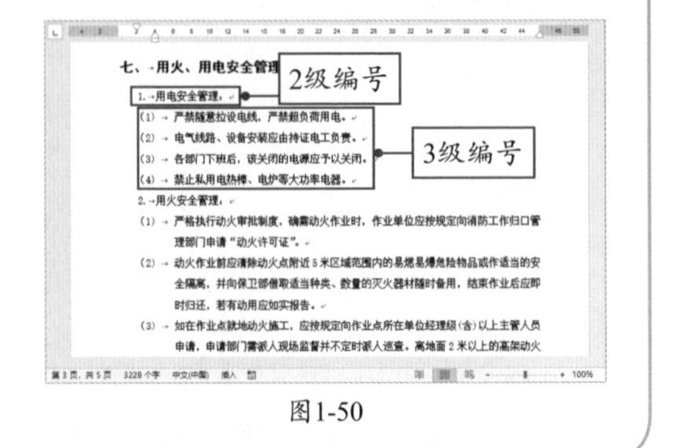


图1-50

## ■1.4.3　检查并修改文档内容

大部分的网页文档内容很多是以范文或模板的形式来体现的，不一定百分之百地符合自己的需求，那么用户就需要根据实际需求来对文档的内容进行修改。

**Step 01** **添加文档引言内容。**将光标放置在标题末尾处，按回车键另起一行，拖动标尺上的“首行缩进”滑块向右移动2字符，输入引言内容，并设置好其字体格式，如图1-51所示。

**Step 02** **检查文档内容。**在“审阅”选项卡中单击“拼写和语法”按钮（或按F7键），在打开的“校对”窗格中会显示本文档中一些错误的语法信息。如果确实有误，则将其纠正；如果无误，则单击“忽略”按钮即可，如图1-52所示。

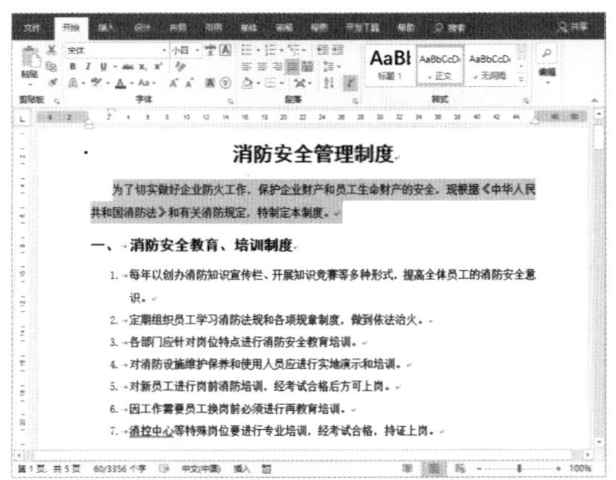

图1-51

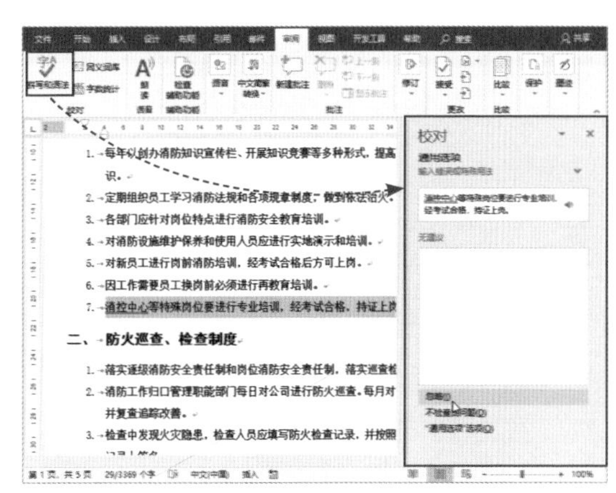


图1-52

**知识拓展**

默认情况下，“拼写检查”这项功能是处于开启状态的。当用户在输入文字内容时，如有拼写或语法错误，系统会及时地在相应的文字下方添加下划线来提醒用户。如果想禁用该功能，可以在“Word 选项”对话框中选择“校对”选项，并在“在Word中更正拼写和语法时”选项下取消勾选相应的功能选项即可。

为什么有些词语或语法没有错也会被标出来?

因为这是系统自动识别的，它会严格按照常规的语法来检查。如果出现一些专业的词语或语句，它识别不了，就会默认以语法错误标识出来。像这样的错误我们可以忽略，或者把这些专业语句添加到Word词库中。

**Step 03 添加文档落款内容。**在文档结尾处添加落款内容，并设置好其字体格式和段落格式，如图1-53所示。

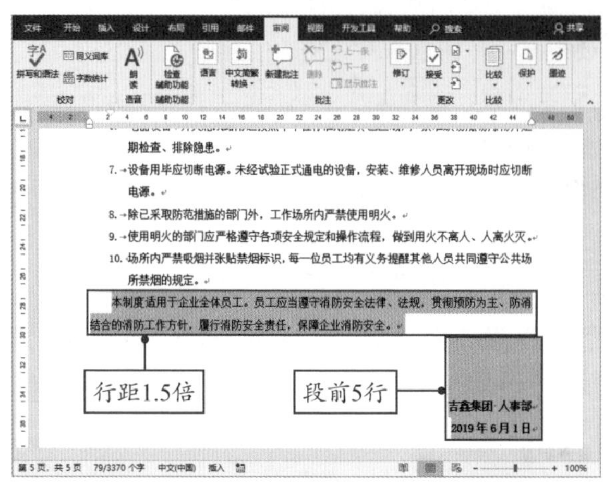


图1-53

## ■1.4.4 为文档添加页眉和页码

在文档中添加页眉、页码可以丰富文档内容、美化页面，使文档显得更完整。

**Step 01 设置文档页眉。**在“插入”选项卡中单击“页眉”下拉按钮，从中选择一种页眉样式，这里选择“空白”页眉样式，如图1-54所示。

**Step 02 输入页眉内容，设置格式。**单击输入页眉内容，并设置其字体格式，如图1-55所示。

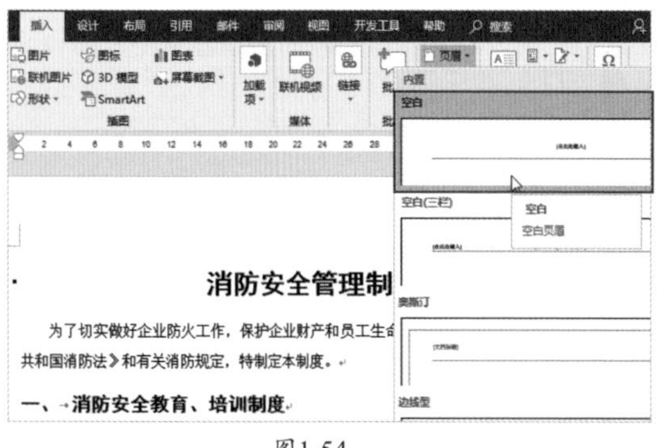

图1-54

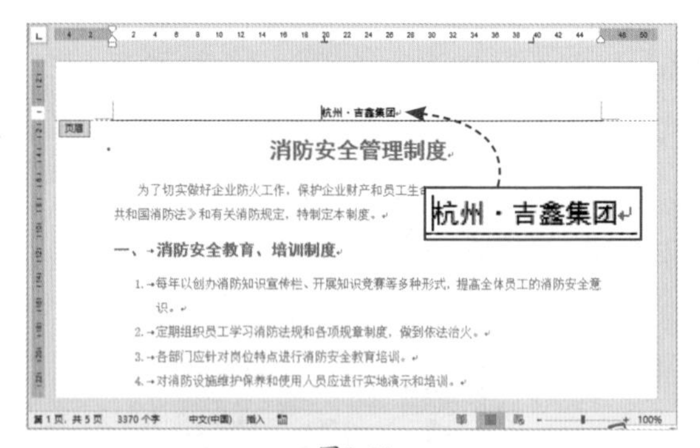


图1-55

**Step 03 添加文档页码。**在“页眉和页脚工具—设计”选项卡中单击“关闭页眉和页脚”按钮，返回文档操作界面，再在“插入”选项卡中单击“页码”下拉按钮，选择满意的页码样式即可为文档添加页码，如图1-56所示。

**Step 04 设置页码格式。**页码添加完毕后，用户可以对页码的格式进行设置，尽量使其与文档格式相统一，如图1-57所示。

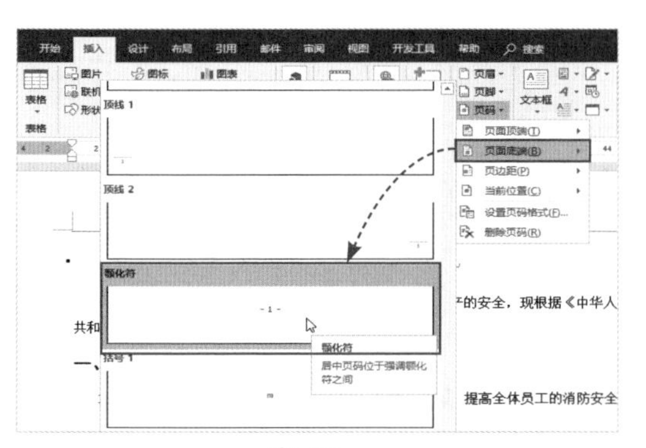
图1-56

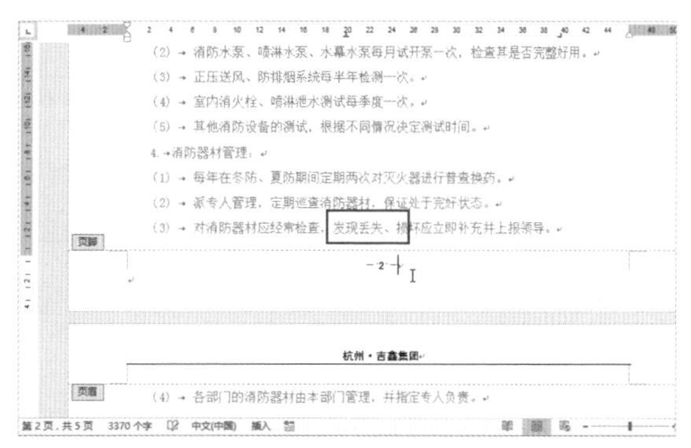
图1-57

**Step 05** **查看最终效果。**同样单击“关闭页眉和页脚”按钮，返回到操作界面。至此，网页文档就处理完毕了，用户可以查看最终的设置效果，如图1-58所示。

杭州・吉鑫集团

**消防安全管理制度**

为了切实做好企业防火工作，保护企业财产和员工生命财产的安全，现根据《中华人民共和国消防法》和有关消防规定，特制定本制度。

一、 消防安全教育、培训制度

1. 每年以创办消防知识宣传栏、开展知识竞赛等多种形式，提高全体员工的消防安全意识。
2. 定期组织员工学习消防法规和各项规章制度，做到依法治火。
3. 各部门应针对岗位特点进行消防安全教育培训。
4. 对消防设施维护保养和使用人员应进行实地演示和培训。
5. 对新员工进行岗前消防培训，经考试合格后方可上岗。
6. 因工作需要员工换岗前必须进行再教育培训。
7. 消控中心等特殊岗位要进行专业培训，经考试合格，持证上岗。

二、 防火巡查、检查制度

1. 落实逐级消防安全责任制和岗位消防安全责任制，落实巡查检查制度。
2. 消防工作归口管理职能部门每日对公司进行防火巡查。每月对单位进行一次防火检查并复查追踪改善。
3. 检查中发现火灾隐患，检查人员应填写防火检查记录，并按照规定，要求有关人员在记录上签名。
4. 检查部门应将检查情况及时通知受检部门，各部门负责人应每日消防安全检查情况通知，若发现本单位存在火灾隐患，应及时整改。
5. 对检查中发现的火灾隐患未按规定时间及时整改的，根据奖惩制度给予处罚。

三、 安全疏散设施管理制度

1. 单位应保持疏散通道、安全出口畅通，严禁占用疏散通道，严禁在安全出口或疏散通道上安装栅栏等影响疏散的障碍物。
2. 应按规范设置符合国家规定的消防安全疏散指示标志和应急照明设施。
3. 应保持防火门、消防安全疏散指示标志、应急照明、机械排烟送风、火灾事故广播等设施处于正常状态，并定期组织检查、测试、维护和保养。

~ 1 ~

杭州・吉鑫集团

4. 严禁在营业或工作期间将安全出口上锁。
5. 严禁在营业或工作期间将安全疏散指示标志关闭、遮挡或覆盖。

四、 消防控制中心管理制度

1. 熟悉并掌握各类消防设施的使用性能，保证扑救火灾过程中操作有序、准确迅速。
2. 做好消防值班记录和交接班记录，处理消防报警电话。
3. 按时交接班，做好值班记录、设备情况、事故处理等情况的交接手续。无交接班手续，值班人员不得擅自离岗。
4. 发现设备故障时，应及时报告，并通知有关部门及时修复。
5. 非工作所需，不得使用消控中心内线电话，非消防控制中心值班人员禁止进入值班室。
6. 上班时间不准在消控中心抽烟、睡觉、看书报等，离岗应做好交接班手续。
7. 发现火灾时，迅速按灭火作战预案紧急处理，并拨打119电话通知公安消防部门并报告部门主管。

五、 消防设施、器材维护管理制度

1. 消防设施日常使用管理由专职管理员负责，专职管理员每日检查消防设施的使用状况，保持设施整洁、卫生、完好。
2. 消防设施及消防设备的技术性能的维修保养和定期技术检测由消防工作归口管理部门负责，设专职管理员每日按时检查了解消防设备的运行情况。查看运行记录，听取值班人员意见，发现异常及时安排维修，使设备保持完好的技术状态。
3. 消防设施和消防设备定期测试：
(1) 烟、温感报警系统的测试由消防工作归口管理部门负责组织实施，保安部参加，每个烟、温感探头至少每年轮测一次。
(2) 消防水泵、喷淋水泵、水幕水泵每月试开泵一次，检查其是否完整好用。
(3) 正压送风、防排烟系统每半年检测一次。
(4) 室内消火栓、喷淋泄水测试每季度一次。
(5) 其他消防设备的测试，根据不同情况决定测试时间。
4. 消防器材管理：
(1) 每年在冬防、夏防期间定期两次对灭火器进行普查换药。
(2) 派专人管理，定期巡查消防器材，保证处于完好状态。
(3) 对消防器材应经常检查，发现丢失、损坏应立即补充并上报领导。

~ 2 ~

图1-58

# 课后作业

通过对本章内容的学习，相信大家对Word文档有了一定的了解。为了巩固本章所学的知识，大家可以根据以下的思维导图将一份网页文档转换为常规的Word文档，其内容、字数不限。

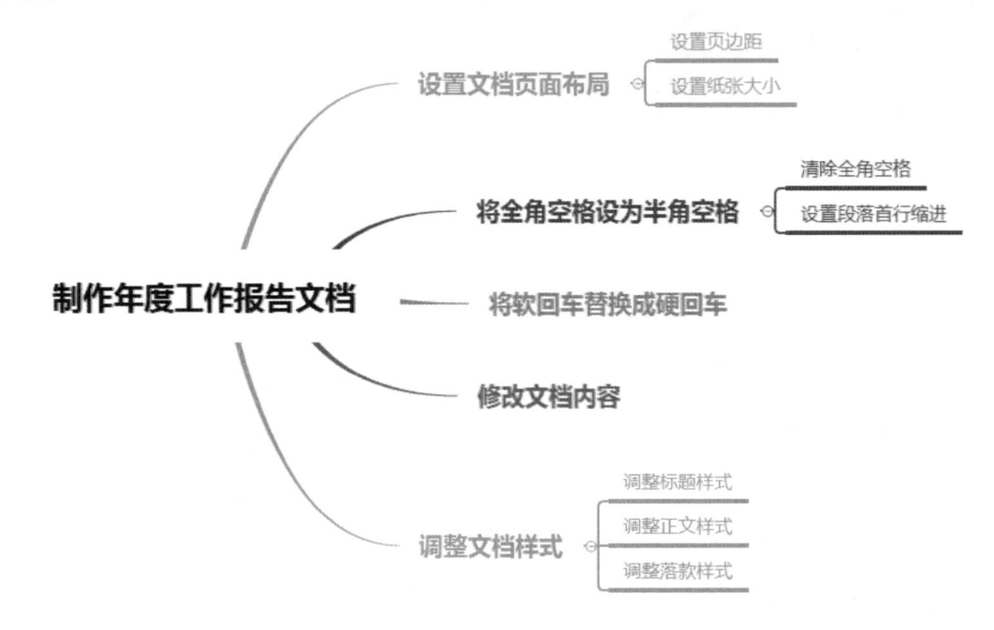


NOTE

Tips

大家在学习的过程中如有疑问，可以加入学习交流群（QQ群号：737179838）进行交流。

Word

# 第2章 好文档用细节说话

张姐，为什么说“好文档用细节说话”？

这很好理解。这么问吧，你知道一篇文档由哪些元素构成吗？

一般来说，文档由文字、段落、图片、表格等元素组成，其中，文字和段落是最主要的构成元素。

说得很好。文字和段落的格式设置得合理，整篇文档也会变得更加美观。

知道了。文字和段落相当于一个产品的细节，细节做好了，产品质量自然就高，因为细节决定品质。

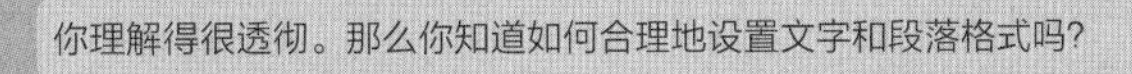

这个我不太清楚，请指教！

我就用一张思维导图来告诉你吧！

# 思维导图

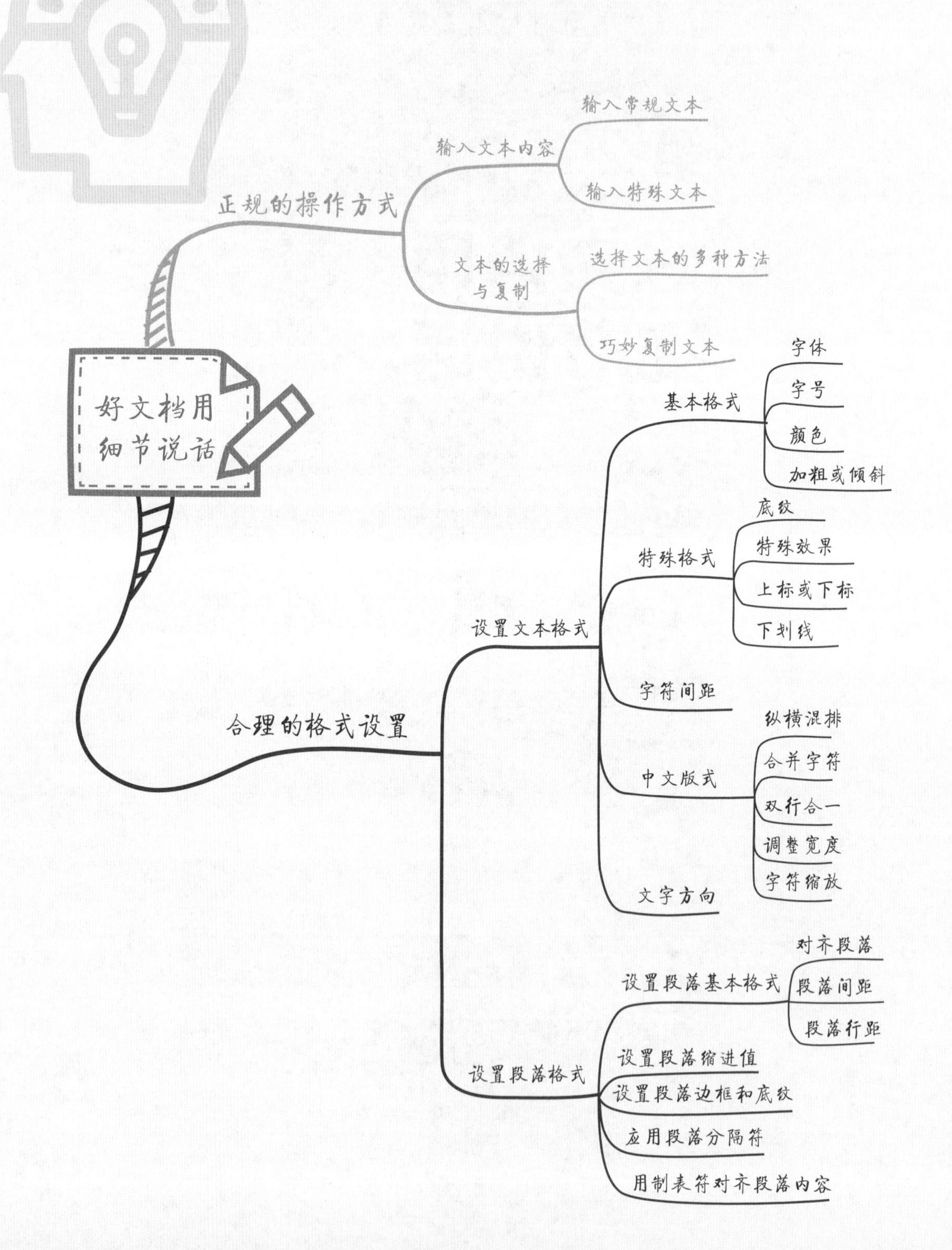

好文档用细节说话
正规的操作方式
输入文本内容
输入常规文本
输入特殊文本
文本的选择与复制
选择文本的多种方法
巧妙复制文本
合理的格式设置
设置文本格式
基本格式
字体
字号
颜色
加粗或倾斜
特殊格式
底纹
特殊效果
上标或下标
下划线
字符间距
中文版式
纵横混排
合并字符
双行合一
调整宽度
字符缩放
文字方向
设置段落格式
设置段落基本格式
对齐段落
段落间距
段落行距
设置段落缩进值
设置段落边框和底纹
应用段落分隔符
用制表符对齐段落内容

# 知识速记

## 2.1 几类特殊文本的输入方法

在日常工作中，多多少少都会输入一些特殊文本，如特殊符号、数学公式、大写中文数字、生僻字、拼音文字等。那么，如何才能既快又准地输入这些文本呢？答案将在下文中揭晓。

### 2.1.1　输入常用符号

扫码观看视频

Word中的“符号”功能可以说是基本满足了我们日常对符号输入的需求。在“插入”选项卡中单击“符号”下拉按钮，在打开的列表中选择“其他符号”选项，就会打开“符号”对话框，在此用户就可以根据需要选择相应的符号内容了，如图2-1所示。

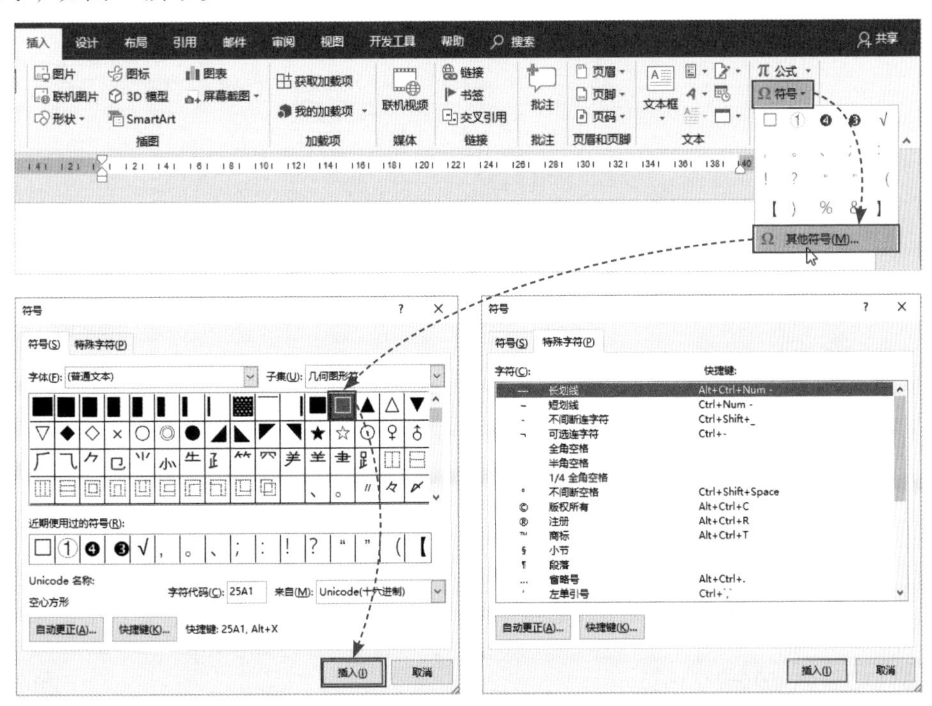

图2-1

在“符号”对话框的“特殊字符”面板中，用户还可以插入一些特定的字符，如注册商标、版权所有、省略号等。

张姐，我想插入一个“€”符号，但在“符号”对话框中找不到这个符号，怎么办？

这好办，在“符号”对话框中单击“子集”下拉按钮，选择“货币符号”这一项，就能找到这个欧元货币符号了。

在“符号”对话框的“字体”列表中，单击右侧的下拉按钮，可以选择符号的类型。默认情况下是“普通文本”，如果想插入一些小图标，可以在该列表下选择“Wingdings”“Wingdings 2”“Wingdings 3”这3种类型即可，如图2-2所示。

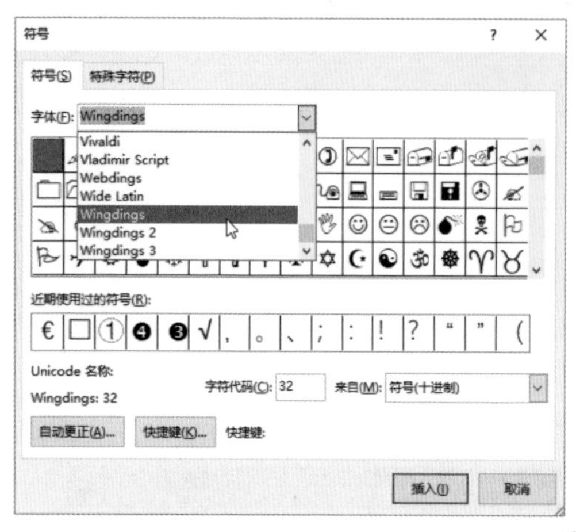


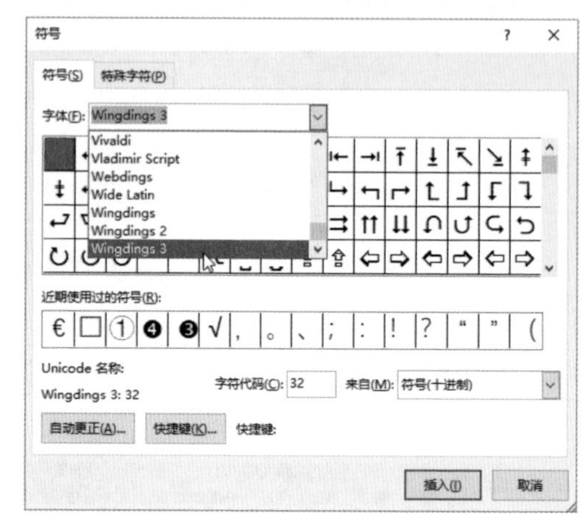


图2-2

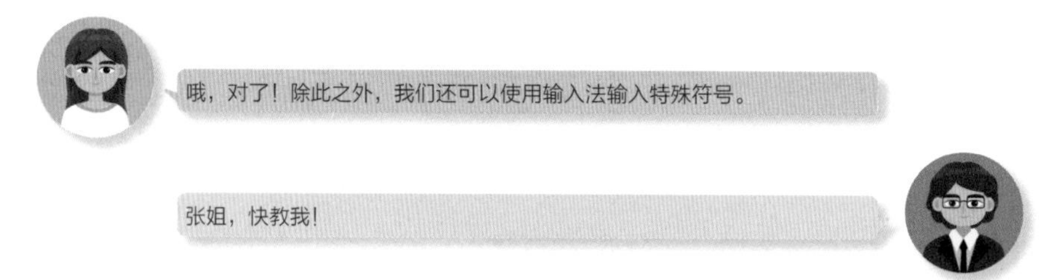


就以搜狗输入法为例，如果要输入“¥”，只需输入“人民币”拼音后，候选词列表中就会显示这个货币符号，如图2-3所示，选中它就可以插入了。

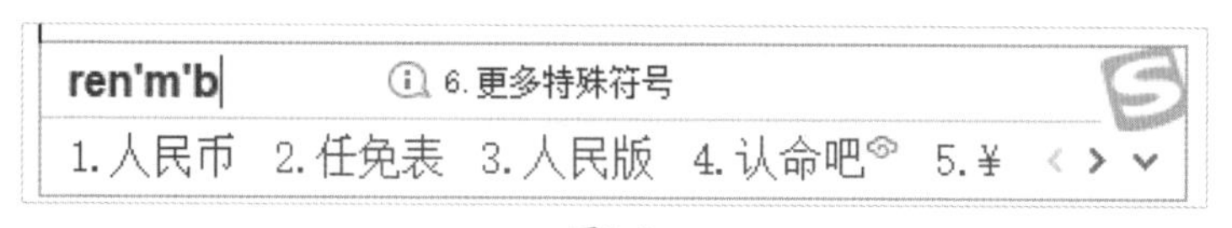


图2-3

## ■2.1.2 输入数学公式

扫码观看视频

在文档中输入公式的方法也很简单。在“插入”选项卡中单击“公式”下拉按钮，在打开的列表中可以选择现有的公式，也可以通过选择“插入新公式”选项插入自定义的公式，如图2-4所示。

以上介绍的是常规公式的输入方法，如果遇到比较复杂的公式，使用这种方法会很麻烦。这时用户就可以使用“墨迹公式”功能进行输入。在“公式”列表中选择“墨迹公式”选项，打开“数学输入控件”窗口，如图2-5所示。用户可以利用鼠标手写输入公式内容，如图2-6所示。

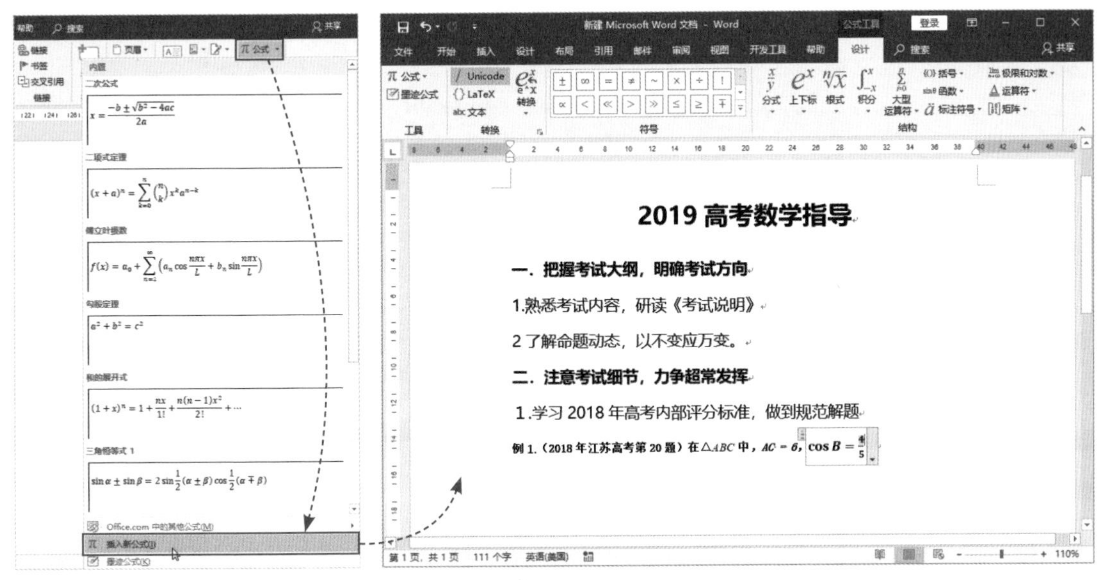


图2-4

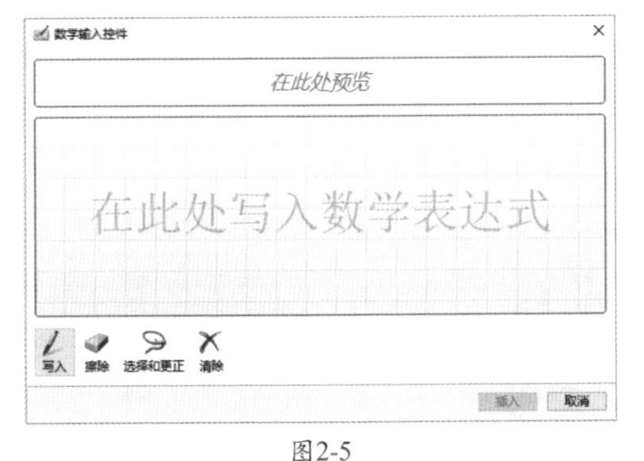


图2-5

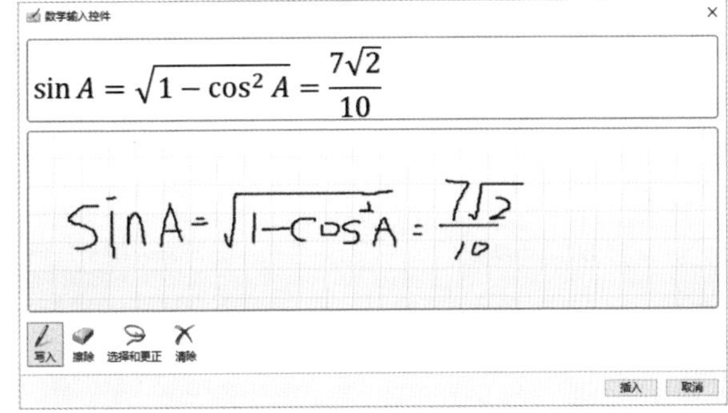


图2-6

公式输入完成后，单击“插入”按钮就可以将当前的公式插入至文档中。在输入过程中，用户可以使用窗口下方的“擦除”“选择和更正”“清除”这三个按钮来对公式内容进行修改。

● **新手误区：**用户在输入公式的过程中，尽量一笔一画地书写，保持字迹端正，否则系统将很难识别出所写的内容。

## ■2.1.3　输入大写中文数字

在制作一些与金额相关的文档时，通常需要输入大写中文数字，如“壹”“贰”“叁”等。一般情况下，可以使用输入法一个个地打出来。其实没必要这么操作，使用Word中的“编号”功能即可一键搞定。选中数字文本，在“插入”选项卡中单击“编号”按钮，即可直接将数字转换为大写中文数字，如图2-7所示。

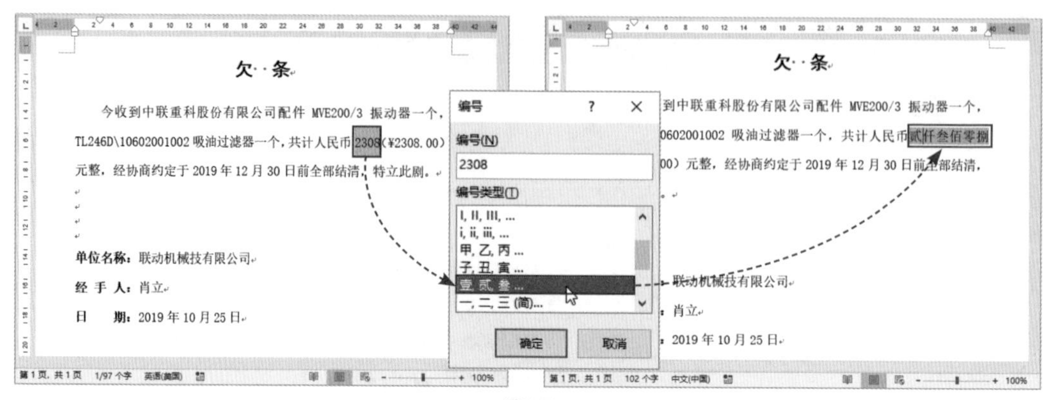

图2-7

## ■2.1.4　输入生僻字

对于习惯用拼音打字的用户来说，遇到生僻字确实挺让人头疼。不会读，自然就不会输入了。那么如何来解决这个问题呢？其实用户完全可以借助输入法来操作。下面就以搜狗输入法为例，输入“弢”（tao）这个字。

**Step 01** 单击搜狗输入法工具栏中的“工具箱”按钮，在打开的列表中选择“手写输入”选项，如图2-8所示。

**Step 02** 在“手写输入”界面中利用鼠标写入“弢”字，如图2-9所示。

图2-8

图2-9

**Step 03** 单击右侧字体列表中相对应的文字即可插入，同时在该列表中也能了解到这个字的读音。

张姐，我记得使用Word的“符号”功能也能输入生僻字，是吧？

呦，不错啊，这你也知道。确实，生僻字可以用“符号”功能来输入，但是你要知道它的诀窍，否则它能让你抓狂。

“符号”功能是以文字的偏旁部首来排列的。如果一上来就找文字，就好比大海捞针，如图2-10所示。其实用户完全可以先输入一个与该字部首相一致的文字，如输入“张”字并将它选中，然后再打开“符号”对话框，这样就能快速定位到该部首，方便找到该字了，如图2-11所示。

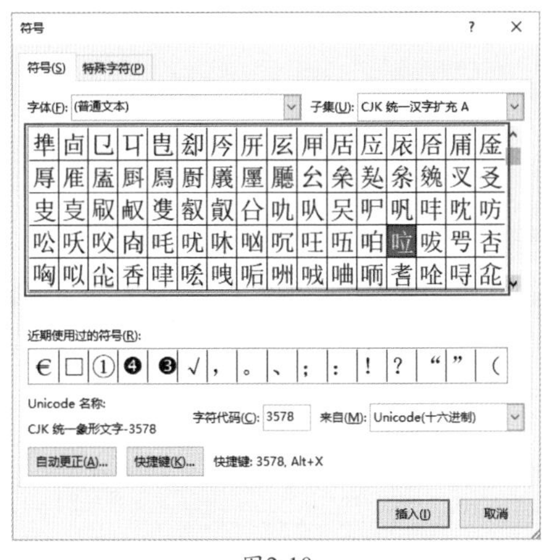

图2-10

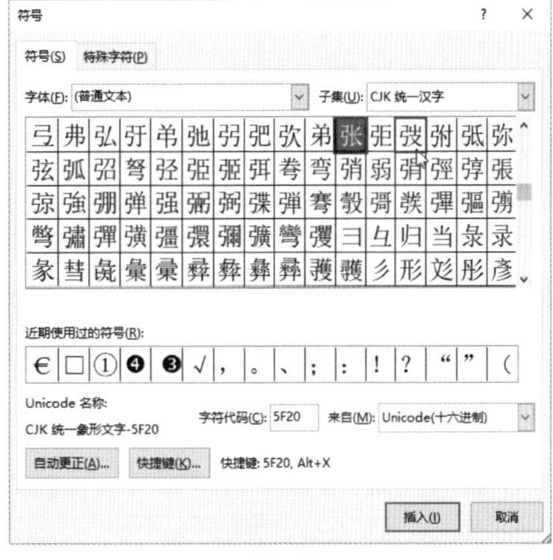

图2-11

## ■2.1.5 为文字添加拼音

为文字添加拼音，以便让低龄孩子自主阅读。利用Word中的“拼音指南”功能就能够既快又准地输入文字的拼音。

选中所需文字，在“开始”选项卡中单击“拼音指南”按钮，在打开的“拼音指南”对话框中已为文字添加了拼音，单击“确定”按钮即可，如图2-12所示。

图2-12

**知识拓展**

在“拼音指南”对话框中，用户可以对拼音的对齐方式、字号、字体及偏移量进行调整。如果想要删除拼音内容，可以直接单击“清除读音”按钮。

张姐，为什么我的“拼音指南”对话框中显示不了拼音呢?

这是因为你没有安装微软拼音输入法。不过你还可以通过其他方法来解决，这又要用到“符号”功能了。

先插入一个文本框，然后输入拼音内容，如图2-13所示，再打开“符号”对话框，将“子集”选项设为“拼音”，根据需要选择相应的韵母即可，如图2-14所示。

图2-13

图2-14

## 2.2 文本的选择与复制

选择和复制文本是编辑文档最基础的操作，往往这些基础操作就是提高效率的关键所在。用户需要对这些操作了然于胸，并在实际应用中选择最恰当的处理方式。

### ■2.2.1 选择文本的多种方法

一般情况下，用户可以使用拖拽鼠标的方法来选择文本。除此之外，还可以双击或三击鼠标来选择文本。当用户需要选择某一个词组时，只需将光标放置在该词组上，双击鼠标即可选中，如图2-15所示。

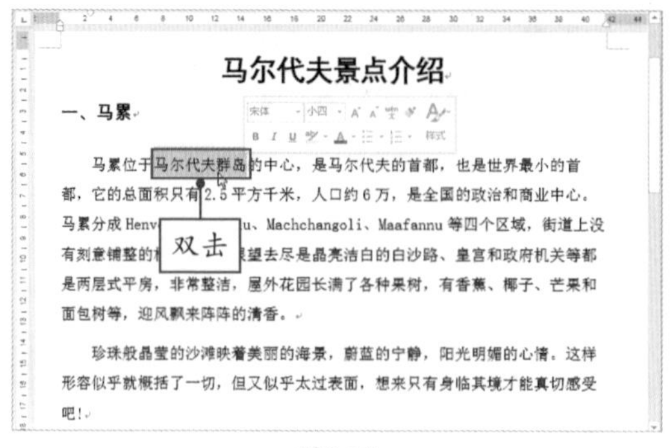


图2-15

如果用户需要选中一段文本，那么只需将鼠标放置在该段文本前的空白处，当光标呈箭头图标后双击即可选中当前段落，如图2-16所示。

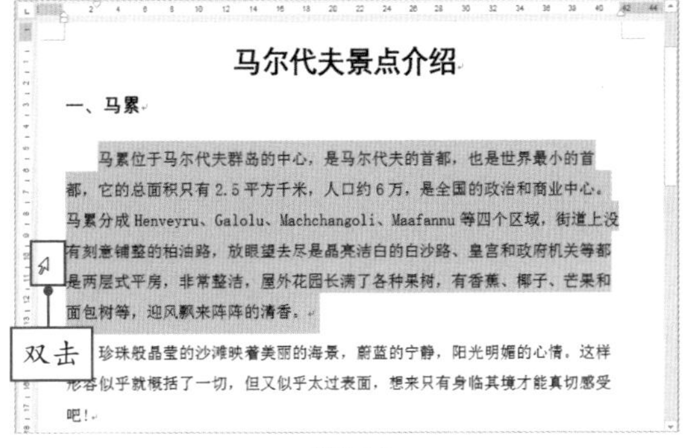

图2-16

想要选中整篇文档，只需将光标定位在文档左侧的空白处，三击鼠标即可，如图2-17所示。想要选中不连续的文本，只需按住Ctrl键的同时拖拽鼠标即可，如图2-18所示。

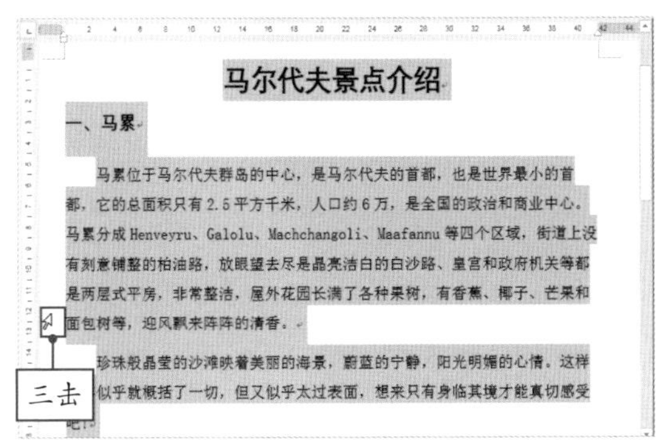

图2-17

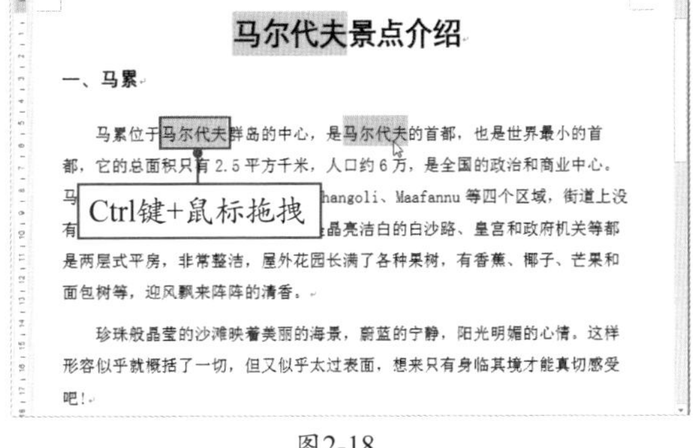

图2-18

**知识拓展**

键盘上的F8键在Word中是一个非常特殊的功能键，通过该键也可以实现选择文本的操作。首次按F8键后，将会打开文本选择模式；再次按F8键后，可以选中光标所在处的短语或词组；第3次按F8键后，可以选中光标所在处的一整句话；第4次按F8键后，可以选中光标所在处的段落文本；第5次按F8键后，可以选中整篇文档。

## 2.2.2 复制文本有技巧

对于大多数人来说，复制文本无外乎组合键Ctrl+C和Ctrl+V这两个操作。其实，大多数人都不了解，以“粘贴”这项功能来说，就有很多诀窍。

举个例子，将网页中的内容复制到Word文档里，如果直接按组合键Ctrl+C和Ctrl+V，其结果如图2-19所示。

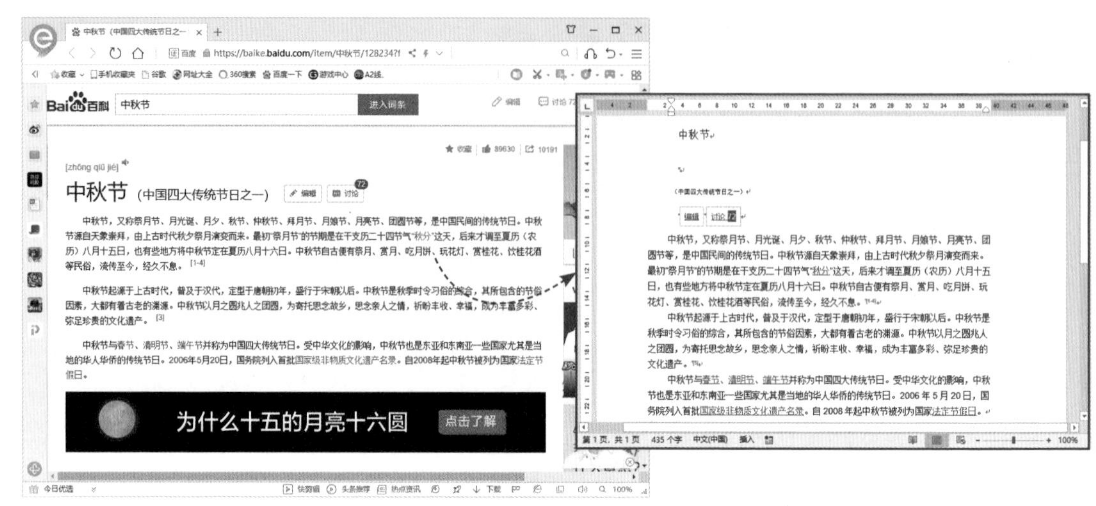


图2-19

这样的文档看上去实在不美观。那么，怎样做才可以让文档变得好看一些呢？方法很简单，只需在粘贴文本时右击，在“粘贴选项”中选择“只保留文本”选项即可，如图2-20所示。

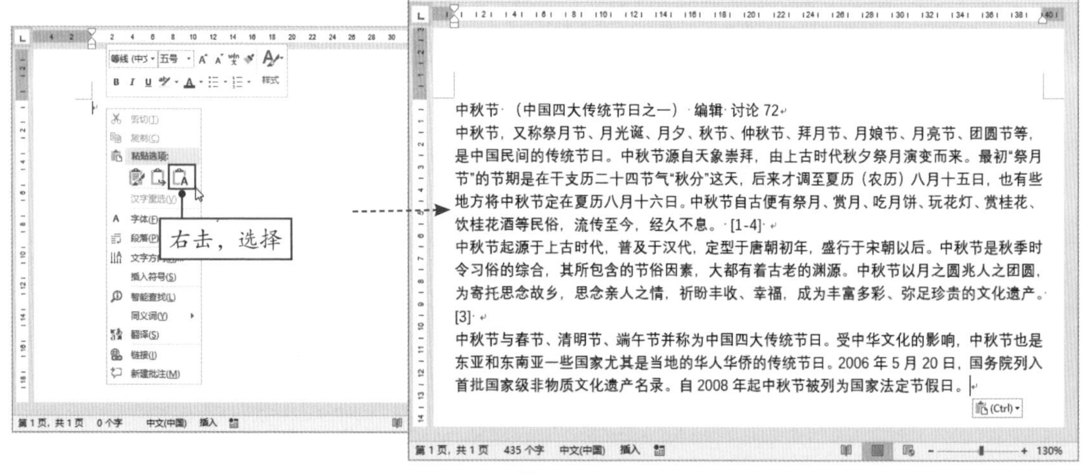


图2-20

一般来说，从网页上复制内容到Word里，都会使用“只保留文本”这个粘贴项来操作。因为网页文档和Word文档的格式是不一样的，如果直接使用组合键Ctrl+C和Ctrl+V进行复制粘贴，就会出现如图2-19所示的效果，这种效果既不美观，同时也会给后期文档的排版增加难度。而“只保留文本”这个选项忽略了网页中除文本以外的其他元素，只对文本进行了粘贴。这样用户在对文档进行修改或排版时就会方便很多，可以根据需要排版，而不受格式的影响。

哦，懂了。原来“粘贴”还有这么大的学问啊！

哈哈，是的。右键菜单中的“粘贴选项”是随着你复制的内容而变化的。你可以挨个儿试试看，看看它会出现什么样的神奇效果。

## 2.3 文本格式的设置方法

输入文本内容后，通常需要对文本进行一番美化，如设置文本的字体、字号、颜色、字符间距、文字方向等。下面介绍几种常用的文本格式的设置方法。

### 2.3.1 设置基本格式

在“开始”选项卡的“字体”选项组中，用户可以通过单击“字体”“字号”“字体颜色”按钮来对文本格式进行基本的设置，如图2-21所示。同时，用户还可以在悬浮工具栏中进行相应的设置，如图2-22所示。

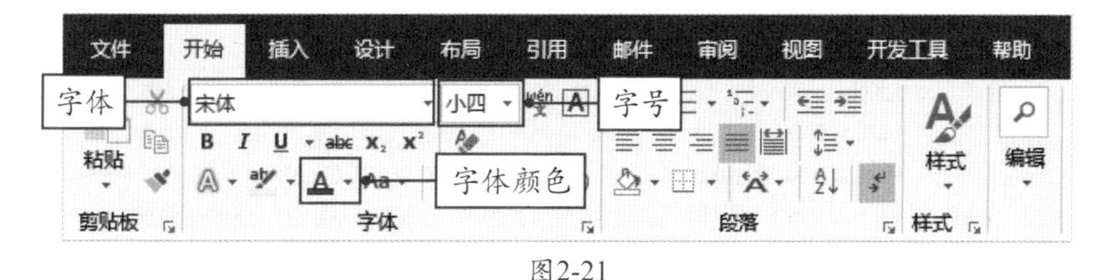


图2-21

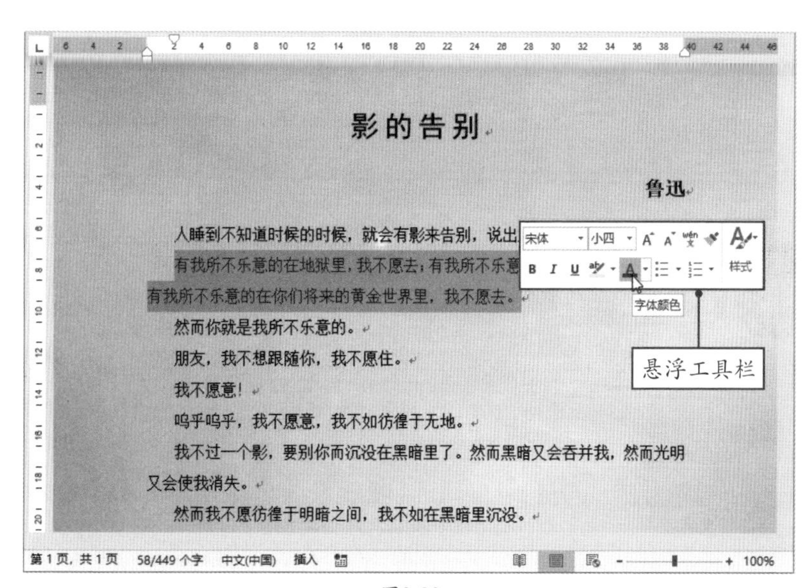


图2-22

如果需要对字号进行微调，用户可以直接单击“增大字号”或“减小字号”按钮，或者按组合键Ctrl+]或Ctrl+[来快速调整字号，该方法的使用率非常高。

## ■2.3.2 设置特殊格式

有时为了强调文本的重要性，除了为它设置基本的格式外，还会添加一些其他的特殊效果，如设置字体加粗、倾斜、下划线、底纹等。操作方法也非常简单，在“开始”选项卡的“字体”选项组中单击相应的格式按钮即可，如图2-23所示。

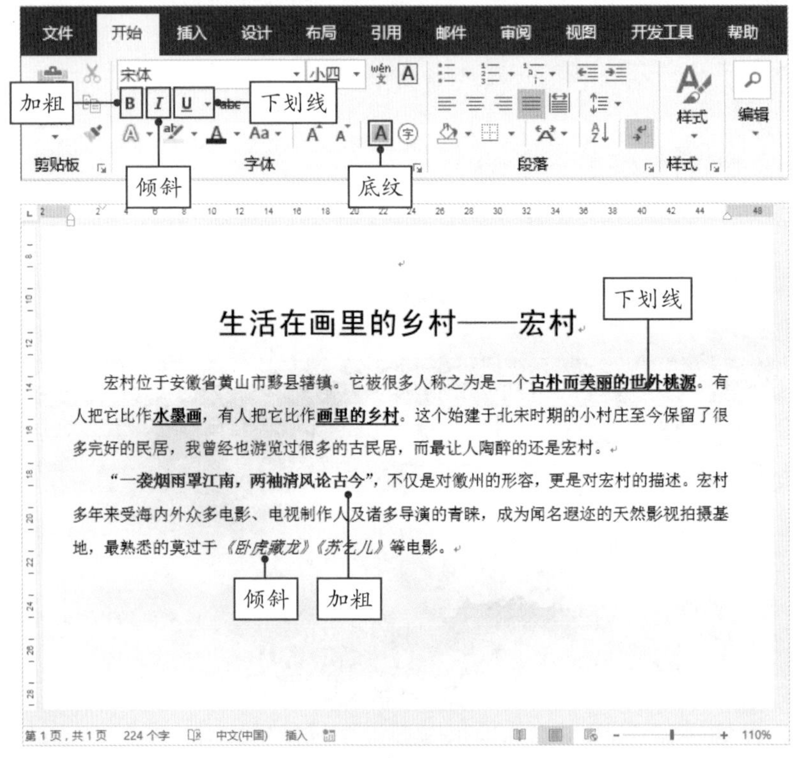


图2-23

张姐，下划线可以设置颜色吗？

当然可以，单击“下划线”下拉按钮，选择“下划线颜色”选项，在打开的颜色列表中选择颜色就好了。

如果要输入$m^2$、$H_2O$等符号，就可以通过单击“上标”或“下标”按钮来操作。先输入“m2”，然后选中数字“2”，在“开始”选项卡的“字体”选项组中单击“上标”按钮$x^2$即可。如果想输入水的化学式，那么同样先输入“H2O”，然后选中“2”，单击“下标”按钮$x_2$即可，如图2-24所示。

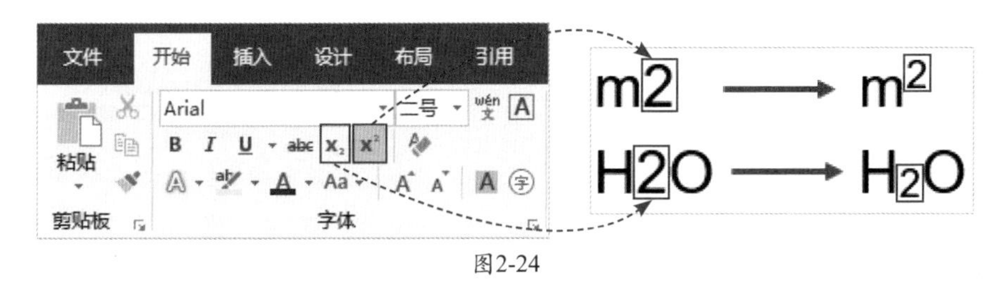


图2-24

除了以上介绍的几种特殊效果外，用户还可以为文字添加阴影、映像、发光等效果。在“字体”选项组中单击“文本效果和版式”下拉按钮，在打开的效果列表中选择需要的效果即可，如图2-25所示。单击“字体”选项组右侧的小箭头按钮，打开“字体”对话框，在该对话框中也可以对文字格式进行详细的设置，如图2-26所示。

图2-25　　　　图2-26

● **新手误区：** 如果对设置的字体效果不满意，用户可以在“字体”选项组中单击“清除所有格式”按钮清除所设置的格式，恢复默认的文字格式，再重新设置即可。用户无需再使用组合键Ctrl+Z一步步地撤销操作，那样既费时又费力。

## 2.3.3　调整字符间距

字符间距指的是字符之间的距离。用户可以通过调整字符间距使文字排列得更紧凑或更宽松。选中要调整的文本内容，打开“字体”对话框，切换到“高级”选项卡，单击“间距”下拉按钮，选择“加宽”或“紧缩”选项，并在“磅值”文本框中输入间距大小“2磅”，如图2-27所示。

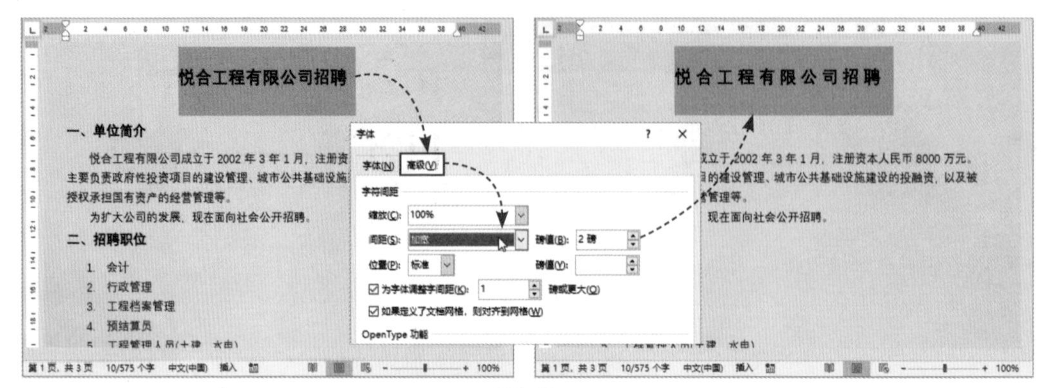


图2-27

## ■2.3.4 设置文字方向

默认情况下，输入的文字是从左到右横向显示的。有时为了配合排版的需要，要将文字纵向显示，那么用户只需设置“文字方向”即可。选中文本，在“布局”选项卡中单击“文字方向”下拉按钮，选择“垂直”选项，此时被选中的文本就会纵向显示，如图2-28所示。

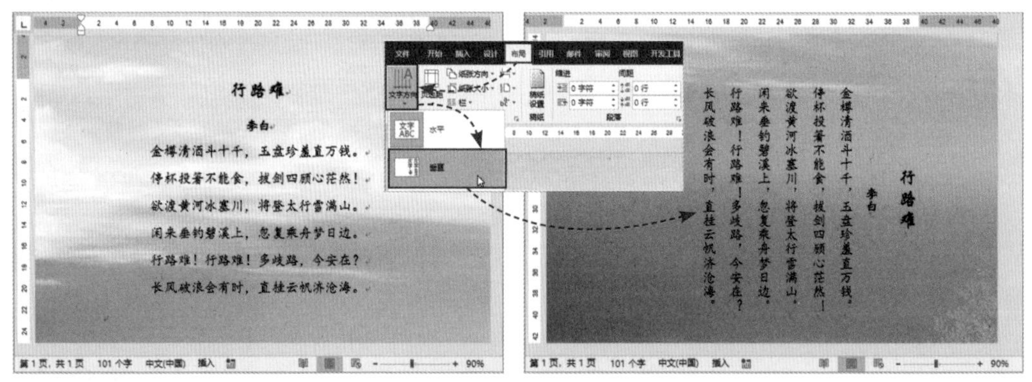


图2-28

# 2.4 段落格式的设置方式

文本格式设置完成后，接下来就需要对文档的段落进行一些必要的设置了，如设置段间距、段行距及一些特殊的段落格式。

## ■2.4.1 设置段落格式

段落格式与文本格式类似，也分基本格式和特殊格式。段落的基本格式无外乎就是对齐方式、段间距、段行距这3项，用户可以在“开始”选项卡的“段落”选项组中进行操作，或者单击“段落”选项组右侧的小箭头，打开“段落”对话框，再在该对话框中进行详细的设置，如图2-29所示。

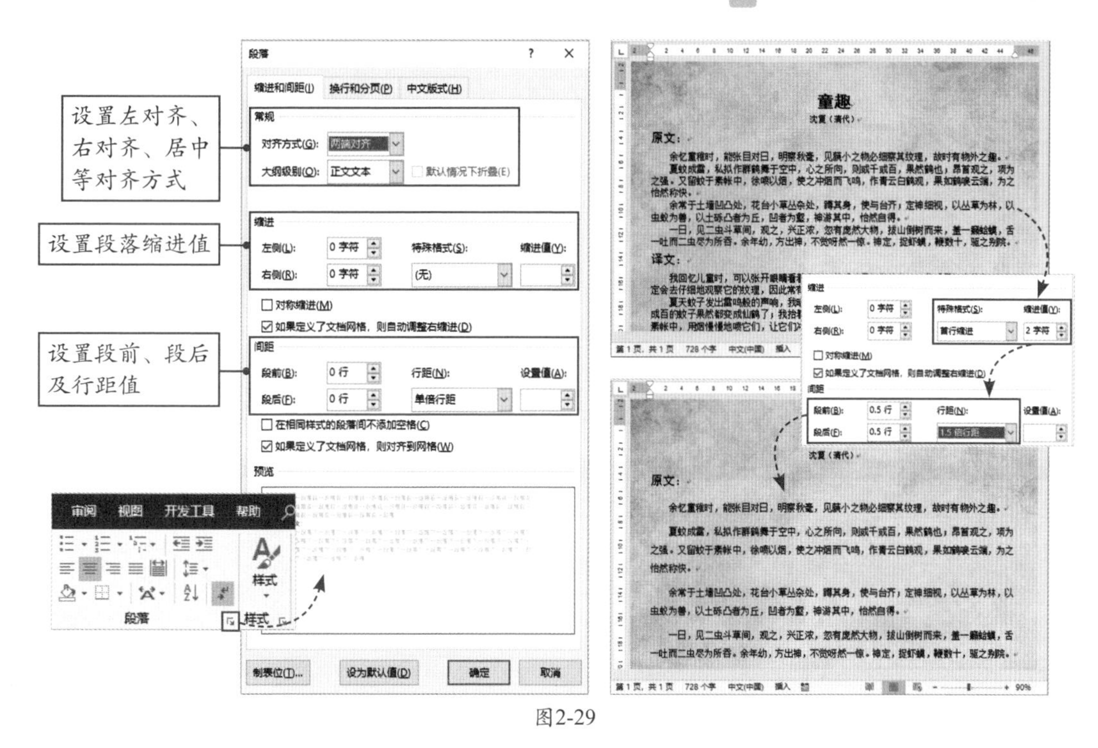


图2-29

有些文档需要设置一些特殊的段落格式，如首字下沉、双行合一等，这样的格式设置在Word中也是可以轻松实现的。

### 1. 首字下沉

顾名思义，首字下沉就是将文档中第一段的第一个字放大，并占用以下几行空间来进行排版。它是一种特殊的排版方式，这种方式在报刊杂志中比较常见，如图2-30所示。

选中文档中的首个字符，在“插入”选项卡的“文本”选项组中单击“首字下沉”下拉按钮，从中选择“下沉”选项，如图2-31所示。接下来更改一下字体即可。

在“首字下沉”列表中，用户还可以选择“首字下沉选项”选项，在打开的“首字下沉”对话框中对下沉的行数、字体进行详细的设置。

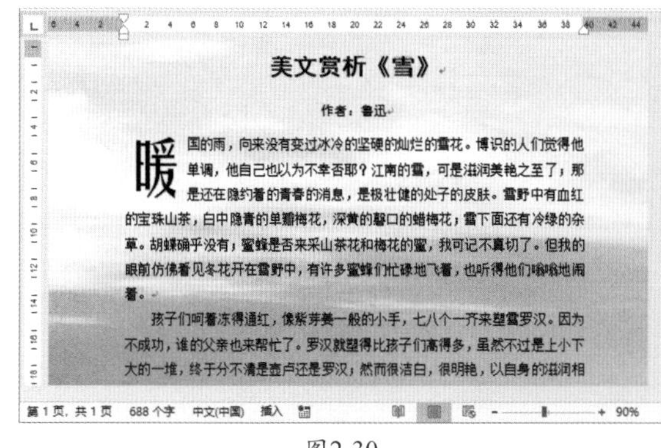

图2-30

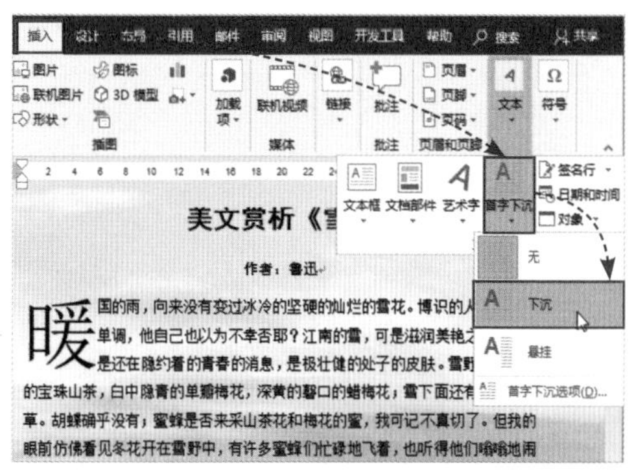

图2-31

### 2. 双行合一

双行合一的段落格式在一些政府部门制作的联合发文中经常会见到。该功能可以实现将两行文本合并成一行的效果，如图2-32所示。

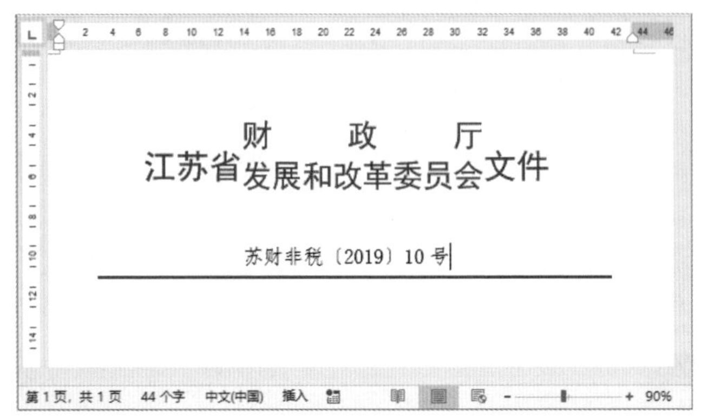


图2-32

像这样的效果是如何实现的呢？非常简单。用户先选中标题中需要合并的文字，如“财政厅发展和改革委员会”这几个字，然后在“开始”选项卡中单击“中文版式”下拉按钮，选择“双行合一”选项，打开相应的对话框，在“预览”窗口中已经显示了设置效果。由于这两个机构名称的字数不同，所以需要在字数较少的名称中手动添加空格，使其实现两行显示。确认无误后，单击“确定”按钮即可，如图2-33所示，最后用户可以适当地增大所设置的文本字号。

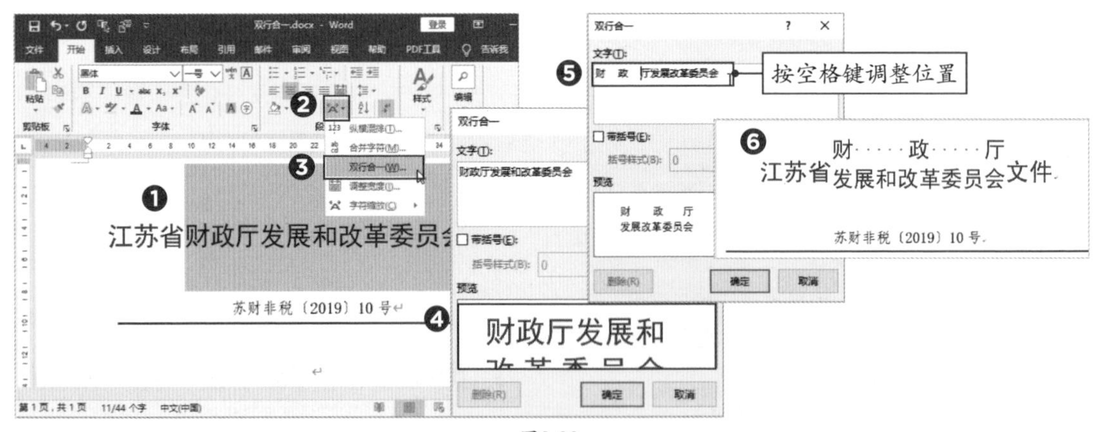


图2-33

**知识拓展**

以上两种特殊的段落格式是在工作中经常会使用到的，那么除了这两种格式外，偶尔也会用到一些其他的特殊格式，如纵横混排、合并字符、调整宽度、字符缩放等，有兴趣的用户可以在“中文版式”列表中选择试用，这里就不一一举例说明了。

## ■2.4.2　应用段落分隔符

分隔符主要包括三大类：分页符、分栏符和分节符。当需要将文档中的某部分内容强行放到下一页来显示时可以使用分页符来操作，如图2-34所示；当需要将文档内容由一栏转为两栏或多栏显示时，可以使用分栏符，如图2-35所示；当需要将文档一栏和多栏混合排版时，就要使用到分节符，如图2-36所示。

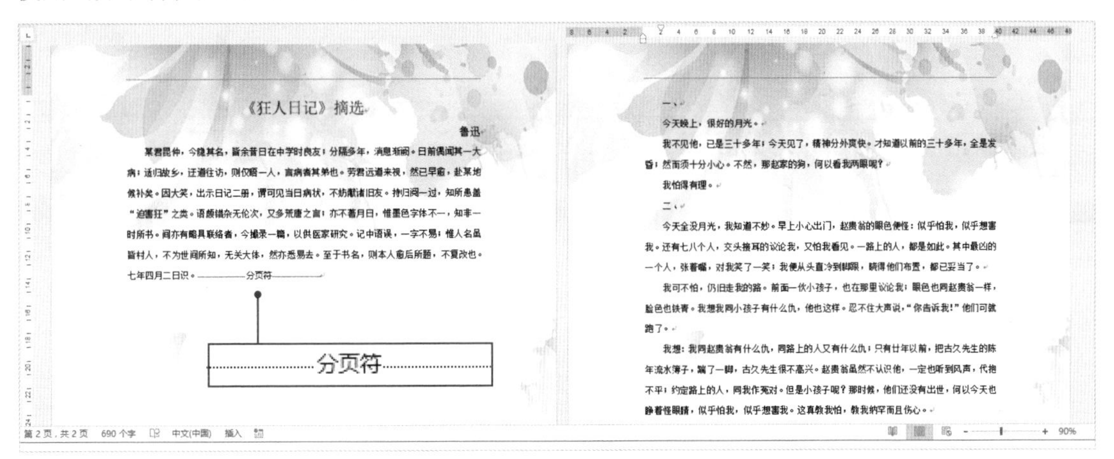


图2-34

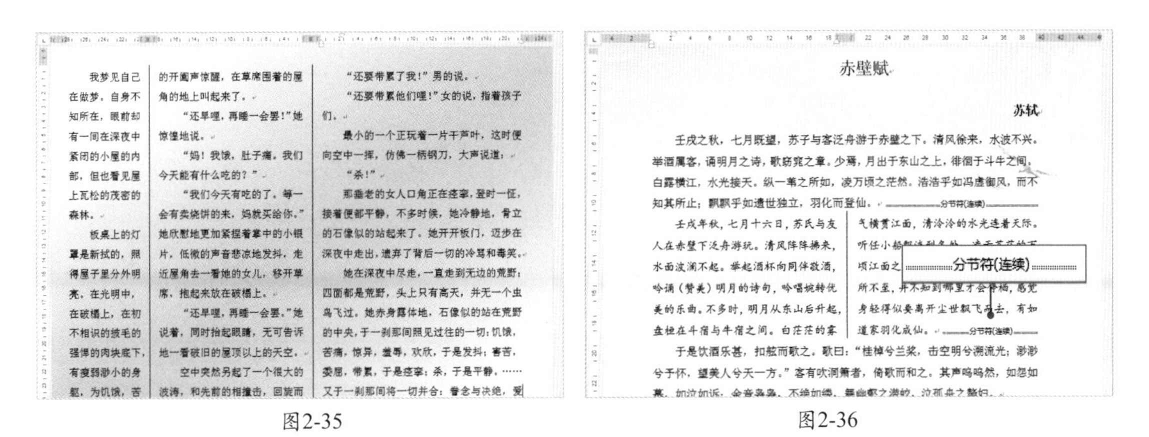


图2-35　　图2-36

分隔符的作用其实就是将一份文档进行有序的分隔，让文档的版式更加丰富。当文档中使用了分页符或分节符后，无论用户怎么排版，分隔前的内容都不会影响到分隔后的内容版式，这就是分隔符带来的好处。

那么如何插入这些分隔符呢？用户只需将光标定位至需要分隔的位置，在“布局”选项卡中单击“分隔符”下拉按钮，从中选择“分页符”或“分节符”就可以了，如图2-37所示。如果想将文档实现分栏的效果，可以在“布局”选项卡中单击“栏”下拉按钮，从中选择所需的栏数，或者选择“更多栏”选项，在打开的对话框中对分栏效果进行具体的设置，如图2-38所示。

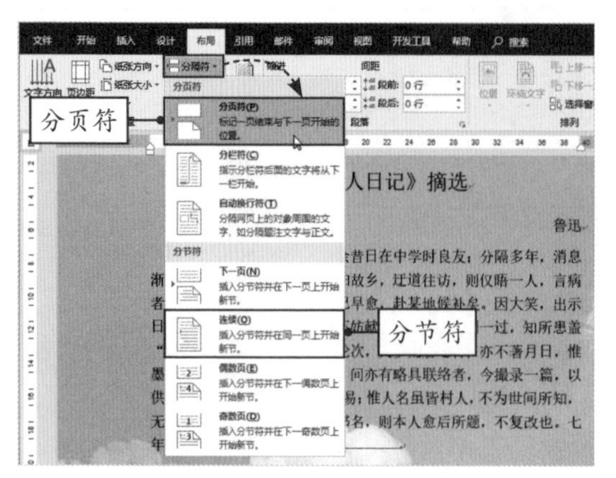


图2-37

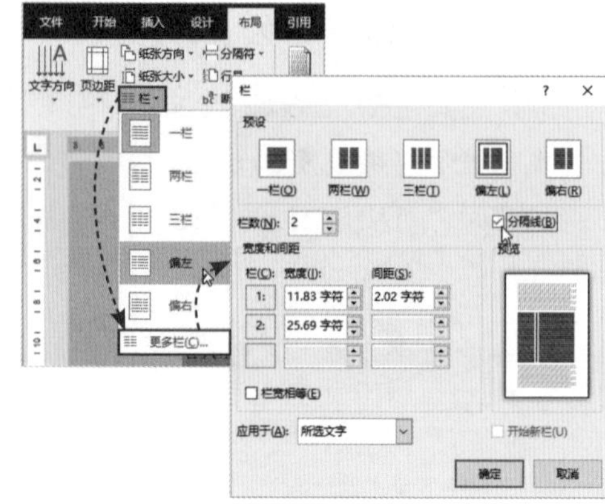

图2-38

张姐，这些分隔符怎么删除呀？我怎么删不掉啊？

一定要选中分隔符，然后按Delete键删除就可以了。有些分隔符隐藏得比较深，你可以先把视图模式切换为草稿视图，然后选中分隔符，再按Delete键进行删除。

## ■2.4.3　巧用制表符对齐内容

制表符是指文本在水平标尺上的位置，它最大的功能就是使用光标精确地定位到目标位置，方便用户对文档进行排版。

Word提供了5种制表符，分别是左对齐式制表符 ∟、居中式制表符 ⊥、右对齐式制表符 ┘、小数点对齐式制表符 ⊥、竖线对齐制表符 I 。用户可以在垂直标尺的起始位置处切换使用这些制表符。默认以“左对齐式制表符” ∟显示，单击一次即可切换为“居中式制表符” ⊥，连续单击直到显示所需的符号为止。

很多人制作合同中的表单页时，习惯使用空格键来对齐上下文本，结果做出的效果如图2-39所示。而使用制表符做出来的表单页效果如图2-40所示。下面就以该表单页为例，来介绍制表符的实际应用操作步骤。

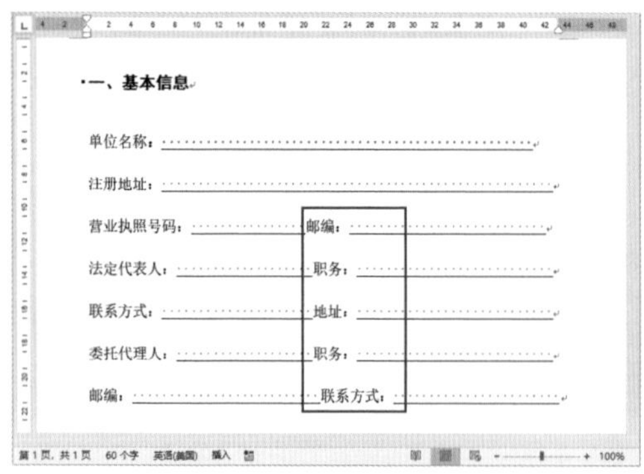


图2-39

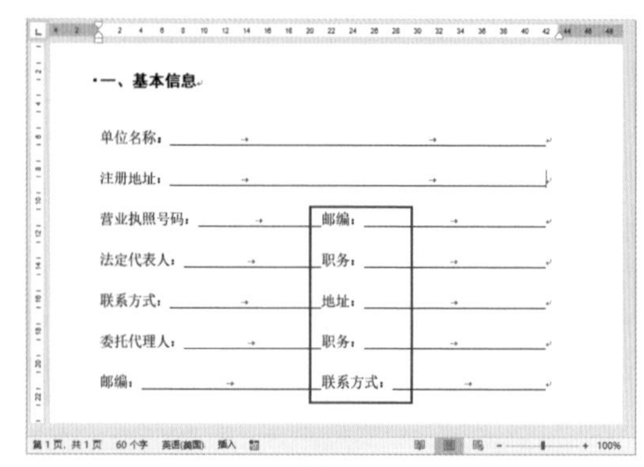


图2-40

**Step 01 定位制表符的位置。**将光标移动至水平标尺约21字符处并单击；或者打开“段落”对话框，单击左下角的“制表位”按钮，打开同名对话框，在“制表位位置”文本框中输入“21”，单击“确定”按钮，完成制表符的精确定位，如图2-41所示。

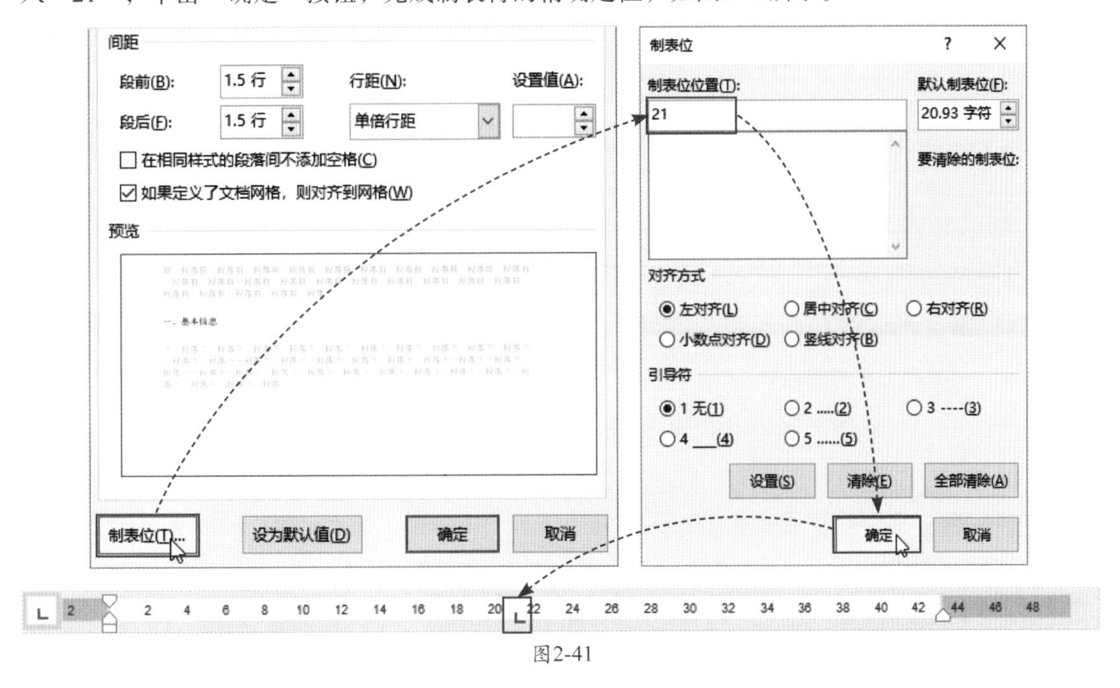


图2-41

**Step 02 利用Tab键定位内容。**删除“邮编”前面所有的空格，按一下键盘上的Tab键，此时“邮编”内容即可快速定位至标尺刻度的21字符处了，如图2-42所示。

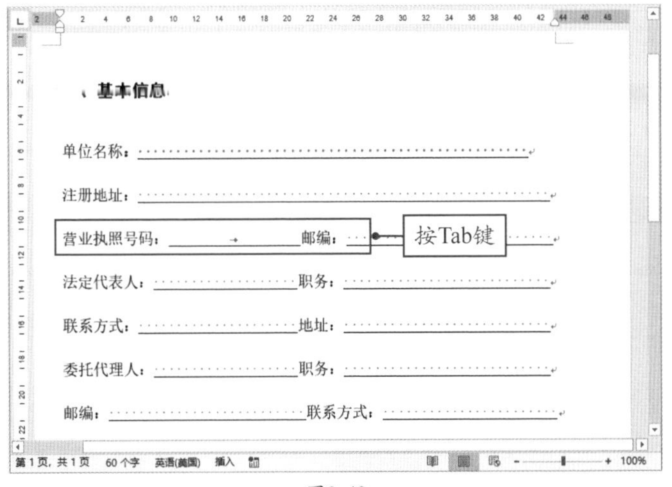


图2-42

**Step 03 利用Tab键对齐其他文本内容。**删除“职务”前面所有的空格，再次按Tab键，光标同样会快速定位至相应的位置，并与上方的“邮编”对齐，如图2-43所示。

一、基本信息

单位名称：

注册地址：

营业执照号码：　　邮编：

法定代表人：　　职务：

联系方式：　　地址：

委托代理人：　　职务：

邮编：　　联系方式：

第1页，共1页　60个字　英语(美国)　插入　100%

图2-43

**Step 04 完成全部文本对齐操作。**按照同样的操作方法，将“地址”“职务”“联系方式”等文本进行对齐操作。

哦，我知道窍门了，难怪我有时使用空格键很难对齐文本，原来可以使用制表符来对齐。

我们从制表符的名字就能够了解，它是用来制表的，该表与我们常见的表格其实是一样的，只不过制表符做出来的表没有边框线而已。

张姐，我还有个问题：我想删除这个制表符，该怎么做呢？

这个好办，在水平标尺中选中设置的制表符，将它拖拽出标尺范围就可以了。

## 知识拓展

在“制表位”对话框中，用户还可以设置引导符。默认情况下，制表位的引导符为“无”。在“引导符”选项组中选择引导符样式，单击“确定”按钮即可。例如，选择引导符样式“2......(2)”，按下Tab键后，系统会在制表位前自动添加引导符“......”。

# 综合实战

## 2.5 制作单位员工收入证明

在职场中为员工开具一些必要的证明文件是很常见的。虽然网络上有各式各样的模板，但下载下来后，用户也需要根据实际情况对内容或格式作相应的修改。下面将以制作“员工收入证明”为例，来介绍该类文档的创建流程和方法。

扫码观看视频

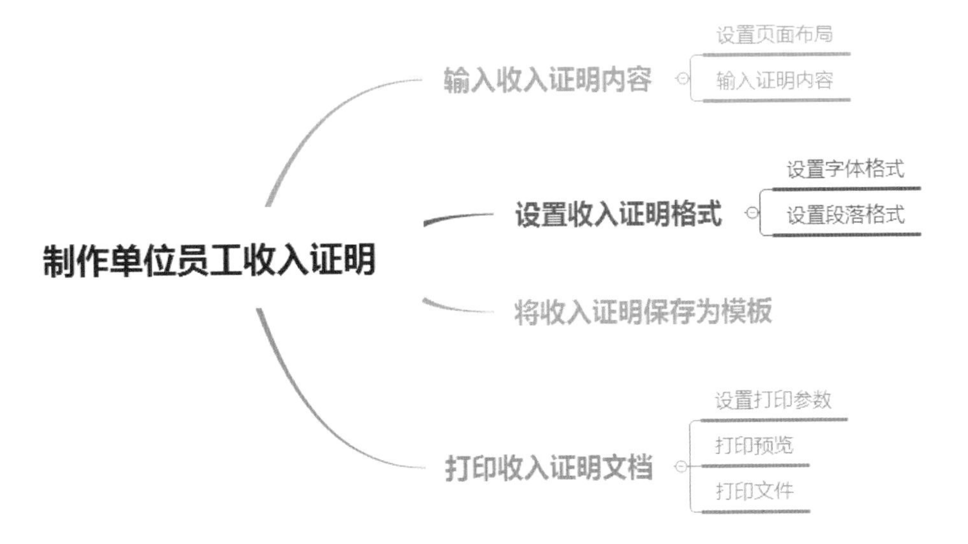


### 2.5.1 输入证明内容

制作收入证明文档时，首先要输入相关的证明内容，该内容可以自己编写，也可以使用网络上的模板内容，再根据实际情况进行修改。

**Step 01** **新建文档，启动“页边距”功能。**双击Word图标，新建一个空白文档。单击“布局”选项卡的“页边距”下拉按钮，选择“自定义页边距”选项，如图2-44所示。

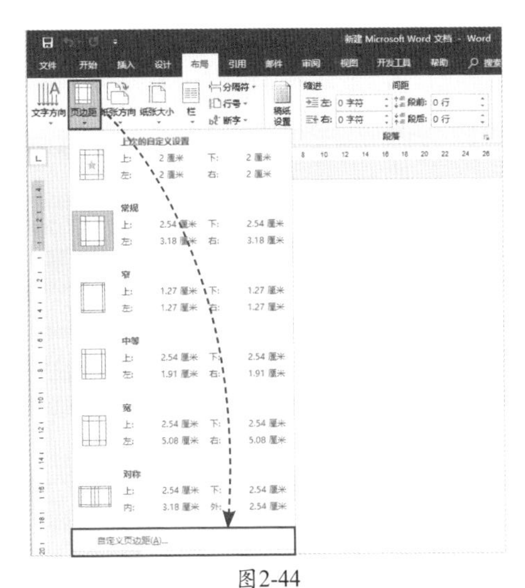
图2-44

**Step 02 设置页边距参数与纸张大小。**在“页面设置”对话框的“页边距”选项卡中，将“上”“下”“左”“右”的值都设为2，其他选项为默认，如图2-45所示。切换到“纸张”选项卡，将“纸张大小”设为A4，如图2-46所示。

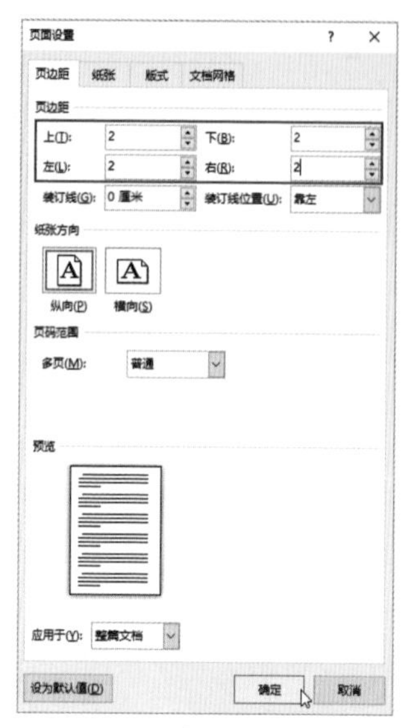


图2-45

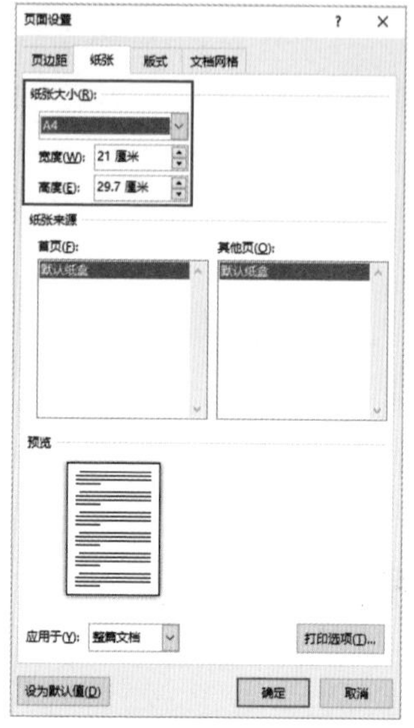


图2-46

**Step 03 输入证明内容。**在设置好的页面中输入证明的内容，包括标题、正文及落款等，如图2-47所示。

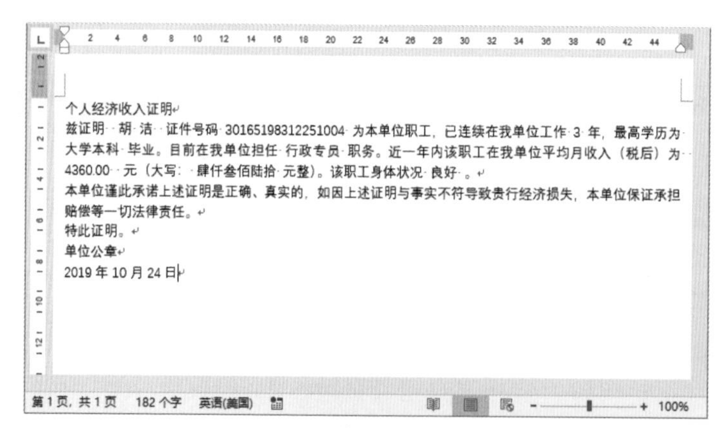

个人经济收入证明

兹证明 胡 洁 证件号码 30165198312251004 为本单位职工，已连续在我单位工作 3 年，最高学历为 大学本科 毕业。目前在我单位担任 行政专员 职务。近一年内该职工在我单位平均月收入（税后）为 4360.00 元（大写：肆仟叁佰陆拾 元整）。该职工身体状况 良好 。

本单位谨此承诺上述证明是正确、真实的，如因上述证明与事实不符导致责行经济损失，本单位保证承担赔偿等一切法律责任。

特此证明。

单位公章

2019 年 10 月 24 日



图2-47

张姐，我可不可以一边输入内容，一边设置格式呢?

当然可以，每个人都有不同的制作习惯。我个人觉得先输入文字，再设置格式，这样操作更便捷一些。

## ■2.5.2　设置证明文档格式

输入内容后，接下来就可以对内容的格式进行调整了，如设置标题文本格式、正文段落格式等。

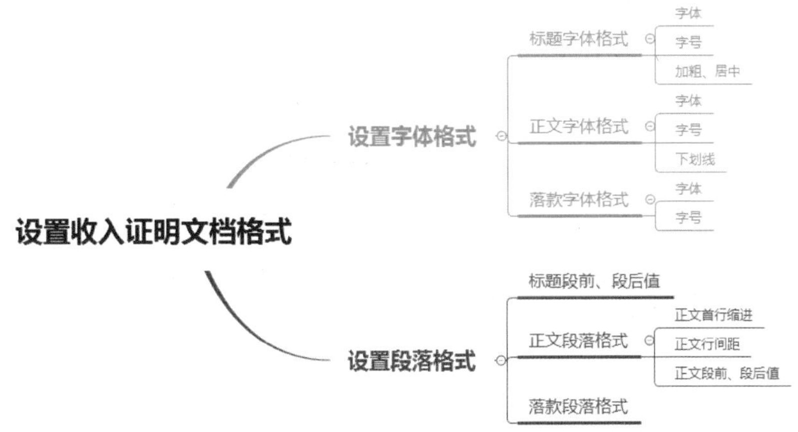


### 1. 设置字体格式

默认情况下，文字字体为等线，字号为五号。为了能够区分标题和正文，需要对字体格式进行调整。

**Step 01** **设置标题字体格式。**选中文档标题，单击“字体”下拉按钮，选择“黑体”。单击“字号”下拉按钮，将“字号”设为“二号”，按组合键Ctrl+B将字体加粗显示，按组合键Ctrl+E将标题居中，如图2-48所示。

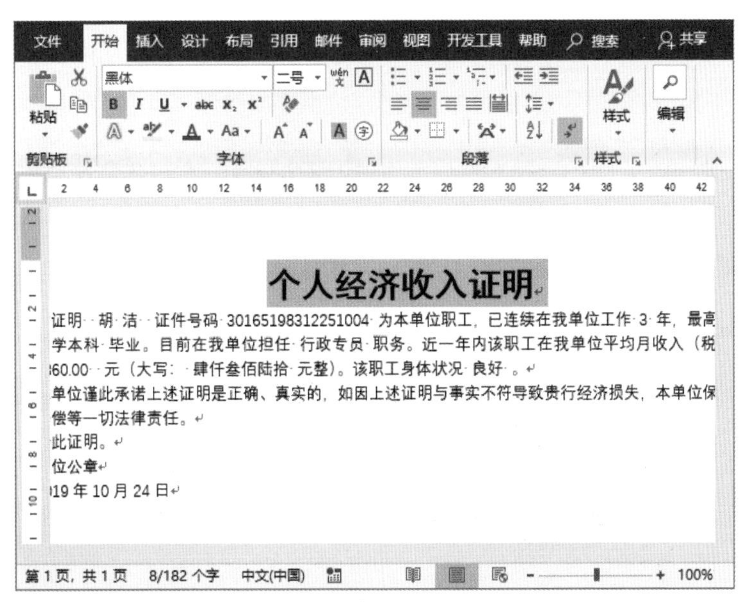


图2-48

**Step 02** **设置正文字体格式。**选中正文内容，将其字体设为“宋体”，字号设为“小四”，如图2-49所示。

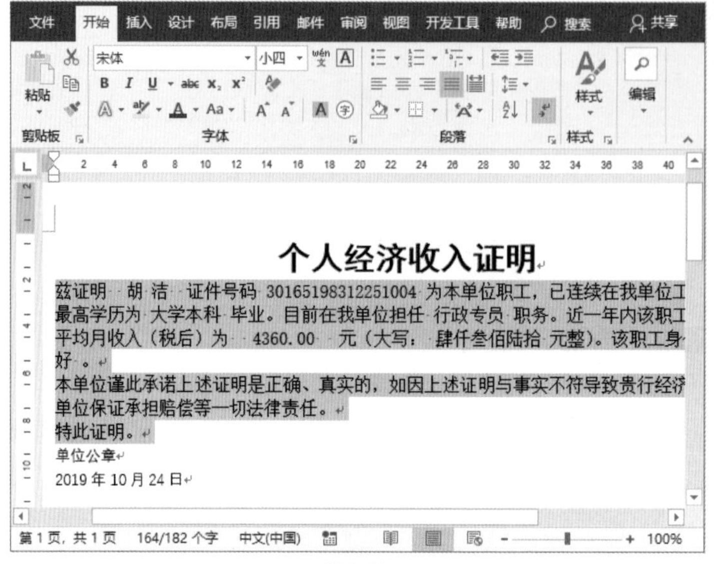


图2-49

记好，选中文本后，在光标处会显示一个悬浮框，在这个悬浮框中同样可以对文字的格式进行设置，而且这种方法比较快捷。

嗯，张姐，我记住了！

**Step 03** **为文字添加下划线。**选中正文中的文字“胡洁”，在“开始”选项卡中单击“下划线”按钮，即可为当前选中的文字添加下划线，如图2-50所示。

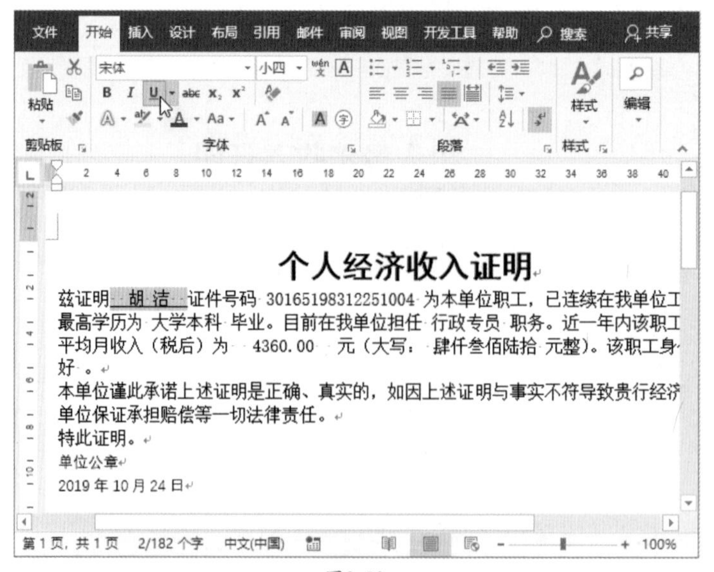


图2-50

**Step 04 为其他文字添加下划线。**按照上述方法，将正文中其他重要的文字都添加下划线，如图2-51所示。

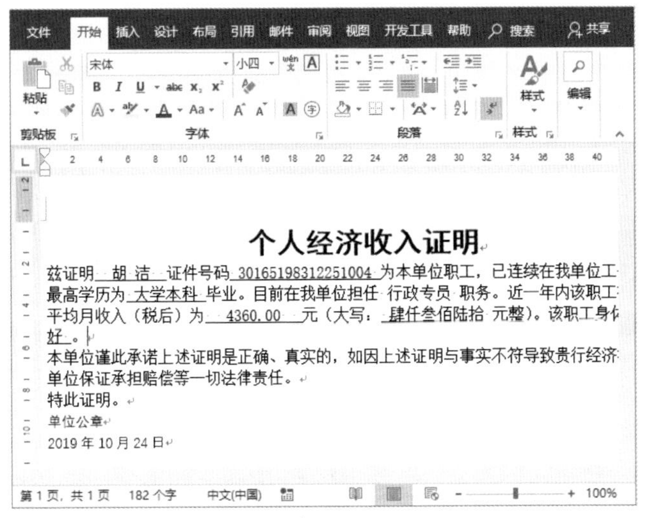


图2-51

## 知识拓展

单击“下划线”下拉按钮，用户可以选择下划线的样式。选择“下划线颜色”选项，可以对下划线的颜色进行设置。如果用户想取消下划线，可以选中相应的文字内容，再次单击“下划线”按钮即可。单击一次按钮，为命令启动状态；再单击一次该按钮，则为取消状态。

**Step 05 设置落款字体格式。**将“特此证明”文字加粗显示。将落款字体设为“黑体”，字号设为“小四”，如图2-52所示。

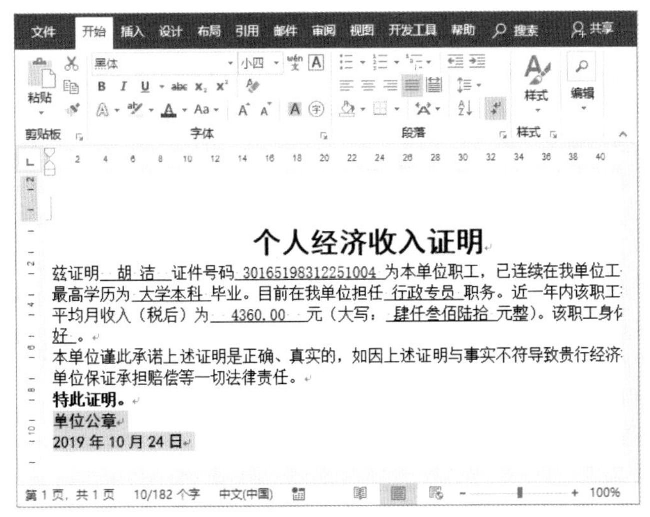


图2-52

### 2. 设置段落格式

目前的文档看上去不太舒服，原因就在于行间距太窄，各段之间没有空隙，这样阅读起来会非常累。那么，用户可以通过一些必要的设置对其进行改善，如设置段落的首行缩进、行间距、段前和段后值等。

**Step 01** **设置标题段前、段后值。**选中标题文本，在“开始”选项卡的“段落”选项组中单击右侧的小箭头，打开“段落”对话框，在“间距”选项组中将“段前”的值设为“1.5行”，将“段后”的值设为“2行”，如图2-53所示。

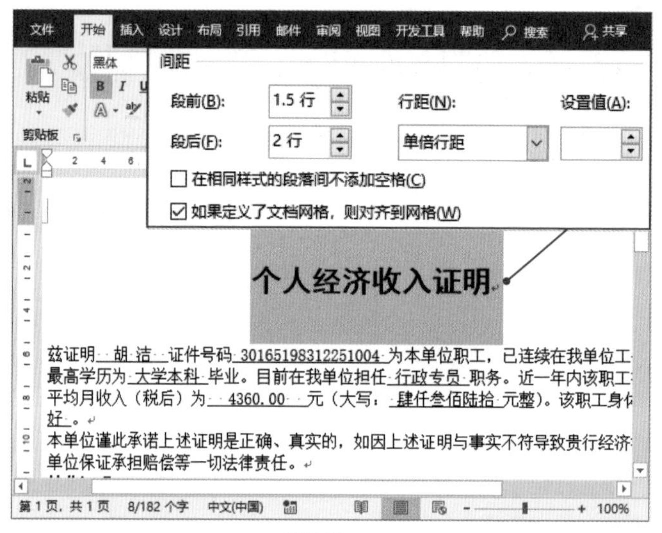


图2-53

**Step 02** **设置正文的首行缩进值。**选中正文内容，在“段落”对话框中将“首行缩进”的值设为“2字符”，如图2-54所示。

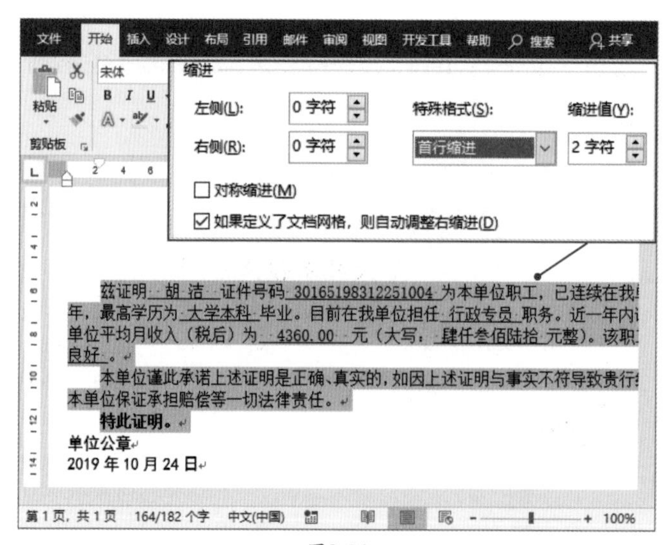


图2-54

**新手误区：**在实际操作中，大多数人喜欢使用空格键或回车键来调整段落间距及首行缩进，这样的习惯不太好，既耽误时间又不美观。建议用户多使用相关命令进行操作，这样更加准确、高效。

张姐，我也可以使用标尺来设置首行缩进吧？

嗯，是的，两种方法都可以操作。用哪种就看你平时的使用习惯啦！

**Step 03 设置正文的行间距。**选中正文内容，在“段落”选项组中将“行和段落间距”设置为“1.5”，如图2-55所示。

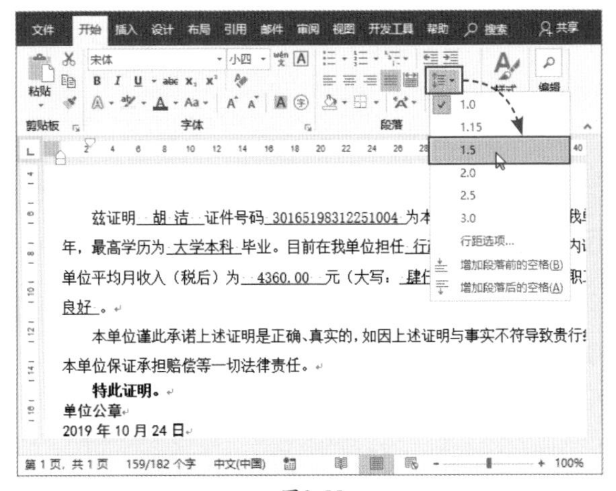


图2-55

**Step 04 设置正文的段前、段后值。**同样选中正文，打开“段落”对话框，将其“段前”和“段后”的值都设为“0.5行”，如图2-56所示。

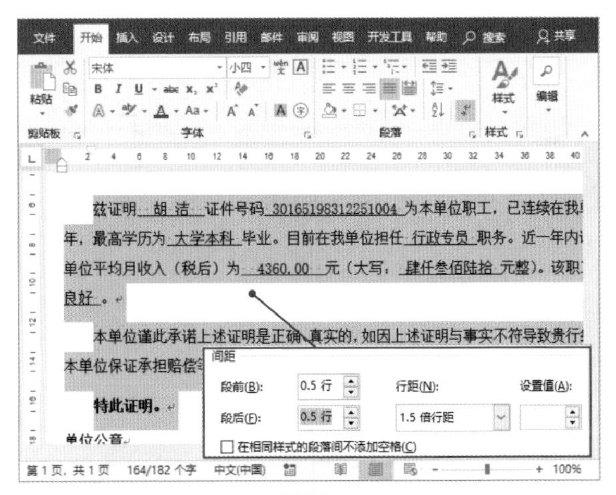


图2-56

**Step 05 设置落款段落格式。**选中落款文本，按组合键Ctrl+R将其右对齐。同时将光标放置在“单位公章”内容后，将其“段前”的值设为“5行”，“段后”的值设为“0.5行”，“行距”设为“1.5倍”，如图2-57所示。至此，收入证明文档已制作完毕。

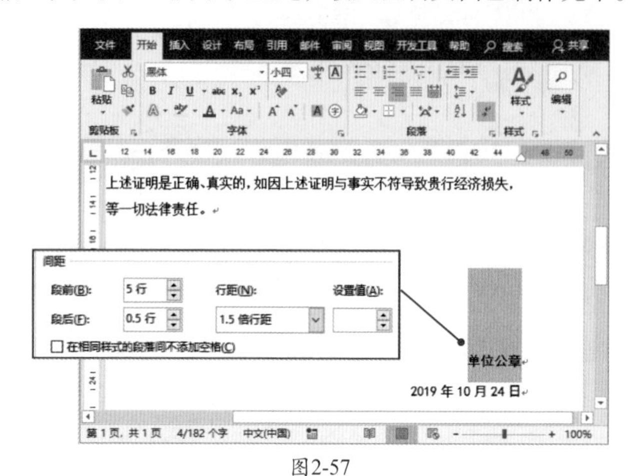

图2-57

## ■2.5.3 将证明文档保存为模板

将制作好的文档保存为模板后，可以方便用户后期再次使用。下面就以制作收入证明模板为例，来介绍模板的设置方法。

**Step 01 保存为Word模板。**在“文件”选项卡中选择“另存为”选项，在打开的对话框中将“保存类型”设为“Word模板”，并设置好“文件名”，单击“保存”按钮完成保存操作，如图2-58所示。

图2-58

**Step 02 调用Word模板。**需要使用该模板时，可以在“新建”页面中单击“个人”链接项，就可以看到保存的模板文件了，单击它即可打开使用，如图2-59所示。

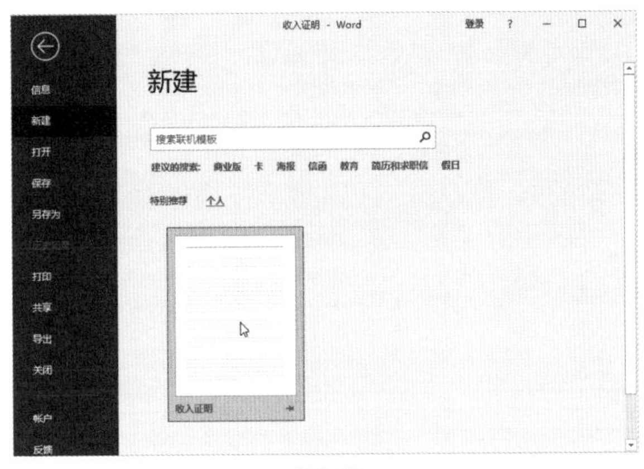


图2-59

## ■2.5.4　打印证明文档

一般这些证明类的文档需要在打印出来后进行盖章、签字等操作。下面介绍对该收入证明进行打印的操作步骤。

**Step 01 打印预览。**在“文件”选项卡中选择“打印”选项，打开“打印”界面，用户可以在该界面中预览打印的效果，如图2-60所示。

**Step 02 设置打印参数。**单击“打印机”下拉按钮，选择连接的打印机型号。由于当前文档只有1页，“打印所有页”选项默认为“整个文档”。最后检查一下打印纸张的方向和大小是否与之前设置的相符，如图2-61所示。

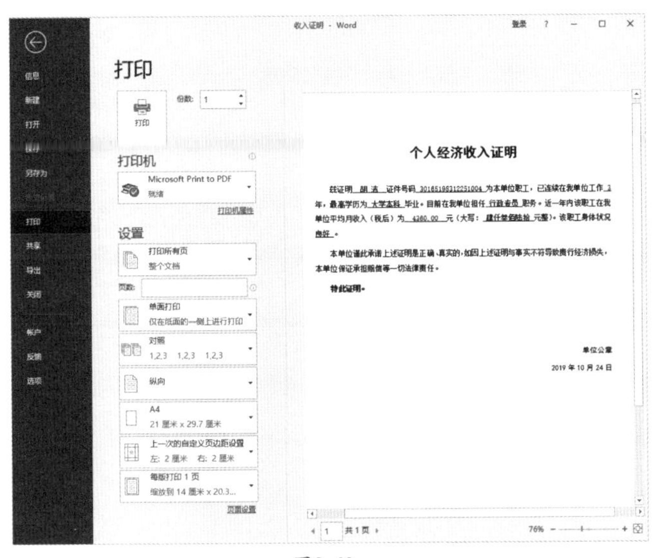


图2-60

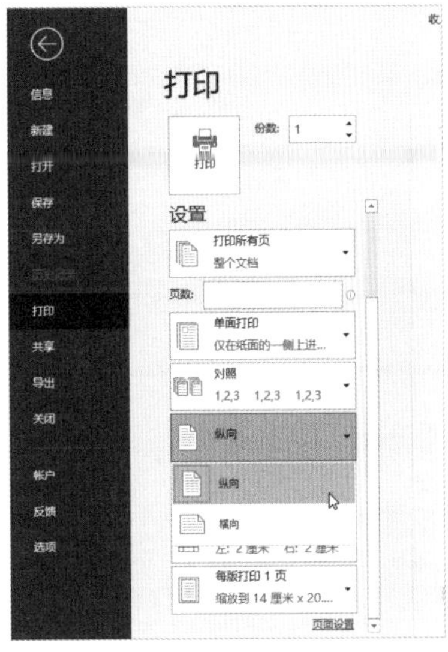


图2-61

**Step 03 打印文档。**所有设置确认无误后，单击“打印”按钮即可打印当前文档。

至此，员工收入证明文档已全部操作完毕。最后，保存好该文档即可。

## 课后作业

通过对本章内容的学习，相信大家应该对文档的文字格式和段落格式的基本设置有了一定的了解。为了巩固本章所学的知识，大家可以根据以下的思维导图制作一份企业员工演讲活动通知，其内容、字数不限。

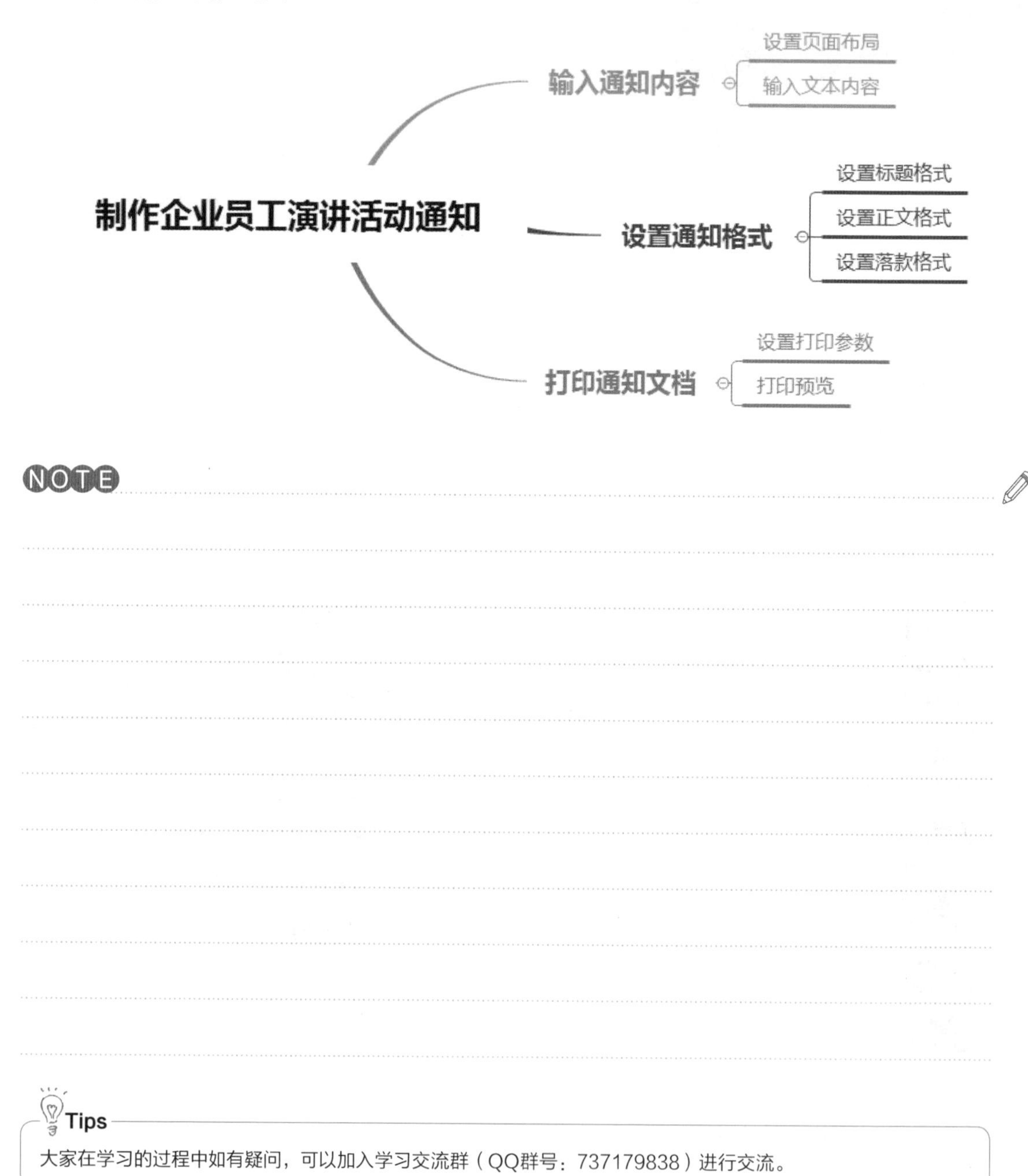


**Tips**

大家在学习的过程中如有疑问，可以加入学习交流群（QQ群号：737179838）进行交流。

Word

# 第3章 高效排版不含糊

你了解文档的“样式”功能吗?

文档样式?不就是文档的格式吗?

看来你不太了解这个“样式”功能啊。

那文档样式指的是什么呢?

样式是文本格式和段落格式的集合，在排版文档时使用“样式”功能可以减少很多重复的操作。

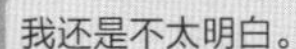

我还是不太明白。

举个小例子，在一份文档中，如果想要统一所有的小标题格式，你该怎么操作?

这个简单啊，设置好一个标题格式后，使用“格式刷”功能就可以了。

如果这份文档有200页呢，你还用“格式刷”吗?告诉你，使用“样式”功能3秒钟就可以搞定!

真的吗?快点告诉我怎么操作!

你继续看本章内容就知道了!

## 思维导图

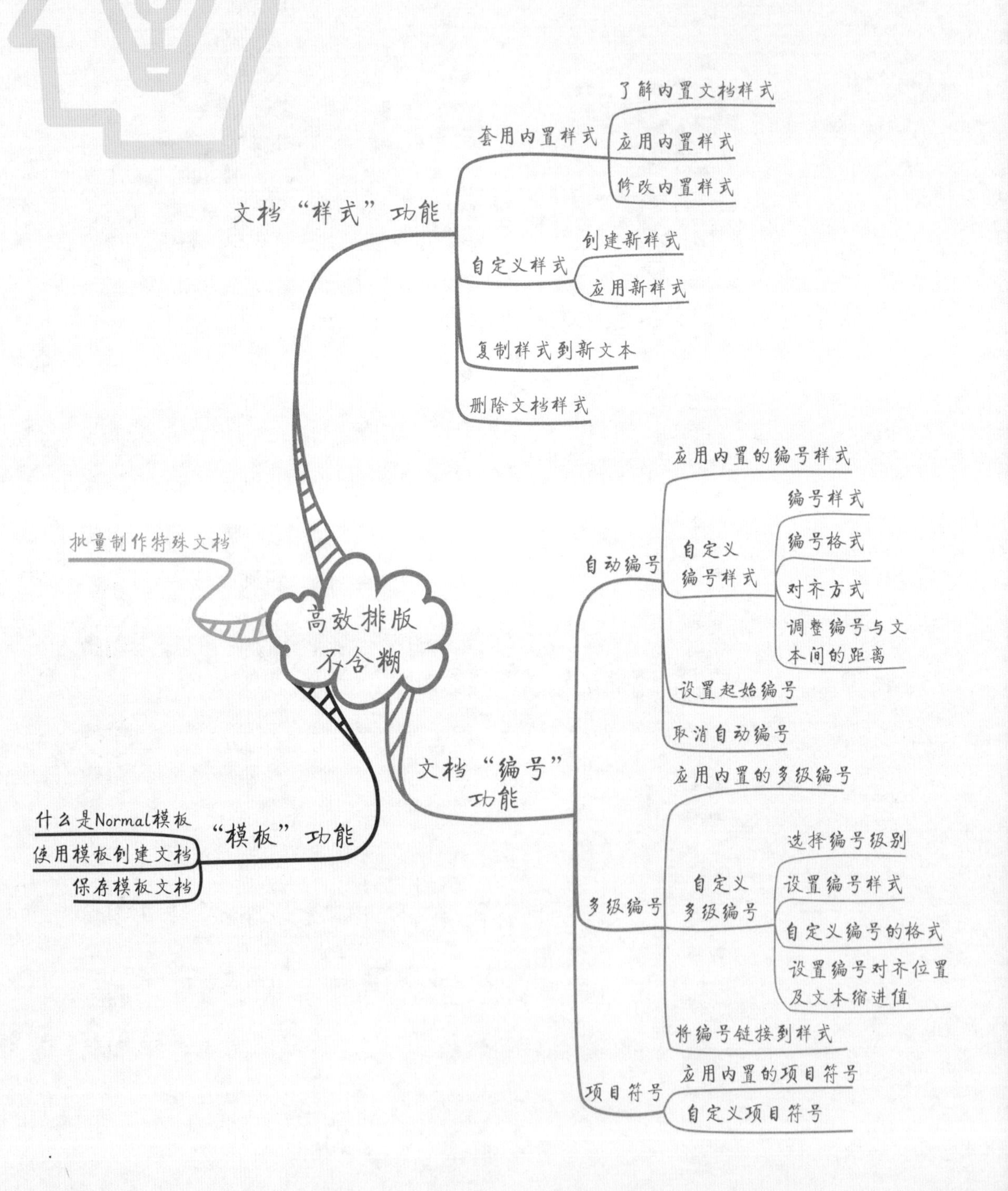

高效排版不含糊
文档“样式”功能
套用内置样式
了解内置文档样式
应用内置样式
修改内置样式
自定义样式
创建新样式
应用新样式
复制样式到新文本
删除文档样式
文档“编号”功能
自动编号
应用内置的编号样式
自定义编号样式
编号样式
编号格式
对齐方式
调整编号与文本间的距离
设置起始编号
取消自动编号
多级编号
应用内置的多级编号
自定义多级编号
选择编号级别
设置编号样式
自定义编号的格式
设置编号对齐位置及文本缩进值
将编号链接到样式
项目符号
应用内置的项目符号
自定义项目符号
“模板”功能
什么是Normal模板
使用模板创建文档
保存模板文档
批量制作特殊文档

# 知识速记

## 3.1 样式，快速统一文档神器

“样式”是Word软件中比较重要的功能，然而很多人却对它很陌生。简单地说，样式是文本格式和段落格式的集合，它能够快速统一文档格式，也能够将设好的样式批量运用到其他文档中，有效地避免了重复化的操作，提高了办公效率。

### 3.1.1 套用内置文档样式

Word中内置了多种文档样式，这些样式大致可以分为两类：标题样式和正文样式。其中，标题样式包含标题1、标题2、标题3……；而正文样式包含正文、图片、页眉、页脚……在“开始”选项卡的“样式”选项组中就可以看到这些样式，如图3-1所示。

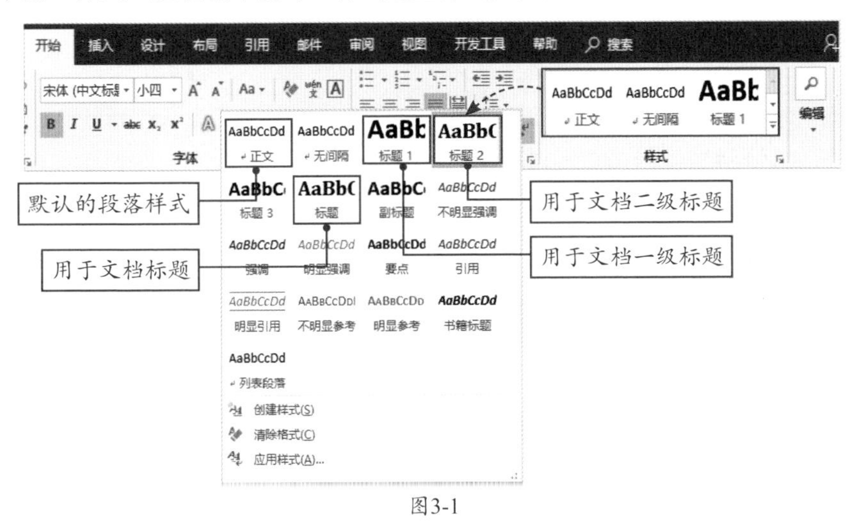


图3-1

用户在文档中选择相应的文本内容，在“样式”列表中选择一款样式即可应用，如图3-2所示。而系统内置的样式并不能完全符合实际需求，主要是因为内置的样式比较简陋。

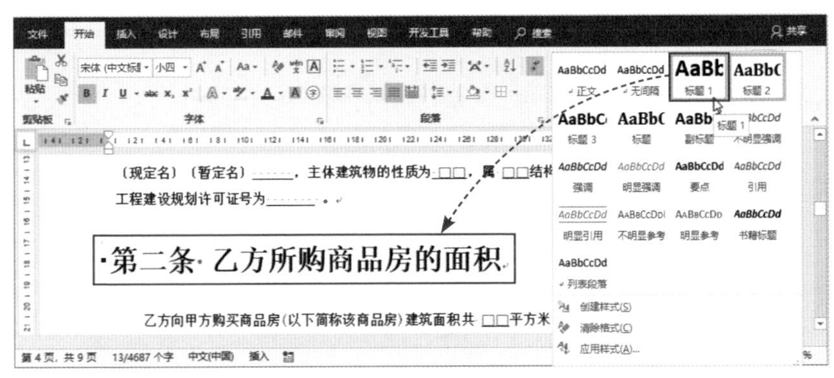


图3-2

为文档添加标题样式后，用户就可以通过该标题样式迅速掌握文档的大纲结构。在“视图”选项卡的“显示”选项组中勾选“导航窗格”复选框，打开该窗格，就会显示文档的大纲，如图3-3所示。只有为文档添加标题样式后，才会显示大纲级别，否则将不会显示。

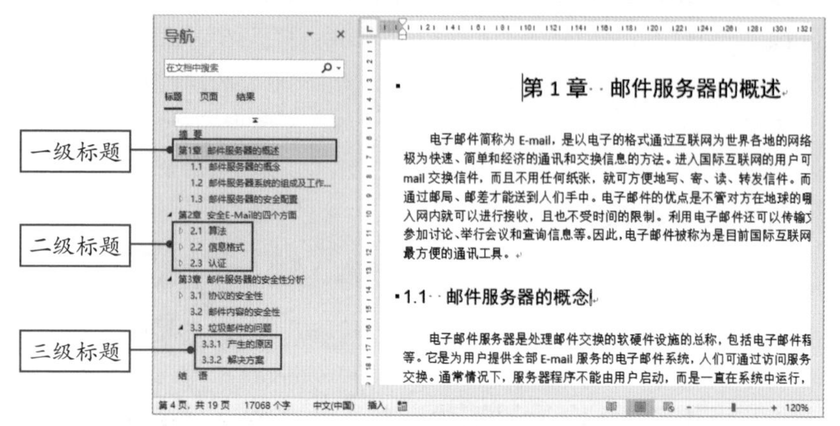


图3-3

那么添加了内置样式后，怎样操作才能修改样式呢？很简单，在内置样式列表中右击所需样式，在快捷列表中选择“修改”选项，然后在打开的“修改样式”对话框中，用户可以重新对该样式进行设置，其中包括对文字格式和段落格式等的设置，如图3-4所示。

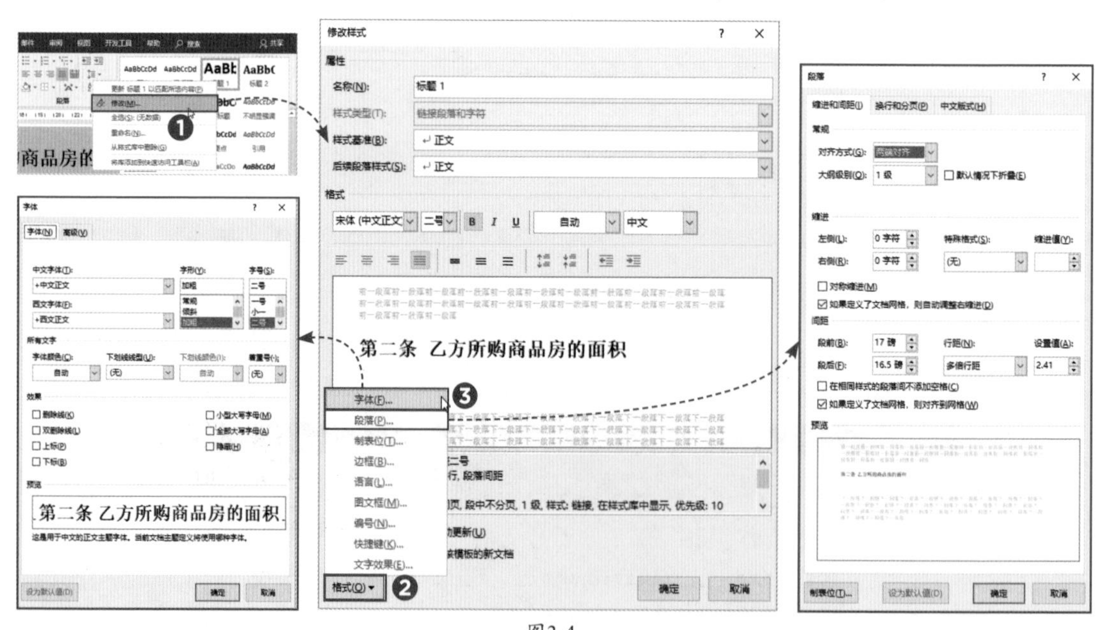


图3-4

● **新手误区：** 在样式列表中，内置的“正文”样式是基于Normal模板的默认段落样式，也是Word内置段落样式的基准。也就是说，一旦正文样式发生了变化会“牵一发而动全身”，从而会影响原本的正文格式，不建议用户使用该样式。

## ■3.1.2　新建文档样式

如果在“样式”列表中没有合适的文档样式，用户可以根据需求来新建样式。在“开始”选项卡的“样式”选项组中单击右侧的小箭头按钮，打开“样式”窗格。单击该窗格左下角的“新建样式”按钮，打开“根据格式化创建新样式”对话框。在该对话框中，用户可以设置新样式，如图3-5所示。

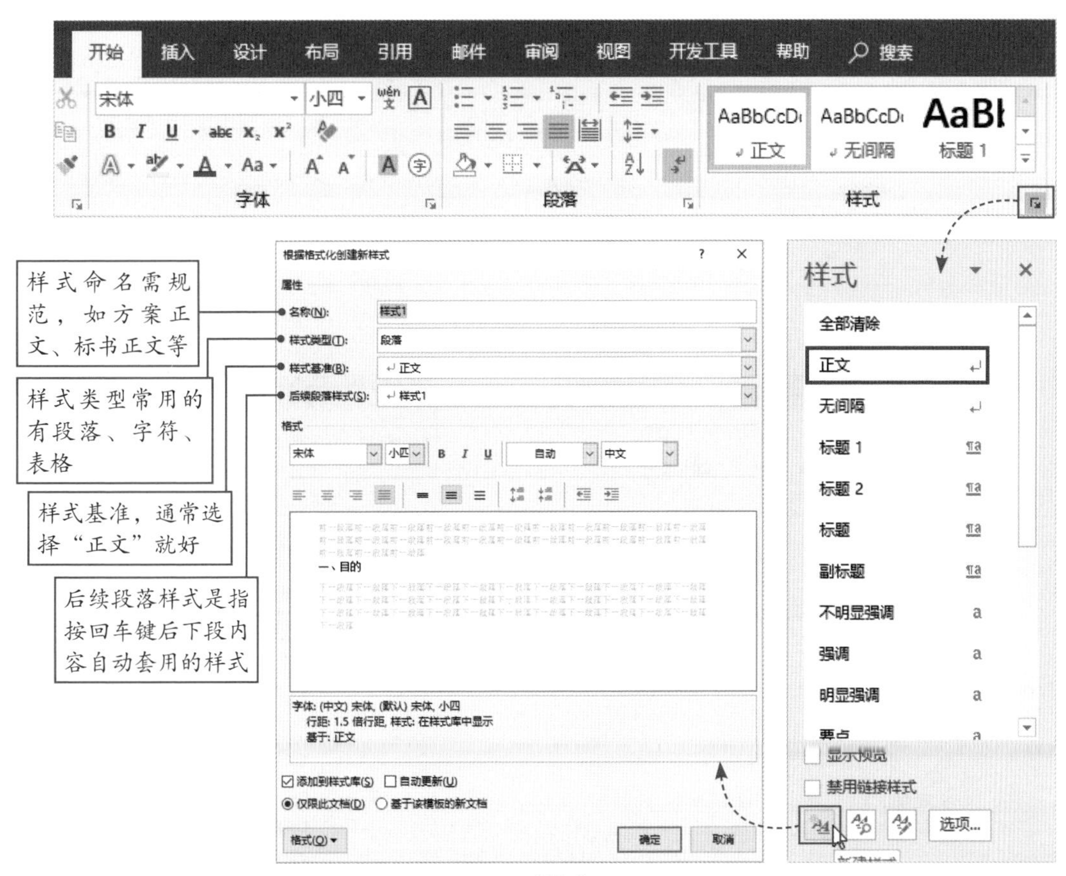


图3-5

张姐，我还是不太懂这些样式的属性。

你只要知道给样式命名时，一定要规范，不要胡乱取名就好，一般来说文档名称+格式（正文、标题）即可。其他几个属性就给它设置为默认就好了。

在“根据格式化创建新样式”对话框中，用户可以直接在“格式”选项组中对字体、字号、对齐方式等进行设置，也可以单击左下角的“格式”按钮，选择相应的选项进行详细设置，其设置方法与图3-4所示的相同。

## 知识拓展

除了以上方法可以打开“根据格式化创建新样式”对话框，用户还可以在样式列表中选择“创建样式”选项，再在“根据格式化创建新样式”对话框中进行重命名，然后单击“修改”按钮即可进入设置界面，如图3-6所示。

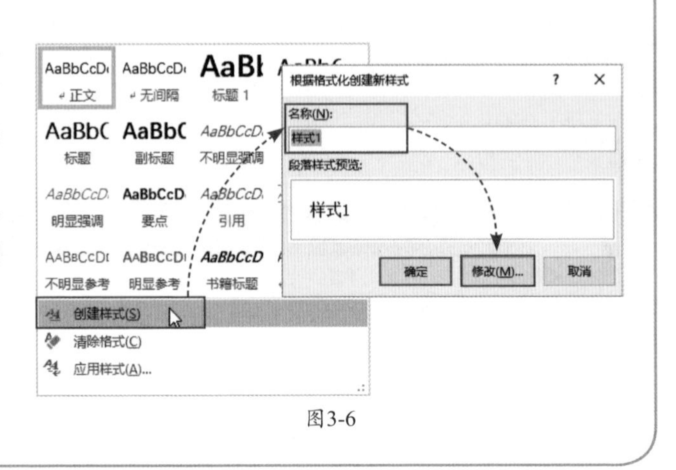


图3-6

新建的样式设置完成后，就会显示在样式列表中，如图3-7所示。

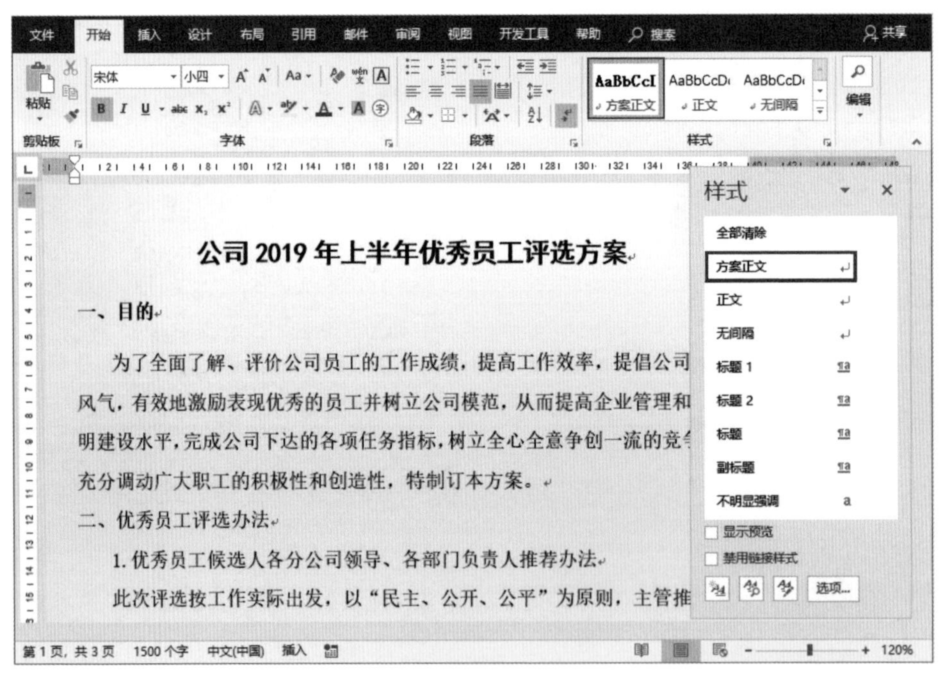


图3-7

以上介绍的是先创建样式再做具体格式的设置。其实用户还可以先按照要求设置好正文的字体和段落格式，然后再选中内容进行“新建样式”的操作，注意做好重命名操作即可。这样就省去了在“根据格式化创建新样式”对话框中分别设置相应格式的麻烦。

当然，除了可以设置文字样式外，还可以设置图片、表格、公式等样式。只要是文档中需要频繁使用到的格式，建议都创建成样式。

## 3.1.3　应用新样式

新样式创建完成后，想要应用新样式的话，操作也非常简单。用户只需将光标定位到所需应用样式的内容中，在样式列表中单击新样式即可，如图3-8所示。

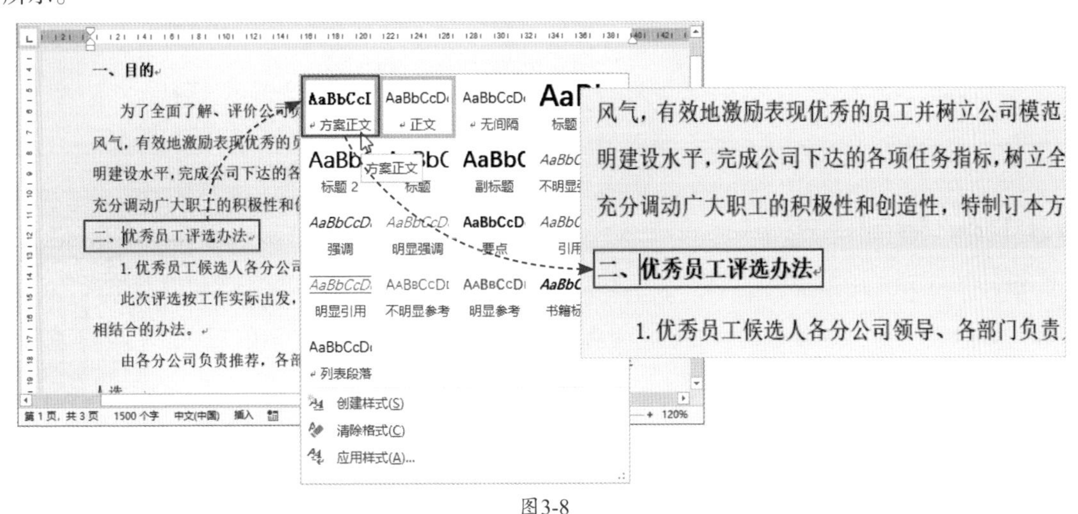


图3-8

如果需要批量应用新样式，那么用户可以使用“格式刷”功能来批量操作。先选中设置好的样式文本，在“开始”选项卡的“剪贴板”选项组中单击“格式刷”按钮，当光标变成小刷子的形状时，再选中其他要应用样式的文本即可，如图3-9所示。

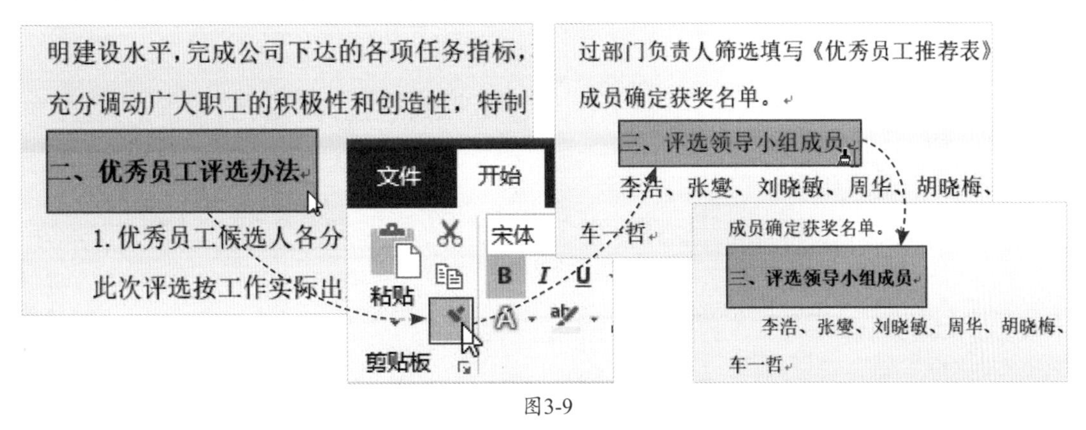


图3-9

单击一次“格式刷”按钮，可以应用一次样式；双击“格式刷”按钮，可以多次重复应用样式，直到按Esc键退出该命令为止。

很多人不太理解为什么要用样式来设置文档格式，用常规设置格式的方法不是更方便吗？其实这个问题很好解释。使用常规方法设置文档格式后，一旦要对该格式进行更改，那么对于文档中其他相同的文本格式，就需要用户一个个地手动更改。而使用样式就不同了，用户只需对其样式进行更改，其他相同的文本格式也会随之更改，如图3-10所示。

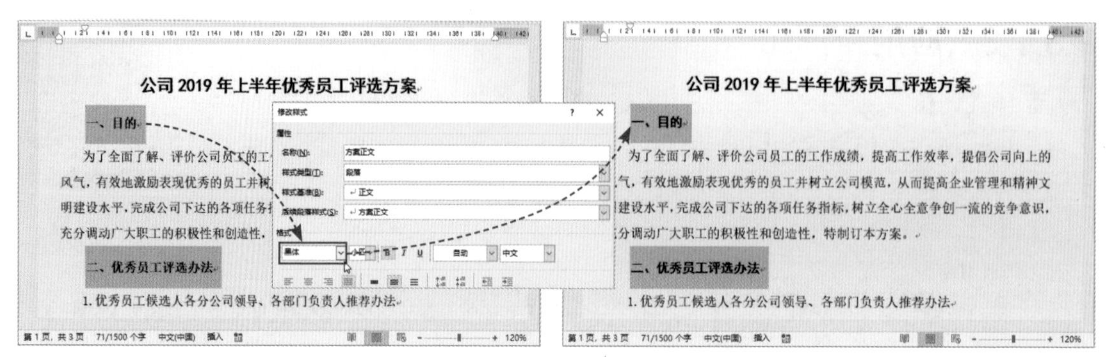

图3-10

## ■3.1.4 复制样式

扫码观看视频

默认情况下，创建新的样式后，该样式只能应用于当前文档。如果打开另一份Word文档，那么新创建的样式就不复存在了。遇到这种情况，大多数人只会重新创建一份相同的样式并应用。其实没有必要这样做，因为“样式”功能是可以进行复制的。

下面就以上述案例为例，来介绍样式的复制操作。

**Step 01 打开“管理器”对话框。**打开上述案例文档，并打开“样式”窗格，单击“管理样式”按钮，打开同名对话框，再单击左下角的“导入/导出”按钮，打开“管理器”对话框，如图3-11所示。

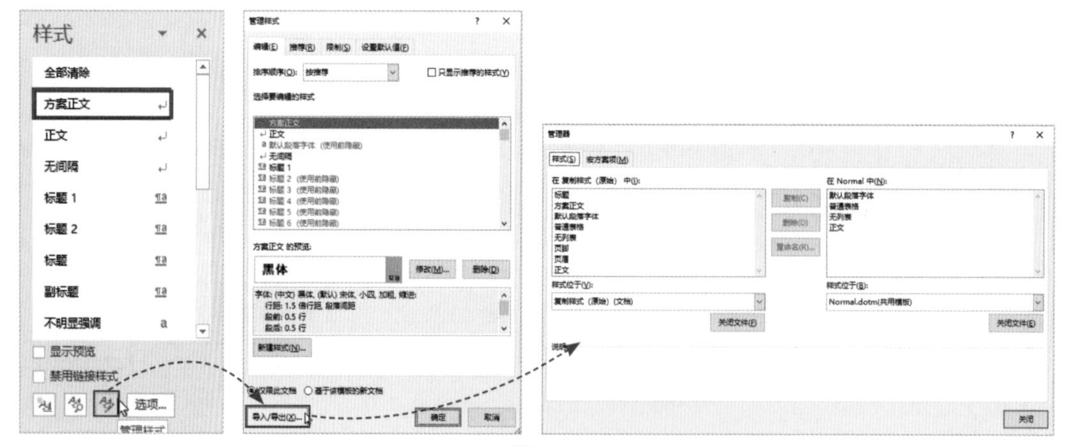

图3-11

**Step 02 选择新空白文件。**在“管理器”对话框中单击“到Normal”列表下方的“关闭文件”按钮，之后再单击“打开文件”按钮，打开相应的对话框，将文件类型设为“所有文件”选项，打开所有Word文档，并选择新空白文件，如图3-12所示。

**新手误区：**默认情况下，在“打开”对话框中只显示Word模板类型的文档，用户可能无法及时找到所需的文档，这时只需更改一下文件类型就可以了。

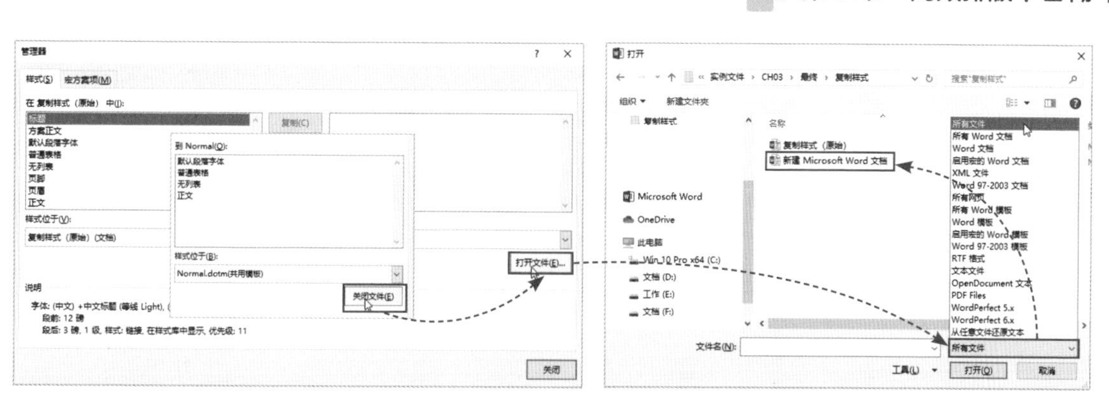

图3-12

**Step 03 复制样式。**返回“管理器”对话框，在该对话框左侧列表中选择要复制的样式名称，单击“复制”按钮即可将其复制到右侧列表中，单击“关闭”按钮关闭对话框。打开该空白文档，用户可以查看样式复制的结果，如图3-13所示。

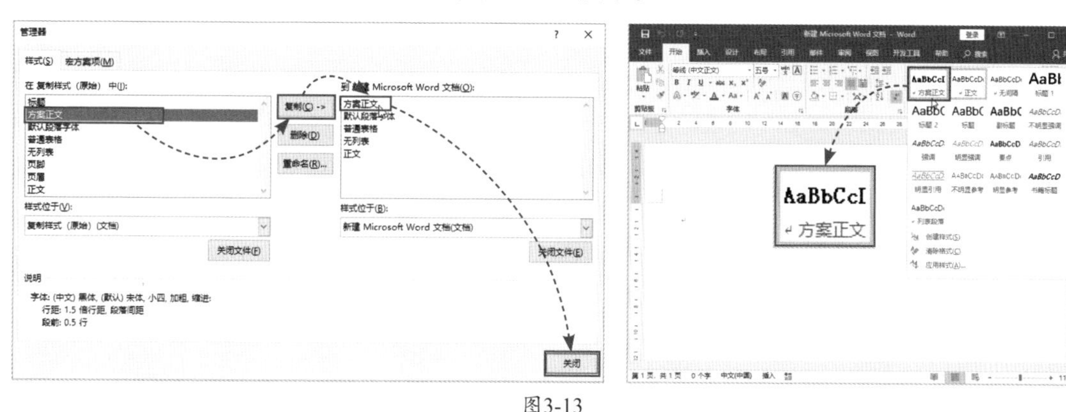

图3-13

张姐，我一不小心创建了好几个样式，能不能删除多余的呢？

打开“样式”窗格，右击你创建的样式，在快捷菜单中选择“从样式库中删除”选项即可。

## 3.2 编号，让文档具有条理性

“编号”功能是一项很实用的功能。用户只需在文档起始位置输入数字并加上小数点，按空格键后系统会默认将其视为编号，并将该编号一编到底，哪怕中间插入新编号，原编号也会实时更新，无需用户手动去更改编号。而它又太过“智能”，不想插入编号时也会自动编号，从而增添了文档排版的难度，真让人又爱又恨！那么，“编号”到底如何使用才能恰到好处呢？下面就来介绍“编号”功能的正确使用方式。

## ■3.2.1 应用自动编号

让文档实现自动编号的方法有两种。第一种就是以上所说的，在数字后加上小数点再按空格键，系统会自动将其设为编号。输入编号后的内容，按回车键，系统将按照顺序自动添加下一个编号，如图3-14所示。

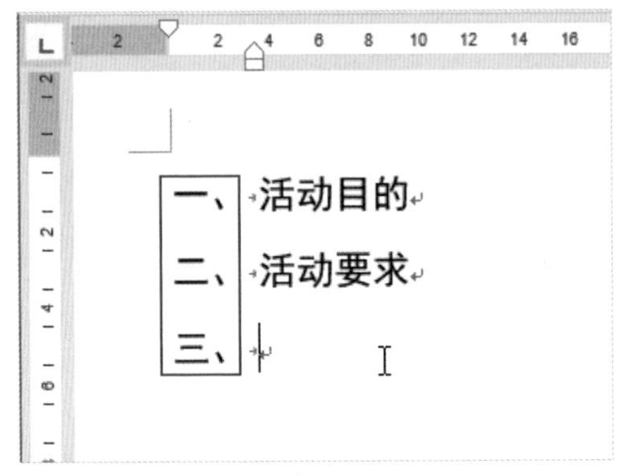


图3-14

第二种就是使用“编号”功能为已有内容添加编号。选中所需文本内容，在“开始”选项卡的“段落”选项组中单击“编号”下拉按钮，从列表中选择一款编号样式，此时被选中的文本就自动添加了相应的编号，如图3-15所示。

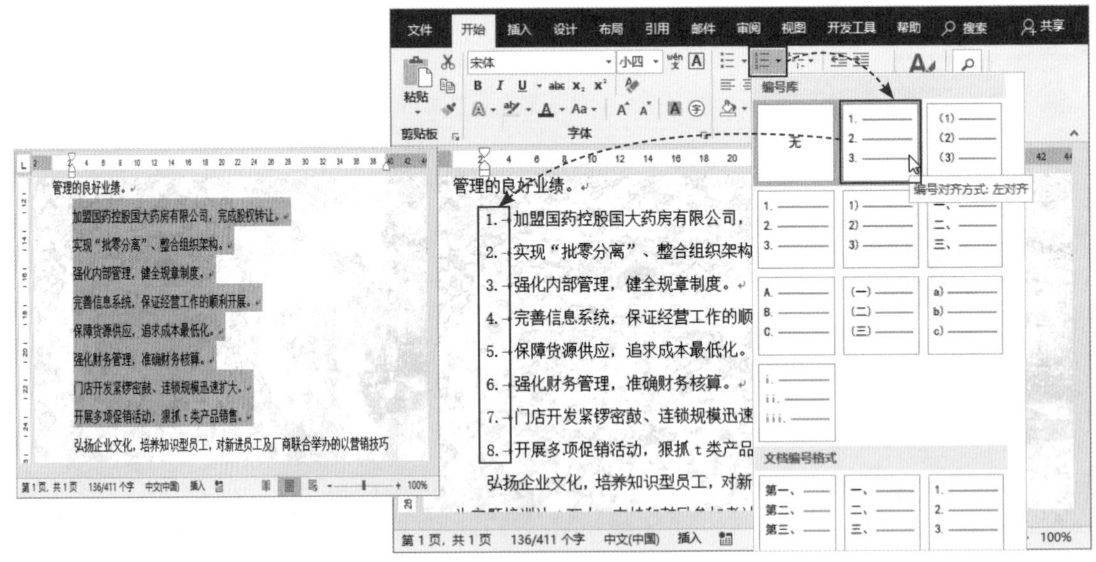


图3-15

如果在“编号”列表中没有合适的编号样式，用户还可以自定义编号。在打开的“编号”列表中选择“定义新编号格式”选项，打开同名对话框。在该对话框中，用户可以通过设置“编号样式”“编号格式”“对齐方式”来自定义新编号，如图3-16所示。

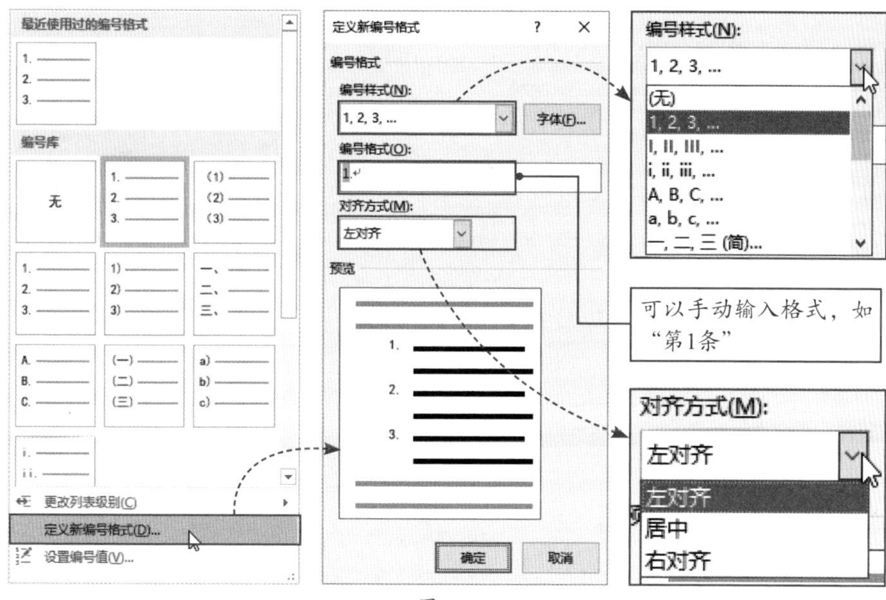


图3-16

通过以上设置可以得到如图3-17所示的效果。

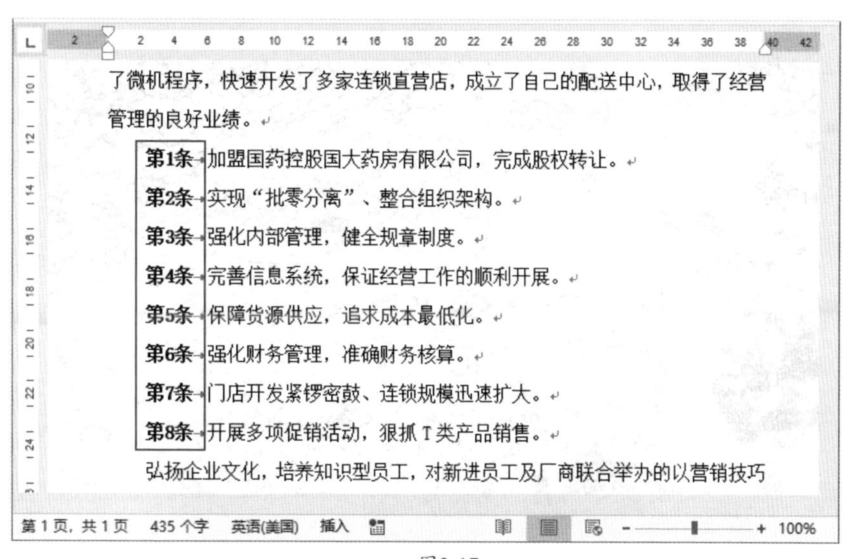


图3-17

使用编号后，经常会遇到编号和文本之间的距离不合适的情况，这时用户可以通过以下两种方式来调整。

第一种是使用标尺来调整。选中编号内容，将光标移至标尺中的“左缩进”滑块，然后拖拽该滑块至合适位置即可，如图3-18所示。

第二种是调整编号列表的缩进量。选中编号内容，右击，选择“调整列表缩进”选项，在“调整列表缩进量”对话框中设置“文本缩进”的值即可，如图3-19所示。

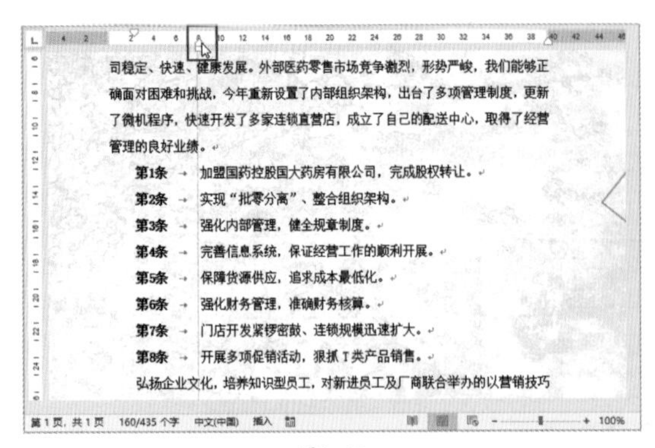


图3-18

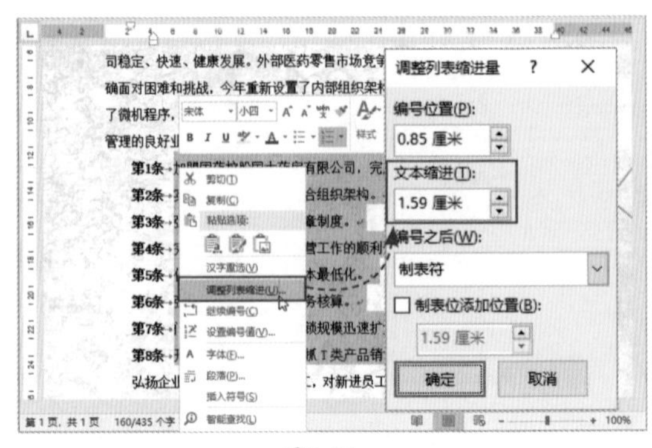


图3-19

张姐，文档编号都是一顺到底，如果想要在中间某处断开，重新以“1”开始编号，该怎么办呢？

选中所需编号内容，打开“编号”列表，从中选择“设置编号值”选项，在打开的“起始编号”对话框中的“值设置为”文本框中输入“1”即可。

至于取消自动编号的方法，用户可以查看本书第1章中1.2.4小节的内容，这里就不再重复讲解了。

## ■3.2.2 应用多级编号

以上讲解的是添加同一级编号的方法，而在实际工作中经常会遇到一些结构层次比较多的文档，如合同、协议类文档，它不仅有一级编号，还会有二级、三级，甚至四级编号。那么，像这类多级编号该如何添加呢？下面将介绍具体的操作方法。

选中需要添加编号的内容，在“开始”选项卡的“段落”选项组中单击“多级列表”下拉按钮，选择一款编号样式。这时，被选中的内容会同时添加一级编号，如图3-20所示。接下来选择二级标题内容，同样在多级列表中选择“更改列表级别”选项，并在其级联菜单中选择“2级”，此时被选中的内容已更改为二级编号，如图3-21所示。

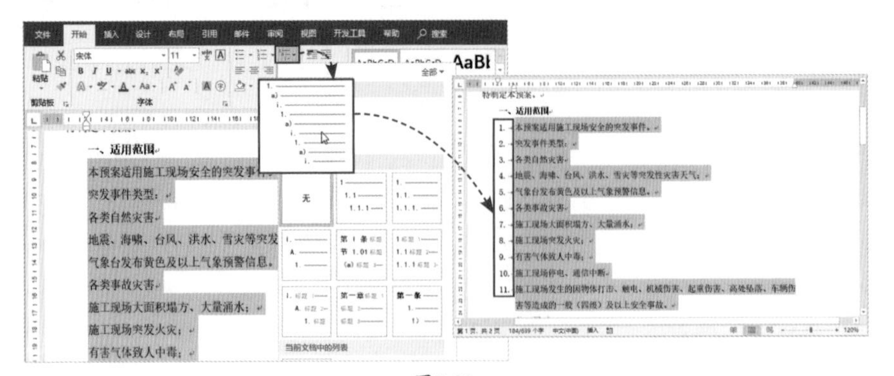

图3-20

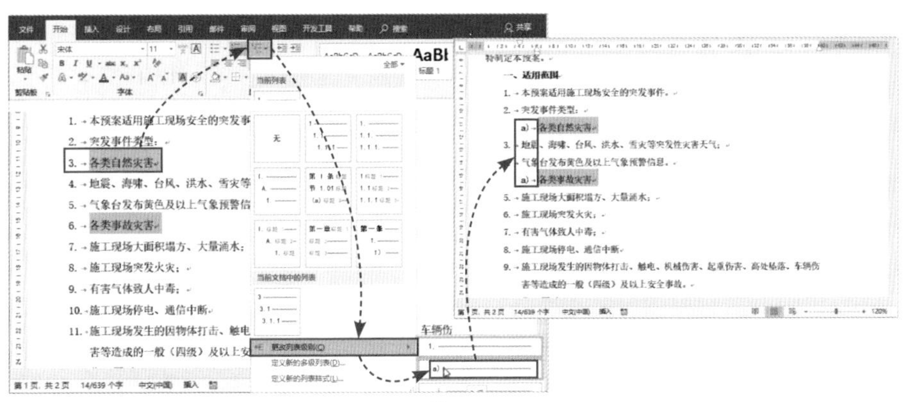

图3-21

选中三级标题内容，按照与上述步骤相同的操作方法，将其列表级别更改为“3级”，即可完成多级编号的添加操作，如图3-22所示。

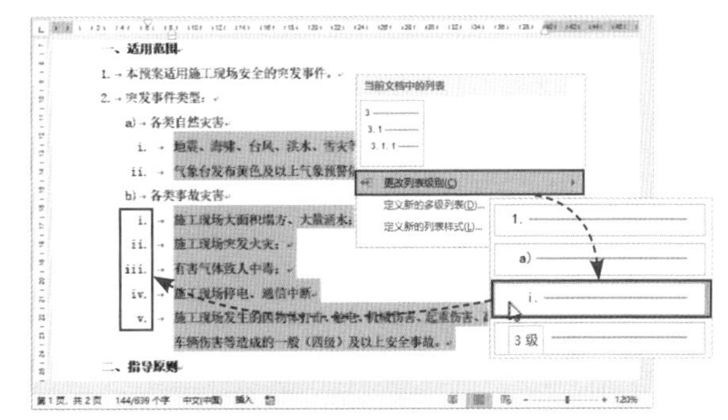

图3-22

如果添加的多级编号的样式不太合适，那么用户可以对其进行自定义修改。打开“多级列表”列表，从中选择“定义新的多级列表”选项，打开同名对话框，根据需要进行设置即可，如图3-23所示。

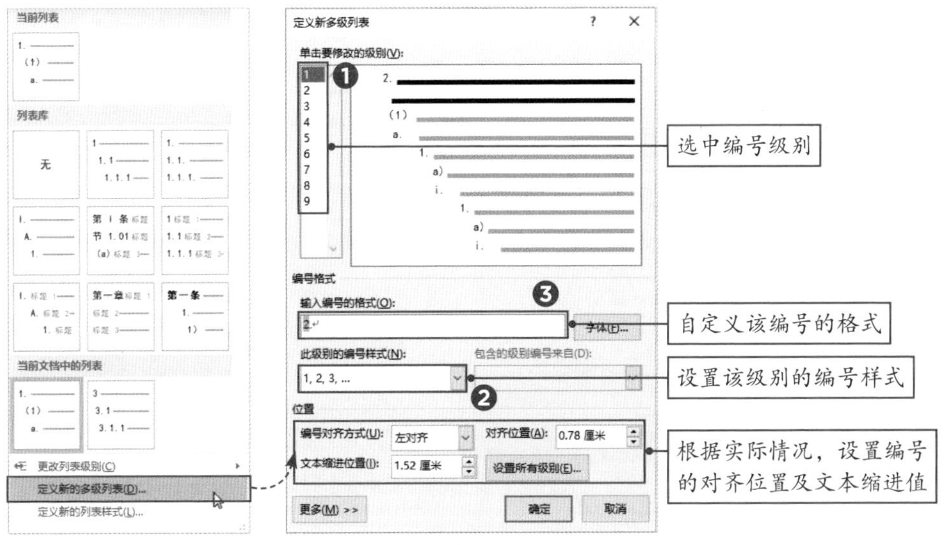


图3-23

按照上述步骤设置完成后，被选中的多级编号内容已进行了自动更新，如图3-24所示。

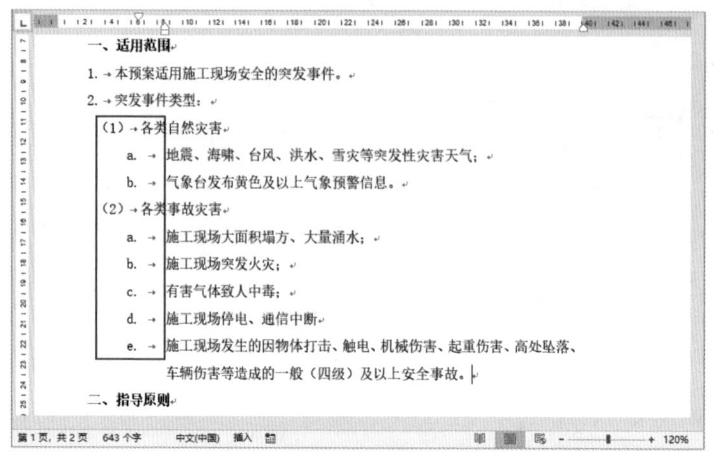


图3-24

以上介绍的是多级编号的简单应用。有时用户会遇到这样的情况：为文档添加多级编号后，再为其添加合适的样式，发现添加的编号却不见了。这是因为文档样式本身是非编号方式的，也就是说，在为某标题套用样式时，将不会自动为其添加编号。这时，用户将编号链接到相应的样式中就可以解决此问题了。

打开“定义新多级列表”对话框，在“单击要修改的级别”列表中选择编号级别，如选择“1”，并设置好编号格式，单击对话框左下角的“更多”按钮，在“将级别链接到样式”列表中选择要链接的样式，如选择“标题1”样式，单击“确定”按钮即可，如图3-25所示。然后按照同样的方法，将其他编号也链接到相应的样式中。

设置完成后，在样式列表中就会显示带编号的样式了，如图3-26所示。当需要在文档中插入新的编号标题时，只需套用相应的编号标题样式即可，无需手动添加标题编号。

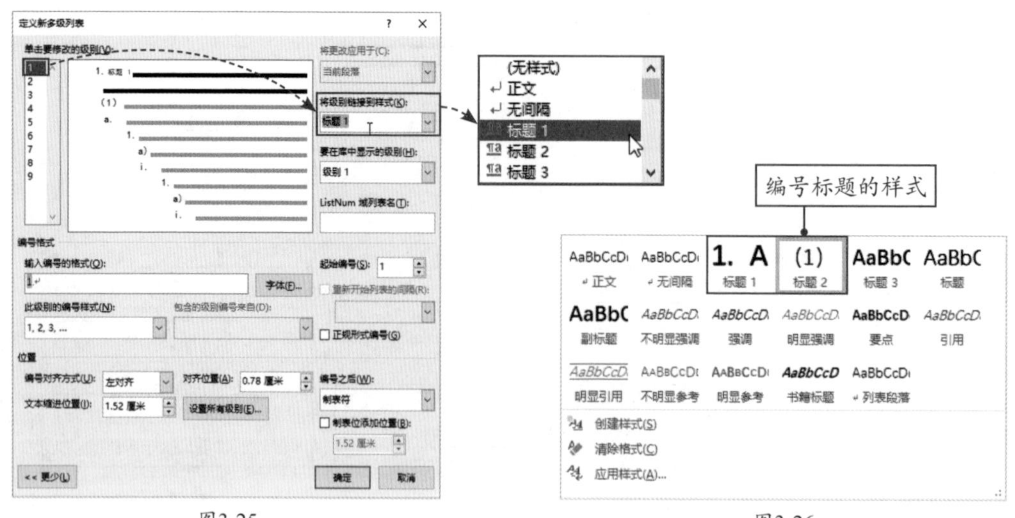


图3-25　　图3-26

● **新手误区：**在设置多级编号之前，需要为标题添加相应的标题样式，如“标题1”“标题2”等样式，否则编号不能被自动应用于全文档。

## 3.2.3 应用项目符号

扫码观看视频

项目符号其实与编号的用法相似。它是一种平级并列的标志，表示在某项下有若干条内容，起到了一定的提示作用。图3-27所示的是没有项目符号的效果，而图3-28所示的是添加项目符号的效果。很明显，后者看上去更有条理性。

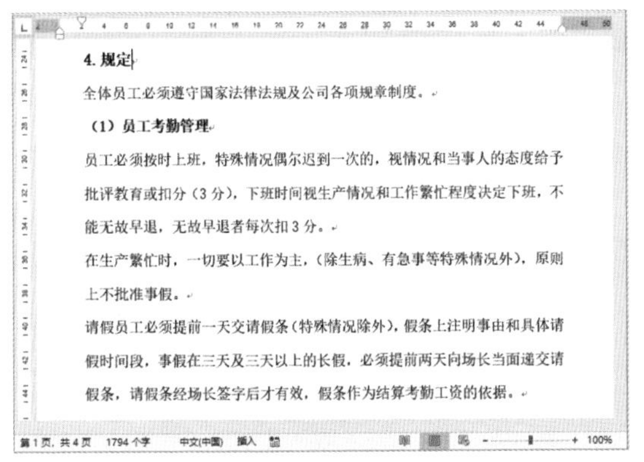

图3-27

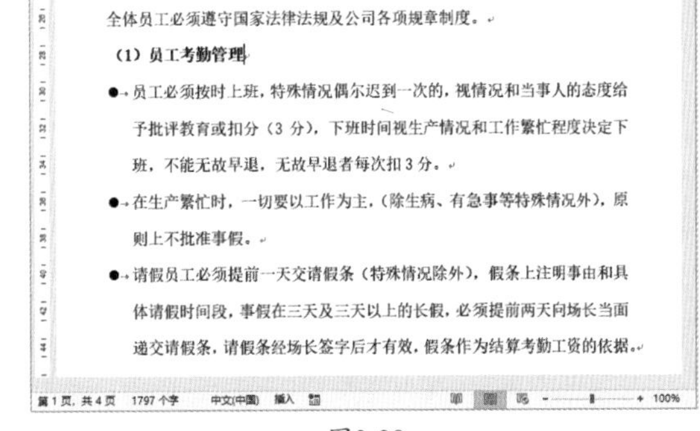

图3-28

在文档中选择要添加项目符号的内容，在“开始”选项卡的“段落”选项组中单击“项目符号”下拉按钮，从中选择合适的符号样式即可，如图3-29所示。

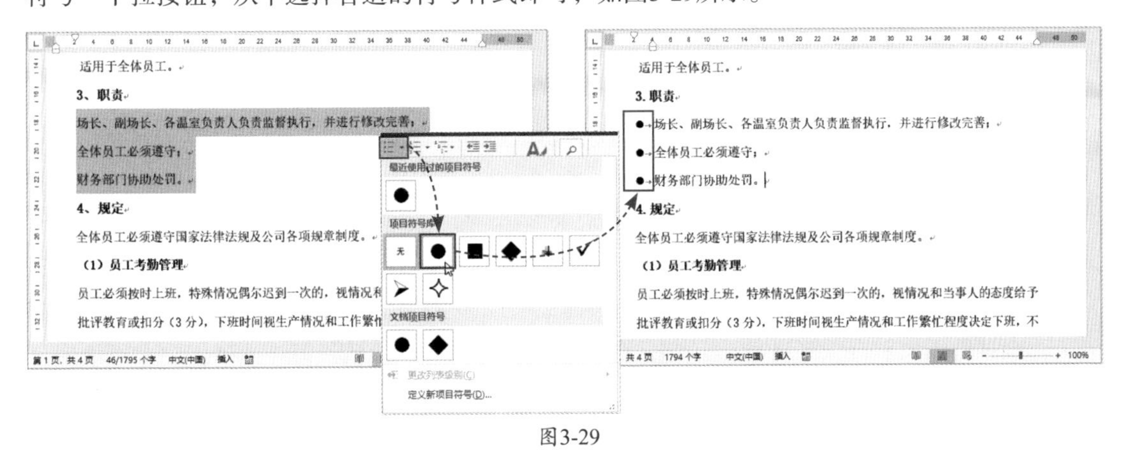

图3-29

如果项目列表中没有合适的符号样式，那么用户还可以自定义符号样式。在列表中选择“定义新项目符号”选项，在打开的同名对话框中，用户可以设置项目符号的类型和对齐方式，如图3-30所示。设置完成后，在项目符号列表中即可显示出自定义的项目符号，选中它即可将其应用至文档中。

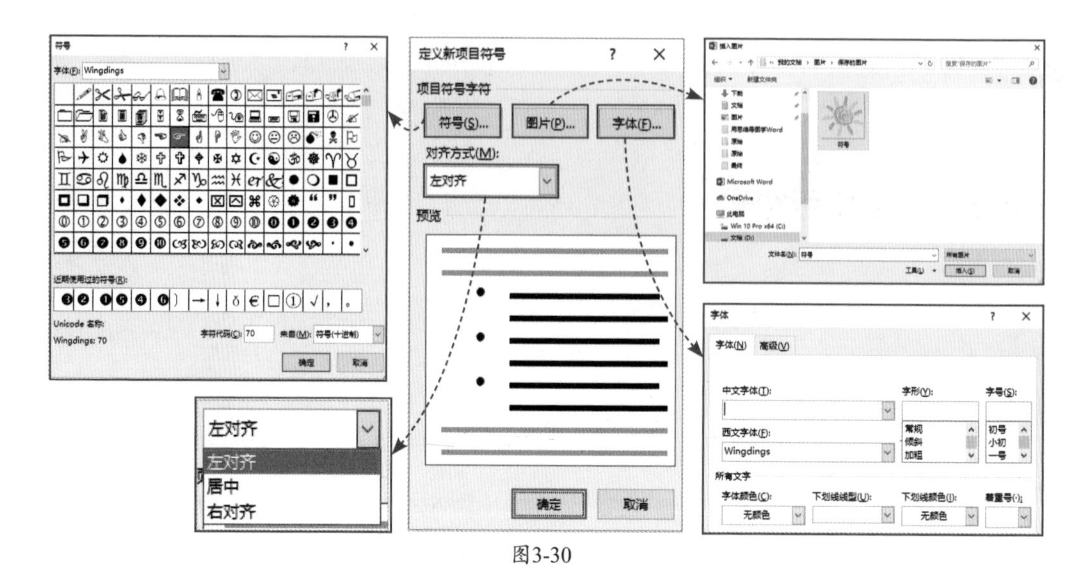


图3-30

张姐，在“项目符号”列表中有一项“更改列表级别”，这个选项是不是与“更改编号级别”相似?

嗯，它们的原理是相同的。对于项目符号来说，这一项功能用得比较少，可以说它也是根据各级标题来定的。

# 3.3 模板，对文档进行统筹布局

模板是一项非常实用的功能。它是一个集合各类样式、页面布局、示例文本等元素的文档，通过模板可以快速生成样式统一的多个文档，从而减少用户重复排版的时间，提高工作效率。

## 3.3.1 了解Word模板

默认情况下，Word模板文档的后缀名为“.dotx”。打开Word模板文档，用户会发现系统是以普通文档格式（文档1.docx）来显示的。

提起Word模板，就不得不说Normal.dotm模板。该模板是Word的默认模板，每次新建文档时，出现的空白文档就基于此产生。它是所有新文档的基准，一旦该模板出现问题，可能会导致Word无法正常启动。

**知识拓展**

Normal模板的重要性使其有着无限的再生能力。如果Normal模板被误操作，如移动、重命名等，Word会在下次启动时自动创建新的版本，并恢复设置。

那么，Normal模板到底在哪里呢？用户可以打开“Word 选项”对话框，选择“信任中心”选项，并单击“信任中心设置”按钮，在打开的对话框中选择“受信任位置”选项，在“用户位置”列表中选择“用户模板”这一选项，单击“修改”按钮，系统会打开相应的对话框，用户就可以按照该对话框中的路径找到Normal模板，如图3-31所示。

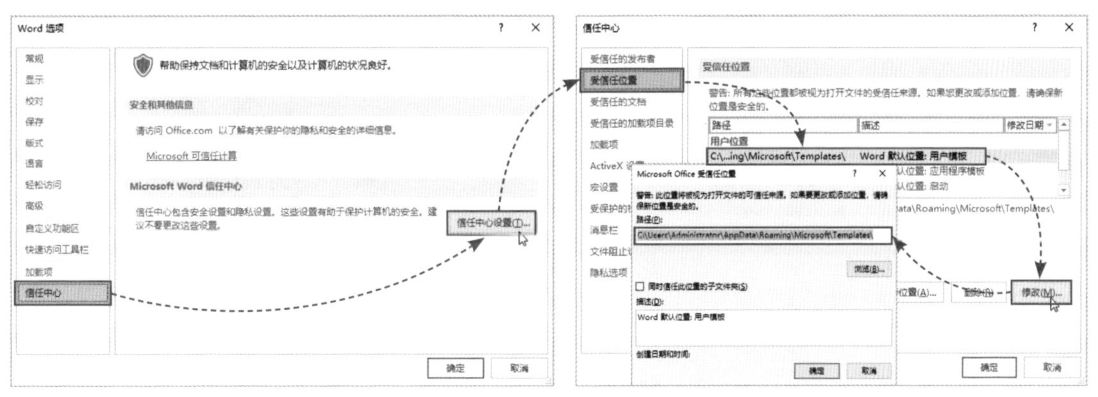


图3-31

## ■3.3.2　创建与使用模板

Word中内置了多种类型的模板文档，有海报、字帖、信函、简历、求职信和假日等。用户在制作这些类型的文档时，可以直接利用内置的模板来进行操作，这样更加省时省力，做出来的效果也很不错。

启动Word后，选择“新建”选项，打开“新建”界面。这里用户可以根据需求选择相应的模板文档，单击模板即可创建，如图3-32所示。

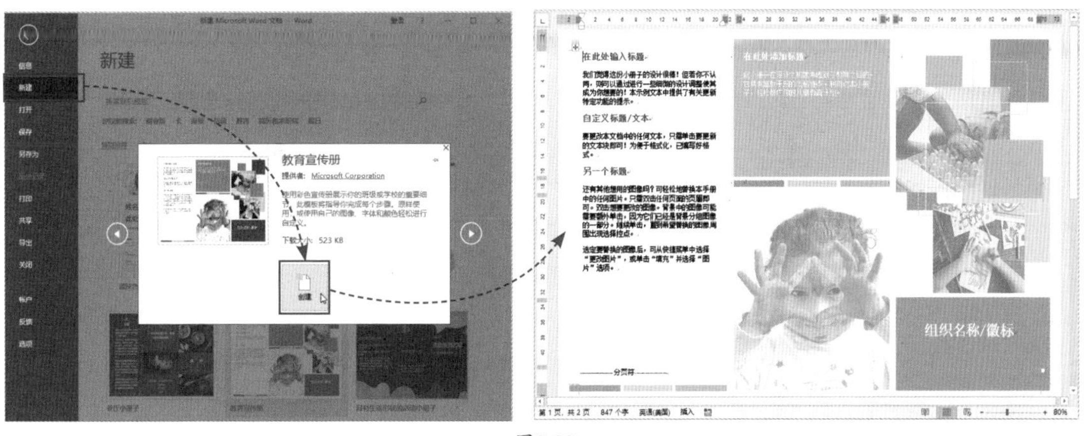


图3-32

● **新手误区：** 有时在下载内置的模板时，经常会出现模板出错或无法显示内置模板的情况。这很可能是网络不好造成的，调整一下网络，让其保持联网状态即可。

## ■3.3.3 保存模板

文档制作完成后，如果想要将其保存为模板文档，只需在“另存为”对话框中将“保存类型”设为“Word 模板”即可，如图3-33所示。此时，系统会将该文档保存在“个人”模板中。当下次调用模板时，在“新建”界面中单击“个人”链接项，然后选择所需模板即可，如图3-34所示。

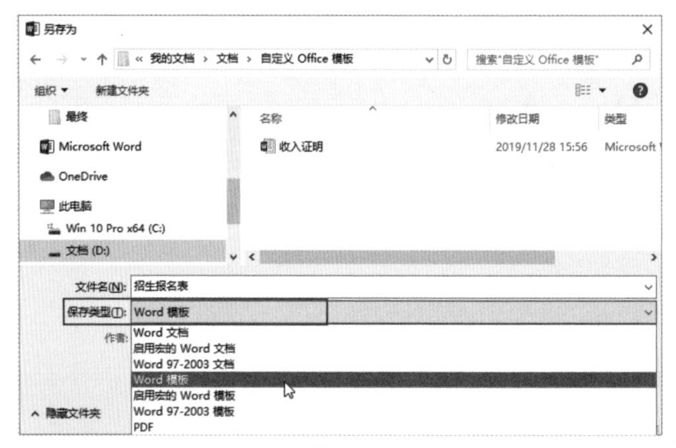


图3-33

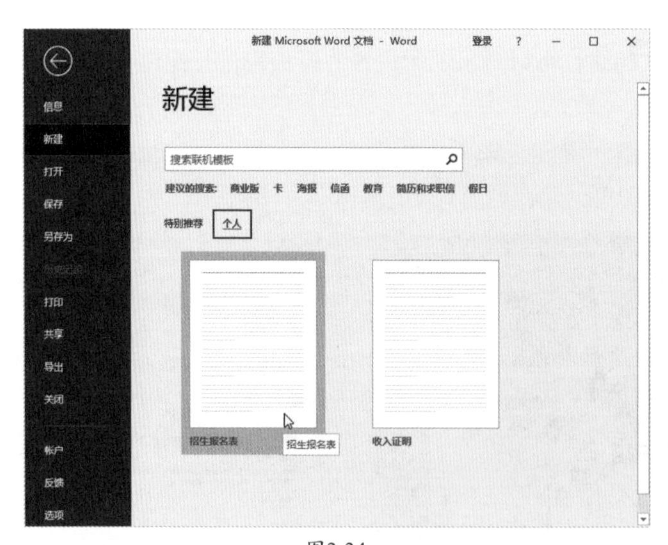


图3-34

## 知识拓展

如果用户想要删除自定义的模板文档，只需根据路径找到“自定义Office 模板”这个文件夹，单击打开后在其中选择要删除的模板文档即可。当然，如果用户不清楚文件路径，可以在资源管理器窗口右上方的搜索文本框中输入“自定义Office 模板”搜索。

# 综合实战

## 3.4 制作公司考勤制度文档

作为公司的一名行政人员，为公司制定一些管理制度是日常工作内容之一。那么如何既快又好地制作出一份令人满意的办公文档呢？这就要考验你的Word使用技能了。文字内容谁都会输入，关键是如何利用Word在最短的时间内完成文档的排版，这才是部分办公人员急需解决的问题。那么下面以制作“公司考勤制度”为例，来介绍高效率制作文档的秘诀。

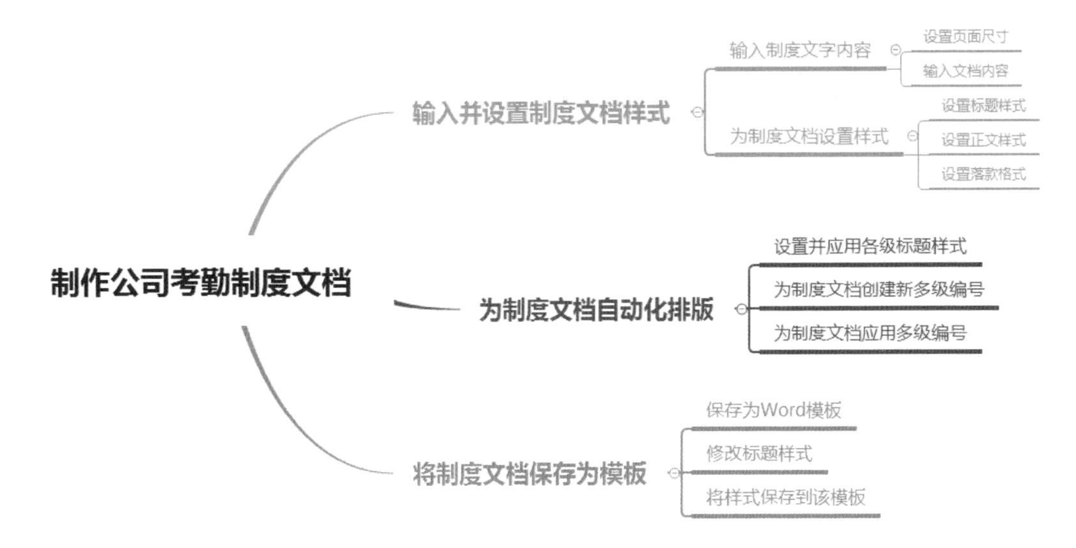


### 3.4.1　输入并设置制度文档的样式

扫码观看视频

制作考勤制度文档，首先要输入制度相关的文字内容，之后再为其设置合适的样式。

**Step 01** **新建文档，设置页面大小。**新建一个空白文档，在“布局”选项卡中设置好该页面的大小和页边距，如图3-35所示。

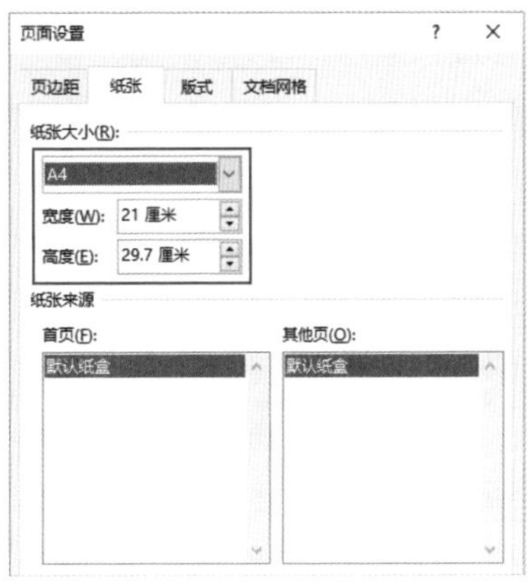


图3-35

**Step 02** **保存文档。**页面设置完成后，用户需要先对文档进行保存，以便后期直接使用组合键Ctrl+S保存文档，如图3-36所示。

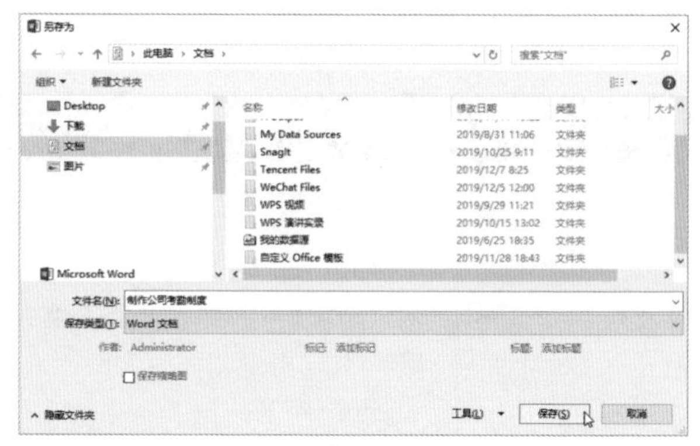


图3-36

**Step 03** **应用标题样式。**在文档的起始位置输入考勤制度的所有内容。选中标题文本，在“开始”选项卡的“样式”选项组中打开样式列表，选择“标题1”样式，此时标题已应用了该样式，如图3-37所示。

**Step 04** **修改“标题1”样式。**在“样式”列表中右击“标题1”样式，在快捷菜单中选择“修改”选项，打开“修改样式”对话框，在该对话框中对字体、字号和对齐方式进行更改，如图3-38所示。

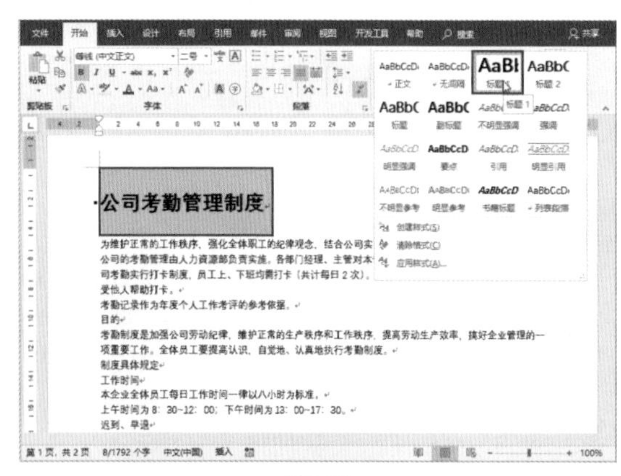


图3-37

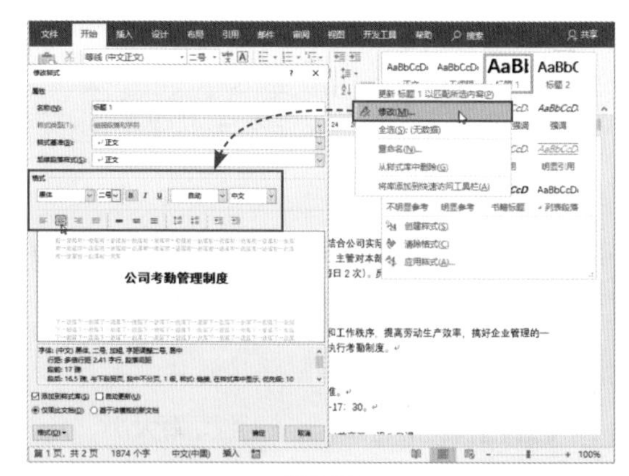


图3-38

**Step 05** **修改“标题1”段落格式。**在“修改样式”对话框中单击“格式”按钮，从中选择“段落”选项，在打开的“段落”对话框中设置该标题的“段前”“段后”和“行距”值，如图3-39所示。

**Step 06** **查看效果。**设置完成后，依次单击“确定”按钮返回文档操作界面，查看设置效果，如图3-40所示。

**Step 07** **修改正文样式。**在“样式”列表中右击“正文”样式，选择“修改”选项，同样在“修改样式”对话框中更改当前正文的格式，如图3-41所示。

**Step 08** **应用正文样式。**按照上述步骤设置完成后，文档中所有内容都应用了新的正文样式，如图3-42所示。

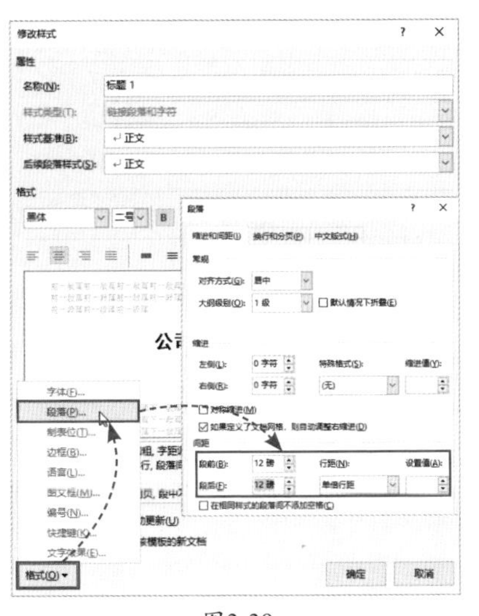

修改样式
属性
名称(N): 标题 1
样式类型(T): 链接段落和字符
样式基准(B): 正文
后续段落样式(S): 正文
格式
黑体 二号 B
段落
缩进和间距(I) 换行和分页(P) 中文版式(H)
常规
对齐方式(G): 居中
大纲级别(O): 1 级 默认情况下折叠(E)
缩进
左侧(L): 0 字符 特殊格式(S): 缩进值(Y):
右侧(R): 0 字符 (无)
对称缩进(M)
如果定义了文档网格，则自动调整右缩进(D)
间距
段前(B): 12 磅 行距(N): 设置值(A):
段后(F): 12 磅 单倍行距
在相同样式的段落间不添加空格(C)
字体(F)...
段落(P)...
制表位(T)...
边框(B)...
语言(L)...
图文框(M)...
编号(N)...
快捷键(K)...
文字效果(E)...
格式(O)
确定 取消
图3-39

文件 开始 插入 设计 布局 引用 邮件 审阅 视图 开发工具 帮助 搜索 共享
公司考勤管理制度
为维护正常的工作秩序，强化全体职工的纪律观念，结合公司实际情况，制定本制度。
公司的考勤管理由人力资源部负责实施。各部门经理、主管对本部门人员的考勤工作负有监督的义务。公司考勤实行打卡制度，员工上、下班均需打卡（共计每日 2 次）。员工应亲自打卡，不得帮助他人打卡和接受他人帮助打卡。
考勤记录作为年度个人工作考评的参考依据。
目的
考勤制度是加强公司劳动纪律，维护正常的生产秩序和工作秩序，提高劳动生产效率，搞好企业管理的一项重要工作。全体员工要提高认识，自觉地、认真地执行考勤制度。
制度具体规定
工作时间
本企业全体员工每日工作时间一律以八小时为标准。
上午时间为 8：30~12：00；下午时间为 13：00~17：30。
迟到、早退
上班 15 分钟以后到达，视为迟到，下班 15 分钟以前离开，视为早退。
以月为计算单位，第一次迟到早退扣款 10 元，第二次迟到早退扣款 20 元；第三次迟到早退扣款 30 元，累计增加。
第 1 页，共 2 页 1792 个字 中文(中国) 插入 100%
图3-40

修改样式
属性
名称(N): 正文
样式类型(T): 段落
样式基准(B): (无样式)
后续段落样式(S): 正文
格式
宋体 五号 B
段落
缩进和间距(I) 换行和分页(P) 中文版式(H)
常规
对齐方式(G): 两端对齐
大纲级别(O): 正文文本
缩进
左侧(L): 0 字符 特殊格式(S): 缩进值(Y):
右侧(R): 0 字符 首行缩进 2 字符
对称缩进(M)
如果定义了文档网格，则自动调整右缩进(D)
间距
段前(B): 0 行 行距(N): 设置值(A):
段后(F): 0 行 1.5 倍行距
在相同样式的段落间不添加空格(C)
字体: (中文) 宋体, (默认) Arial, 缩进:
行距: 1.5 倍行距
首行缩进: 2 字符, 样式: 在样式库
添加到样式库(S)
仅限此文档(D) 基于该模板的新文档
格式(O)
确定 取消
图3-41

文件 开始 插入 设计 布局 引用 邮件 审阅 视图 开发工具 帮助 搜索 共享
公司考勤管理制度
为维护正常的工作秩序，强化全体职工的纪律观念，结合公司实际情况，制定本制度。
公司的考勤管理由人力资源部负责实施。各部门经理、主管对本部门人员的考勤工作负有监督的义务。公司考勤实行打卡制度，员工上、下班均需打卡（共计每日 2 次）。员工应亲自打卡，不得帮助他人打卡和接受他人帮助打卡。
考勤记录作为年度个人工作考评的参考依据。
目的
考勤制度是加强公司劳动纪律，维护正常的生产秩序和工作秩序，提高劳动生产效率，搞好企业管理的一项重要工作。全体员工要提高认识，自觉地、认真地执行考勤制度。
制度具体规定
工作时间
本企业全体员工每日工作时间一律以八小时为标准。
第 1 页，共 3 页 1792 个字 中文(中国) 插入 100%
图3-42

**Step 09** **设置落款格式。**选中文档末尾处的“天成集团行政部”和日期文本内容，将其设为加粗、右对齐。将光标放置在“天成集团行政部”内容中，将该“段前”值设为3行，效果如图3-43所示。

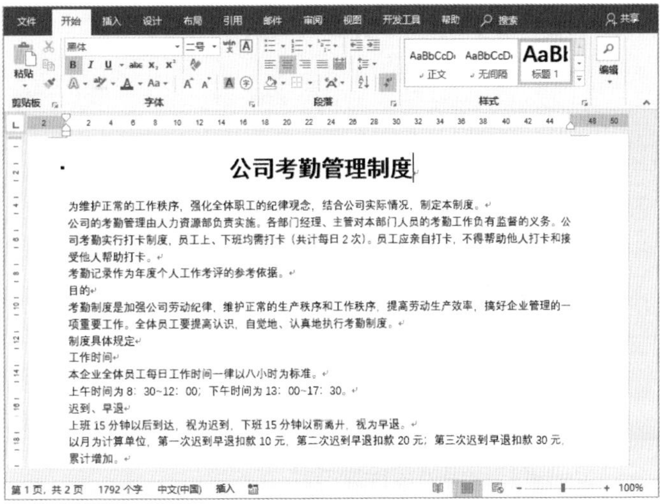

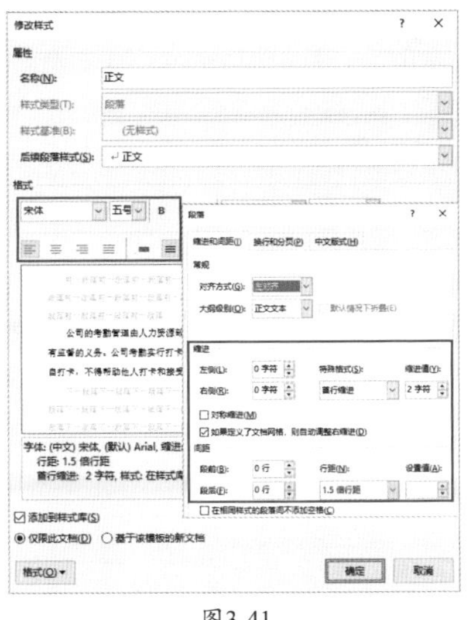

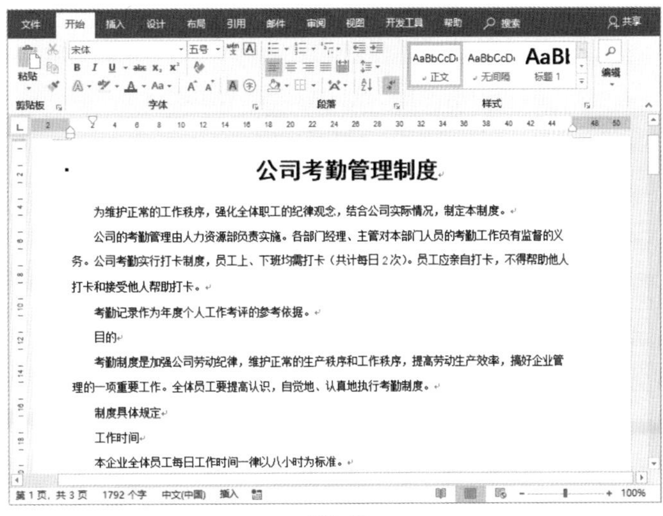

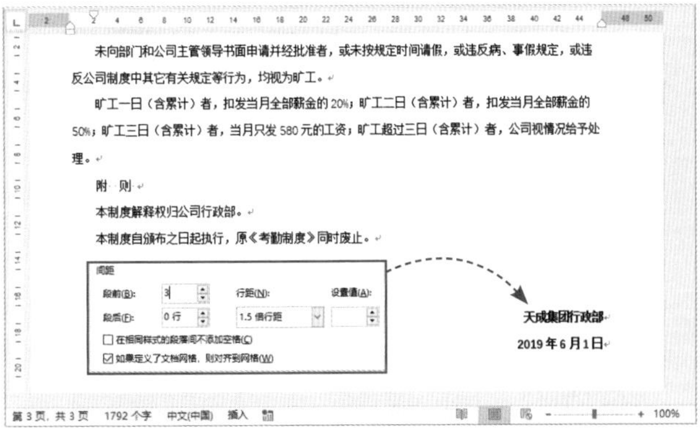

未向部门和公司主管领导书面申请并经批准者，或未按规定时间请假，或违反病、事假规定，或违反公司制度中其它有关规定等行为，均视为旷工。
旷工一日（含累计）者，扣发当月全部薪金的 20%；旷工二日（含累计）者，扣发当月全部薪金的 50%；旷工三日（含累计）者，当月只发 580 元的工资；旷工超过三日（含累计）者，公司视情况给予处理。
附 则
本制度解释权归公司行政部。
本制度自颁布之日起执行，原《考勤制度》同时废止。
间距
段前(B): 3 行距(N): 设置值(A):
段后(F): 0 行 1.5 倍行距
在相同样式的段落间不添加空格(C)
如果定义了文档网格，则对齐到网格(W)
天成集团行政部
2019 年 6 月 1 日
第 3 页，共 3 页 1792 个字 中文(中国) 插入 100%
图3-43

## ■3.4.2 为制度文档自动化排版

目前，文档的大致样式就设置好了。接下来要对文档进行细化操作，如为文档内容划分层次，让文档显得更有条理，阅读起来也比较轻松。

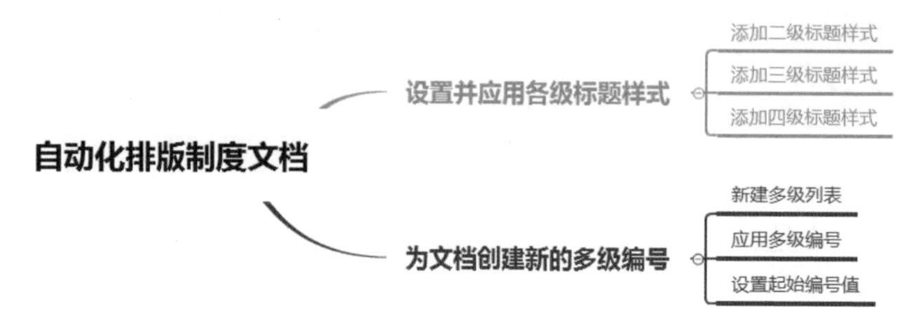


### 1. 设置并应用各级标题样式

目前，文档的二级、三级、四级标题格式是以正文样式显示的，为了区别于正文，下面将对这些标题样式进行设置。

**Step 01 新建“二级样式”。** 选中文档中的二级标题“目的”，在“样式”窗格中单击“新建样式”按钮，在“根据格式化创建新样式”对话框中设置二级标题的字体和段落格式，如图3-44所示。

**Step 02 应用二级样式。** 此时，被选中的“目的”标题已经应用了二级样式。使用“格式刷”功能将其他二级标题也设为该样式，如图3-45所示。

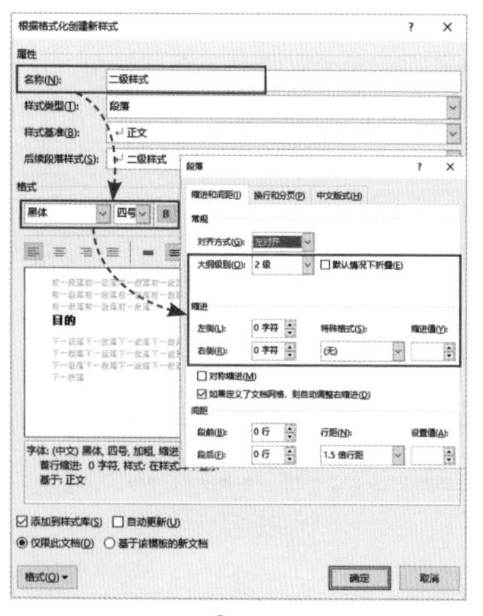

图3-44

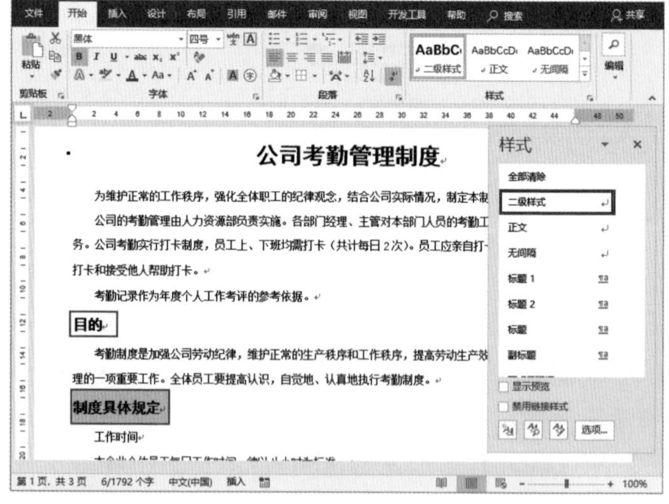

图3-45

**Step 03 新建三级样式。** 选中文档中的三级标题“工作时间”，在“样式”窗格中单击“新建样式”按钮，在打开的对话框中设置三级样式，如图3-46所示。

**Step 04 应用三级样式。** 同样使用“格式刷”功能将文中所有三级标题都设为该样式，如图3-47所示。

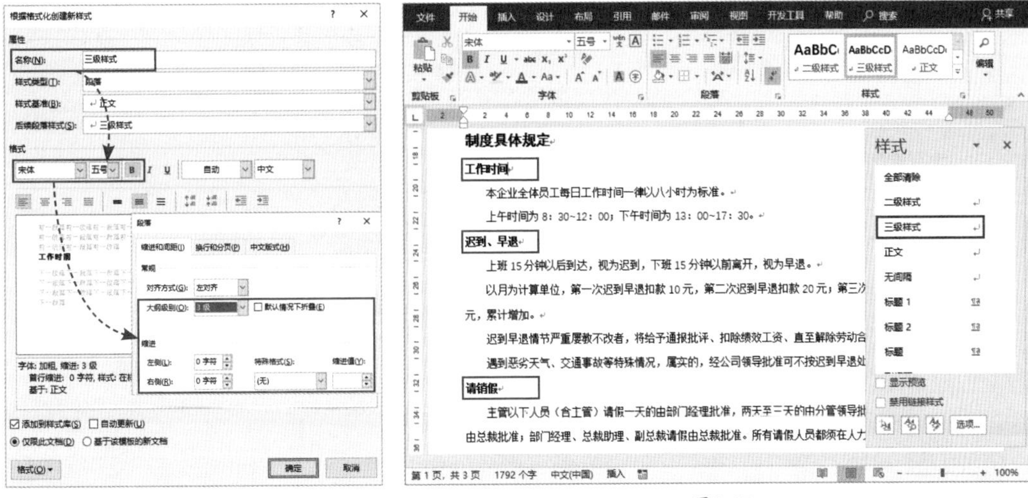


图3-46　　图3-47

**Step 05** **设置并应用四级样式。** 按照上述方法，设置文中所有四级标题的样式，如图3-48所示。

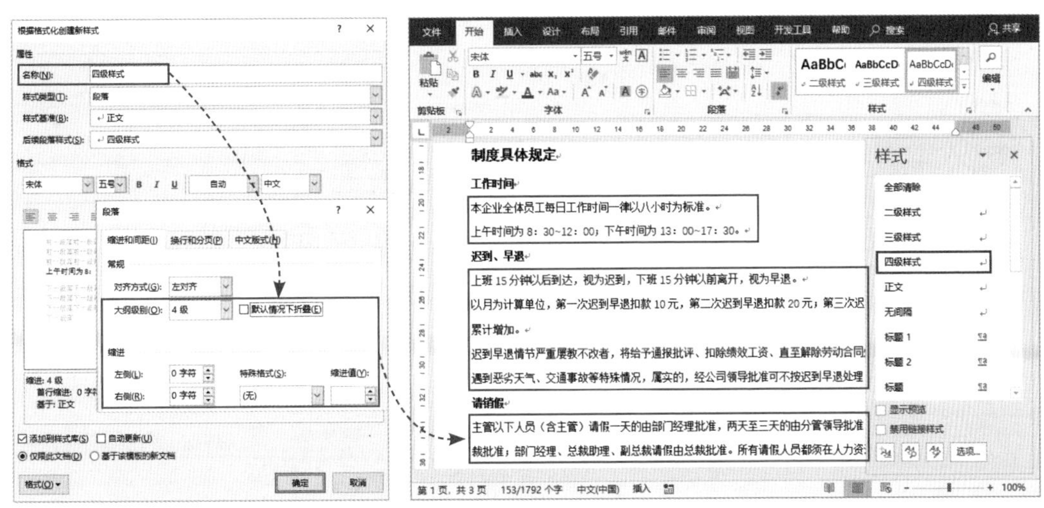


图3-48

### 2. 为文档创建多级列表

由于本文档的结构层次比较多，所以利用“多级列表”功能来操作还是非常方便的。

**Step 01** **启动“定义新的多级列表”功能。** 在“开始”选项卡中单击“多级列表”下拉按钮，从中选择“定义新的多级列表”选项，如图3-49所示。

**Step 02** **设置一级编号样式。** 在“单击要修改的级别”列表中选择“1”。单击“此级别的编号样式”下拉按钮，选择“一,二,三(简)...”选项。单击“字体”按钮，在打开的“字体”对话框中设置该编号的字体格式，然后返回上一层对话框，在“输入编号的格式”文本框中输入“、”，如图3-50所示。

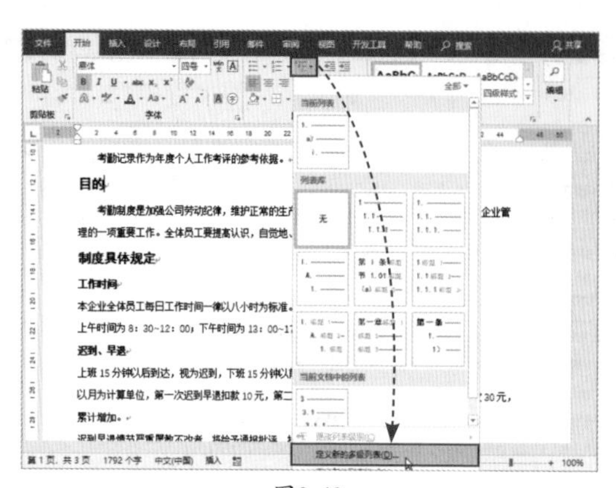

图3-49

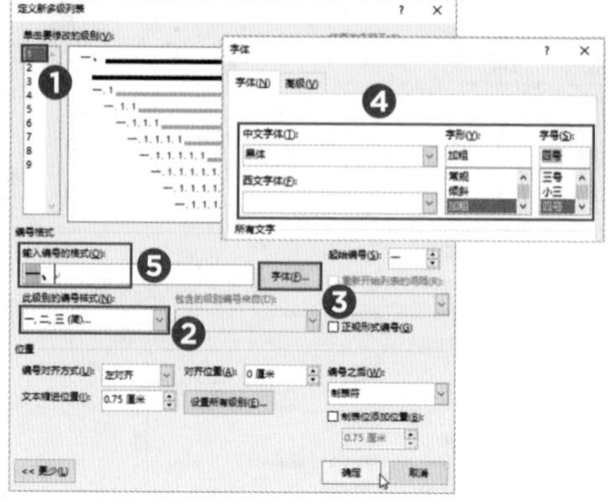

图3-50

**Step 03** **设置二级编号样式。**在“单击要修改的级别”列表中选择“2”。单击“此级别的编号样式”下拉按钮，选择“1,2,3,...”选项。单击“字体”按钮，在打开的“字体”对话框中设置该编号的字体格式，然后返回上一层对话框，在“输入编号的格式”文本框中输入“.”，如图3-51所示。

**Step 04** **设置三级编号样式。**按照上述方法，设置三级编号样式，并在“输入编号的格式”文本框中输入“（ ）”，如图3-52所示。

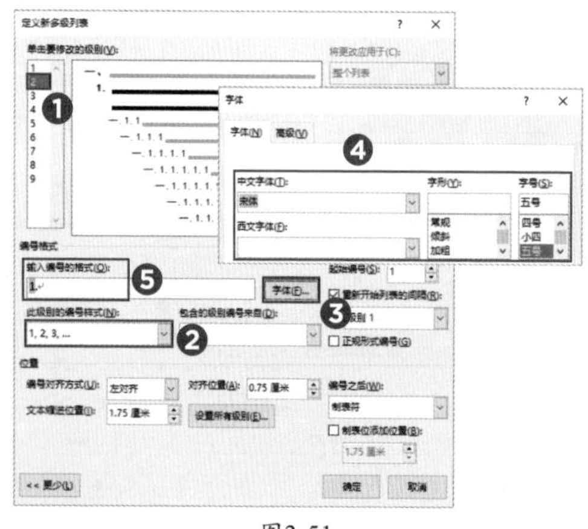

图3-51

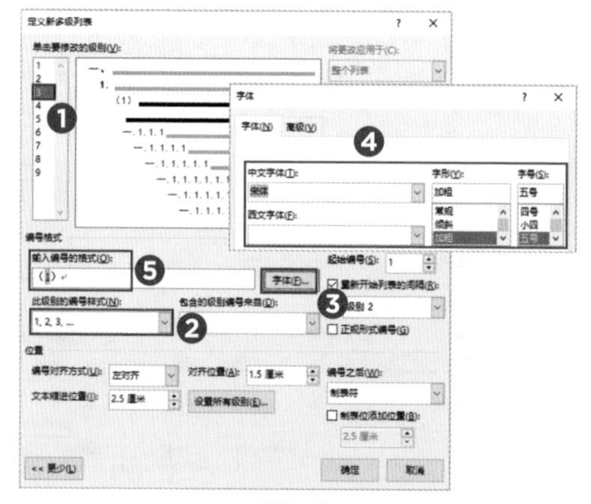

图3-52

● **新手误区：**在“定义新多级列表”对话框中，用户可以在“输入编号的格式”文本框中自定义所需的文字及标点符号，以组成想要的编号样式。

**Step 05** **批量选择一级编号标题。**在文档中选择“目的”文本内容，再在“开始”选项卡中单击“选择”下拉按钮，选择“选择格式相似的文本”选项，此时所有与“目的”格式相同的文本已全部被选中，如图3-53所示。

**Step 06** **为其添加一级编号。**在“段落”选项组中单击“多级列表”下拉按钮，选择刚设置的列表样式，此时被选中的文本已自动添加了一级编号，如图3-54所示。

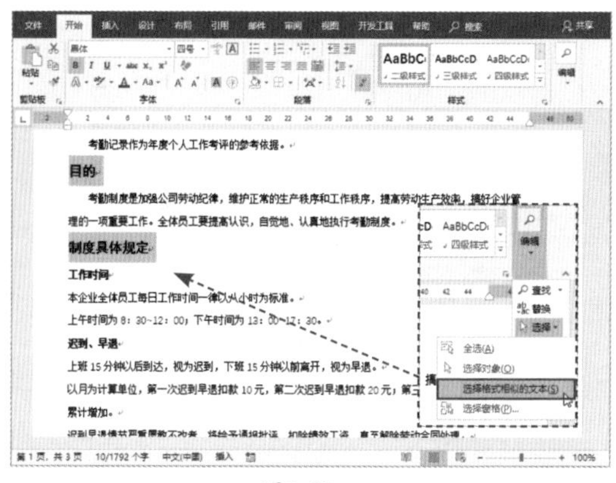

图3-53

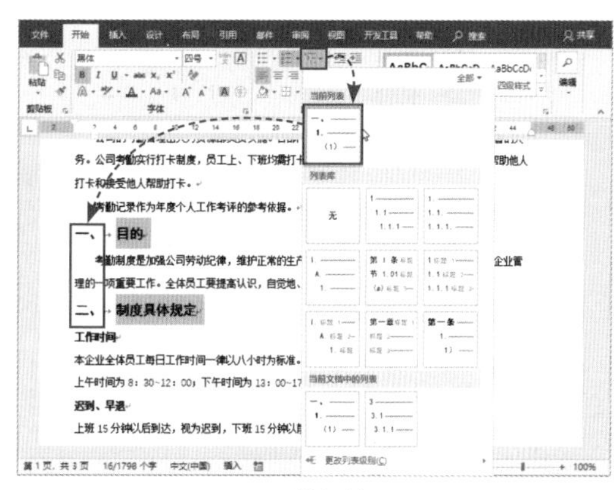

图3-54

**Step 07** **添加二级编号。**使用“选择格式相似的文本”功能，批量选中二级编号的标题内容，如“工作时间”“迟到、早退”等，再次单击“多级列表”下拉按钮，选择设置好的列表样式，此时被选中的文本会自动添加一级编号，如图3-55所示。

**Step 08** **更改编号级别。**在打开的级联菜单中选择“2级”选项，即可将标题转换为二级编号，如图3-56所示。

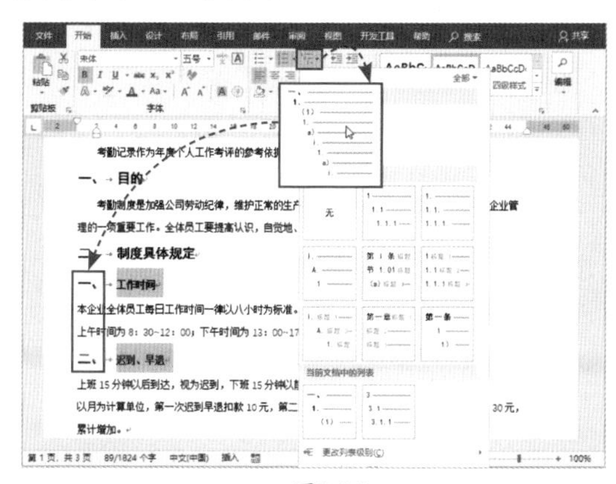

图3-55

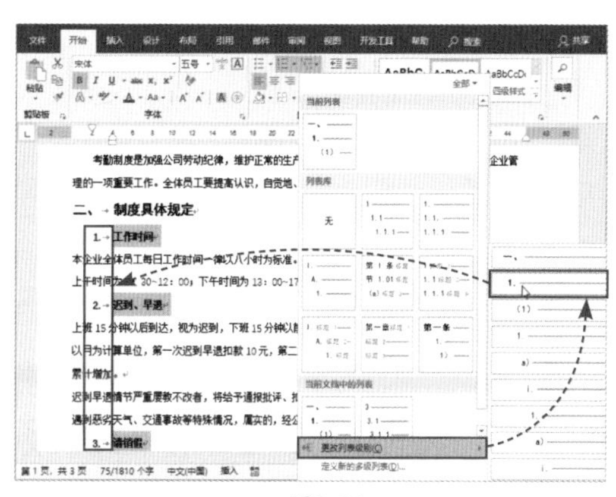

图3-56

**Step 09** **添加三级编号。**按照上述方法为文档添加三级编号，结果如图3-57所示。

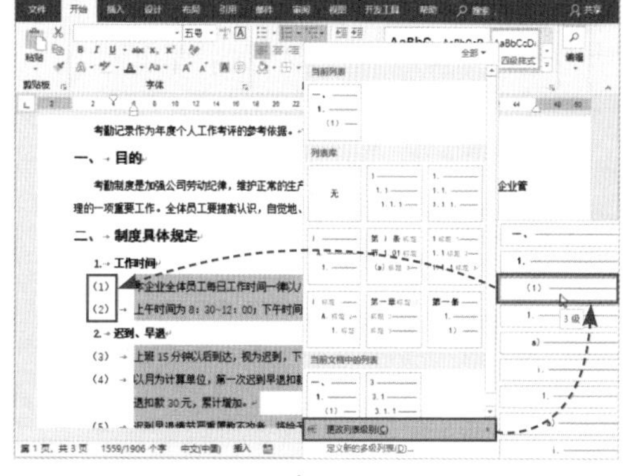

图3-57

张姐，三级编号添加好了，可是这些编号是顺延下来的，怎样才能够让编号断开，并让每个二级编号以“（1）”开始显示呢？

操作非常简单。我们只要更改一下它的起始编号值，一键就能搞定了。不信你往下看！

**Step 10** **启动“设置编号值”命令。**选中要更改编号值的文本，这里选择编号“（3）”，在“开始”选项卡的“段落”选项组中单击“编号”下拉按钮，从中选择“设置编号值”选项，如图3-58所示。

**Step 11** **查看设置效果。**在打开的“起始编号”对话框中将“值设置为”选项设定为“1”，单击“确定”按钮即可，如图3-59所示。

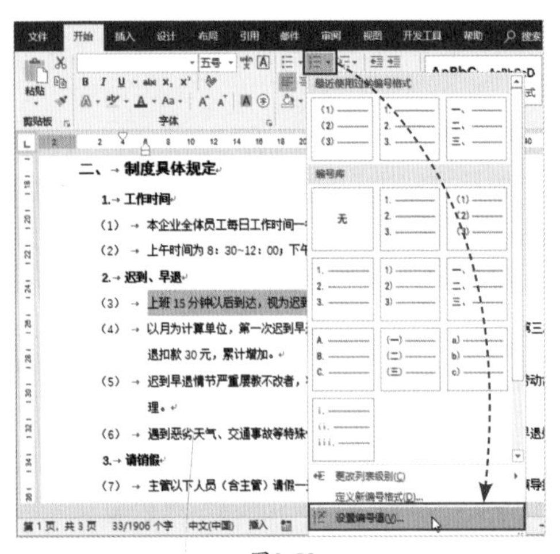

图3-58

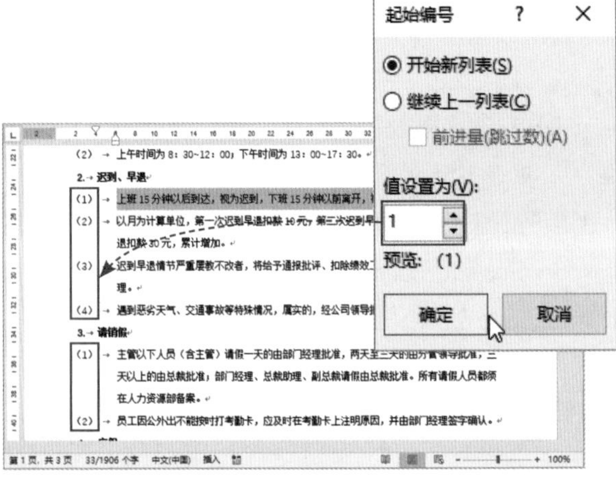


图3-59

## ■3.4.3　将制度文档保存为模板

通常这些拟定好的制度文档都会以模板的格式保存起来，方便后期使用。如果在后期使用的过程中，需要对该模板中设定好的样式进行修改，那么如何将修改的样式保存到模板中呢？下面就来介绍具体的操作方法。

**Step 01** **保存为Word模板。**在“文件”选项卡中选择“另存为”选项，在打开的对话框中将“保存类型”设为“Word 模板”，并填好“文件名”，单击“保存”按钮完成保存操作，如图3-60所示。

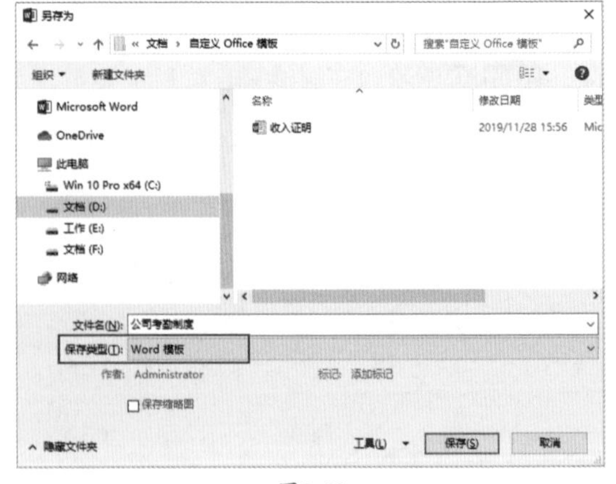


图3-60

**Step 02** **修改“标题1”字体样式。**打开该模板，修改“标题1”样式，加宽标题字体的间距值，如图3-61所示。

**Step 03** **保存样式到模板。**修改完毕后，在该对话框中单击“基于该模板的新文档”单选按钮。保存该文档时，在打开的提示对话框中单击“是”按钮即可，如图3-62所示。

至此，公司考勤制度文档已全部操作完毕。

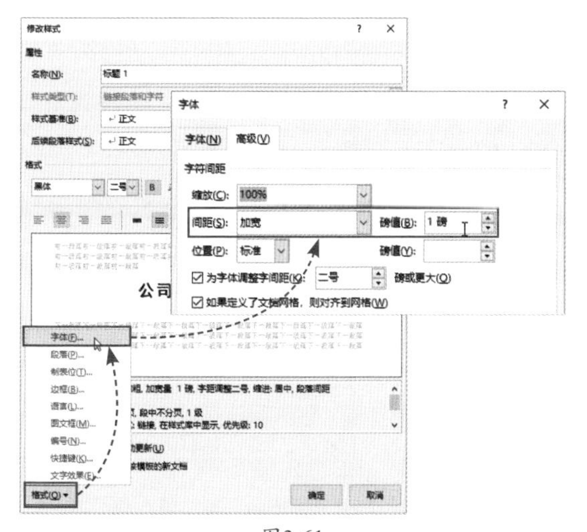


图3-61

图3-62

## 3.5 批量制作桌签

当制作桌签、邀请函、奖状、通知书等这类特殊文档时，要怎么做呢？大多数人会先做出一个模板，然后逐个手动将模板里的内容进行更换。那么问题来了，如果需要制作500份内容不同的文档，那工作量就可想而知了。其实，对于这类文档，Word高手可以分分钟搞定。不信就请继续往下看！

下面就以批量制作桌签为例，来介绍特殊文档的处理方法。

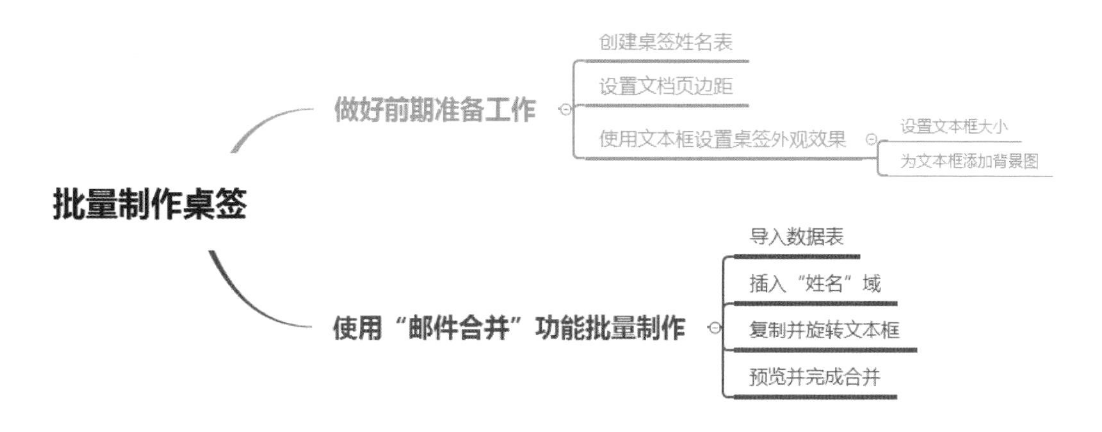

## 3.5.1　做好前期准备工作

制作桌签之前，用户需要做好一系列的准备工作，如表格数据源、文档页面设置等。

**Step 01 创建姓名表。** 在制作之前，用户需要创建一个桌签姓名表，如图3-63所示。用户可以使用Word、Excel、Access等软件来创建。

**Step 02 设置文档页边距。** 新建一份Word空白文档，设置文档的上、下页边距各为5厘米，左、右页边距各为2厘米，如图3-64所示。

|  | A | B | C | D |
|---|---|---|---|---|
| 1 | 姓名 |  |  |  |
| 2 | 陈利姚 |  |  |  |
| 3 | 章琦 |  |  |  |
| 4 | 李程程 |  |  |  |
| 5 | 张正 |  |  |  |
| 6 | 吴立蓉 |  |  |  |
| 7 | 姚小倩 |  |  |  |
| 8 | 陈岩 |  |  |  |
| 9 | 赵小舒 |  |  |  |
| 10 | 陈明 |  |  |  |
| 11 |  |  |  |  |

Sheet1

图3-63

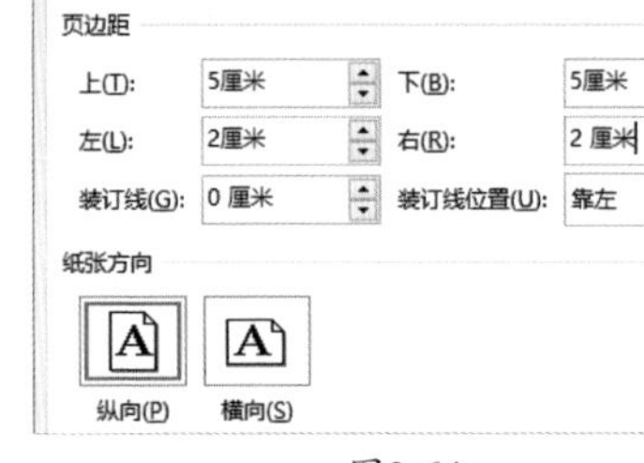


图3-64

**新手误区：** 在制作数据表时一定要注意必须包含表头，也就是必须包含“姓名”这个单元格，而且表头上方不能有任何内容或空单元格。

**Step 03 插入并设置文本框大小。** 在“插入”选项卡中单击“文本框”下拉按钮，选择“简单文本框”选项，插入文本框。删除文本框中的内容，并在“格式”选项卡中设置文本框的大小，如图3-65所示。

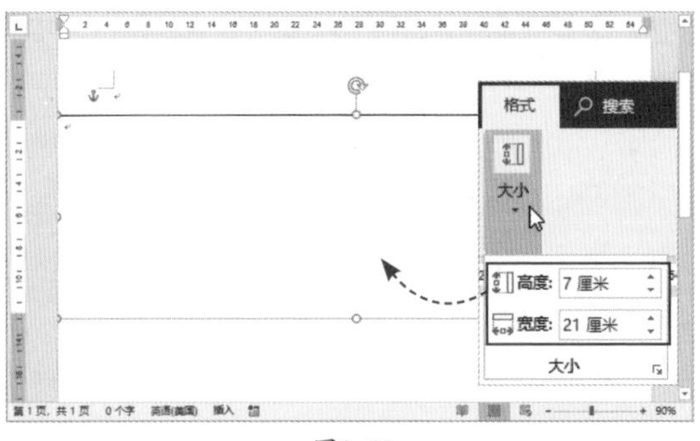


图3-65

**Step 04 隐藏文本框边框。** 选中要隐藏的文本框，同样在“格式”选项卡的“形状样式”选项组中单击“形状轮廓”下拉按钮，选择“无轮廓”选项，如图3-66所示。

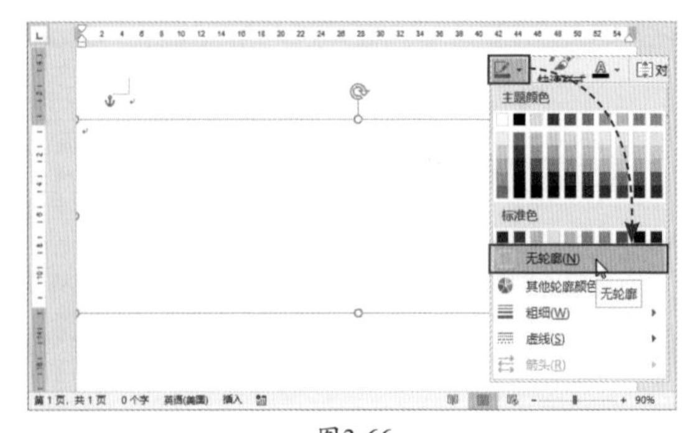


图3-66

**Step 05** **为文本框添加底纹。**保持文本框的选中状态，在“格式”选项卡中单击“形状填充”下拉按钮，选择“图片”选项，并在“插入”对话框中选择要填充的图片，单击“插入”按钮即可将图片填充至文本框中，如图3-67所示。

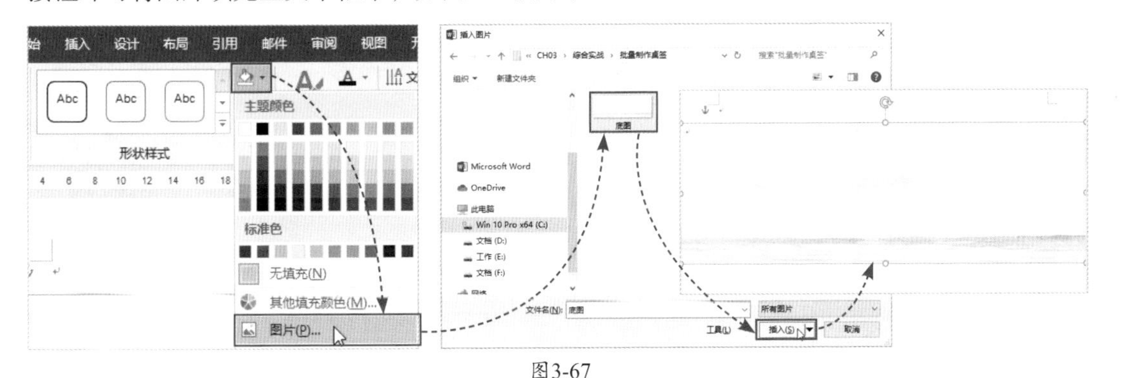


图3-67

## ■3.5.2 使用“邮件合并”功能导入数据

“邮件合并”功能可以将创建好的数据表直接导入至文档中，避免用户逐个手动修改姓名等内容的麻烦，具体操作如下。

**Step 01** **导入数据表。**将光标放置在文本框中，在“邮件”选项卡中单击“选择收件人”下拉按钮，选择“使用现有列表”选项，在“选取数据源”对话框中选择制作好的Excel表格，单击“打开”按钮，在“选择表格”对话框中单击“确定”按钮，如图3-68所示。

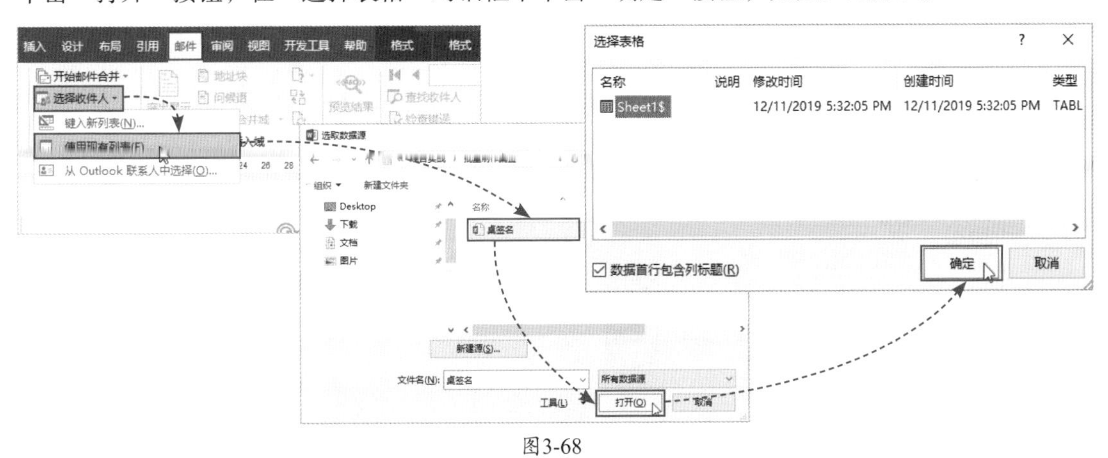


图3-68

张姐，我怎么找不到“邮件”选项卡啊？

这一选项卡在默认情况下是不显示的，而是需要我们手动调出来的。打开“Word 选项”对话框，选择“自定义功能区”选项，然后在右侧的“自定义功能区”列表中勾选“邮件”复选框就可以了。

**Step 02** **插入合并域。**在“邮件”选项卡中单击“插入合并域”按钮，选择“姓名”选项，即可在文本框中显示“姓名”域，设置该域的格式、大小和对齐方式，如图3-69所示。

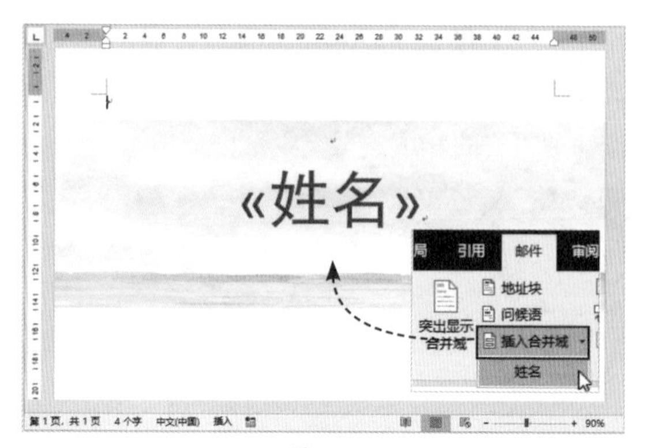


图3-69

**Step 03** **复制文本框。**选中该文本框，按住组合键Ctrl+Shift，向下复制文本框，如图3-70所示。

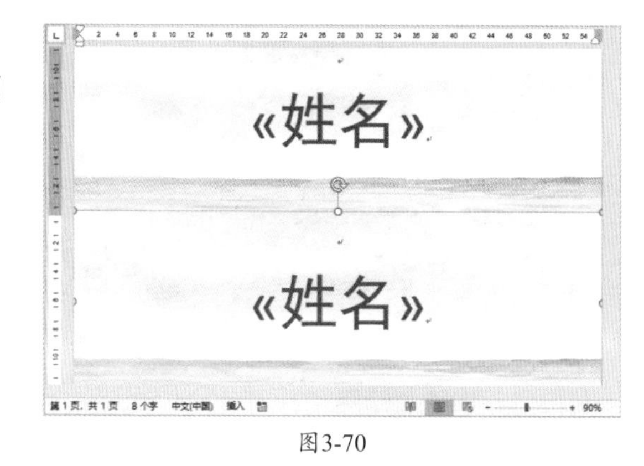


图3-70

**Step 04** **旋转文本框。**选择第1个文本框，在“绘图工具—格式”选项卡的“排列”选项组中单击“旋转”下拉按钮，选择“垂直翻转”选项，旋转文本框，如图3-71所示。

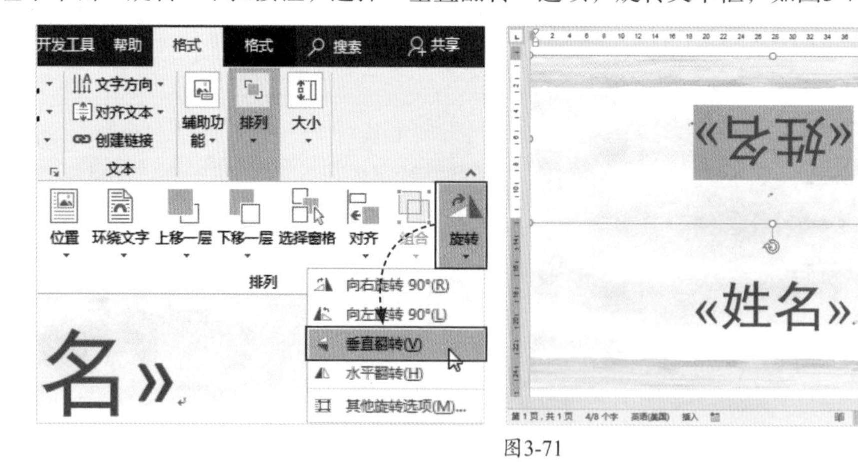


图3-71

● **新手误区：**由于桌签的两面是对折显示的，所以在制作时需要将一面文本的顺序改变才可以，否则打印出来的文字将反向显示。

**Step 05 完成合并。**在“邮件”选项卡中单击“预览结果”按钮，可以预览设置的效果。确认无误后单击“完成并合并”下拉按钮，选择“编辑单个文档”选项，在打开的“合并到新文档”对话框中单击“全部”单选按钮，并单击“确定”按钮即可，如图3-72所示。

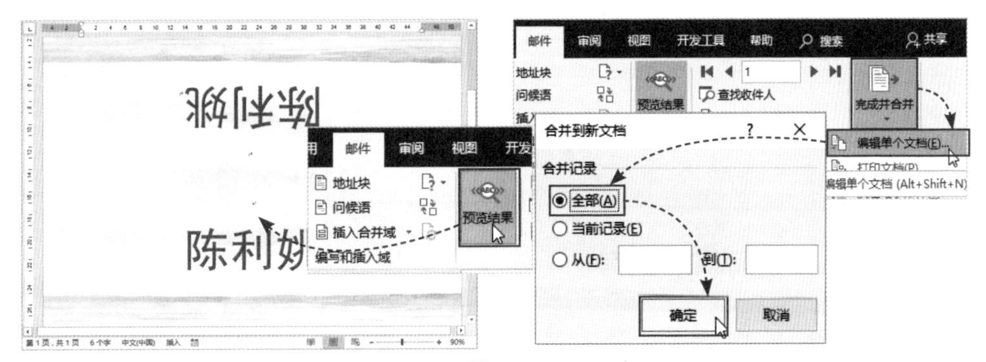


图3-72

**Step 06 查看效果。**此时，Word会生成新的合并文档，用户可以在该文档中查看最终设置的效果，如图3-73所示。

至此，桌签已经全部制作完成了。

图3-73

## 课后作业

通过对本章内容的学习，相信大家应该对文档的自动化排版方式有了一定的了解。为了巩固本章所学的知识，大家可以根据以下的思维导图为“报告分类”应用文添加“类型1、类型2、类型3……”编号样式。

**为“报告分类”文档添加新编号**
- **创建新编号样式**
  - 设置编号样式
    - 设置字体格式
  - 自定义编号的格式
  - 设置编号对齐方式
- **应用新编号样式**
  - 选中标题文本
  - 套用新编号样式

NOTE

Tips

大家在学习的过程中如有疑问，可以加入学习交流群（QQ群号：737179838）进行交流。

Word

# 第4章 图文关系的多种可能性

张姐，我看到网上好多模板文档都做得非常漂亮，那些文档真的是用Word做出来的吗?

当然。Word的主要功能就是进行文档的排版呀!

那么他们是怎么做出来的?

这个问题一两句话是说不清楚的。简单点说，文档里只要有图片和文字，就能排出漂亮的版式。

真的吗?那我的文档里也有图片和文字，为什么做出来的效果就不好呢?

那是你没有掌握排版的秘诀啊!

有啥秘诀?赶紧传授给我!

好，那我要开讲啦……

## 思维导图

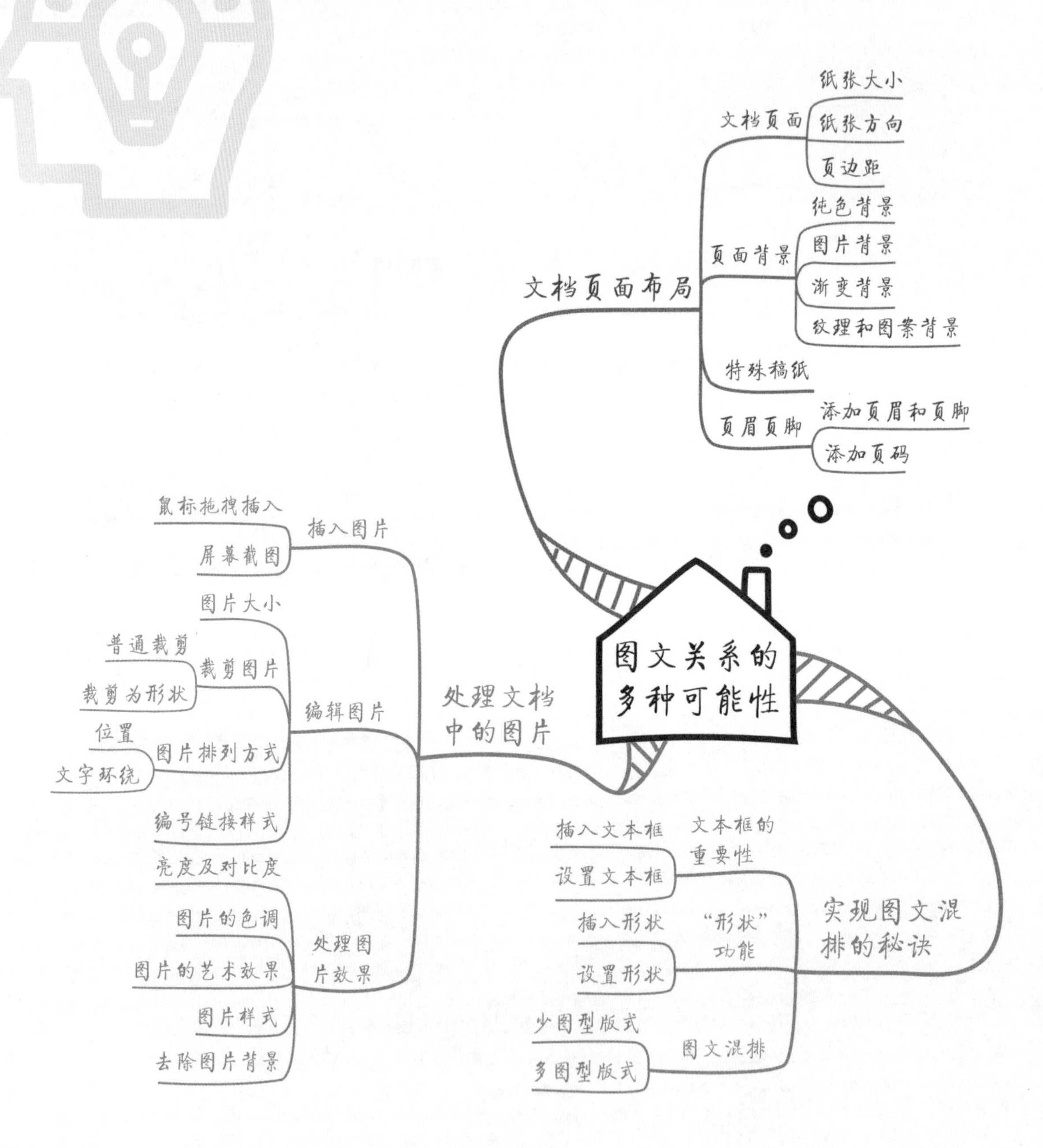
图文关系的
多种可能性
文档页面布局
文档页面
纸张大小
纸张方向
页边距
页面背景
纯色背景
图片背景
渐变背景
纹理和图案背景
特殊稿纸
页眉页脚
添加页眉和页脚
添加页码
处理文档
中的图片
插入图片
鼠标拖拽插入
屏幕截图
编辑图片
图片大小
裁剪图片
普通裁剪
裁剪为形状
图片排列方式
位置
文字环绕
编号链接样式
处理图
片效果
亮度及对比度
图片的色调
图片的艺术效果
图片样式
去除图片背景
实现图文混
排的秘诀
文本框的
重要性
插入文本框
设置文本框
"形状"
功能
插入形状
设置形状
图文混排
少图型版式
多图型版式

# 知识速记

## 4.1 设置文档的页面布局

本书第1章就已经介绍过，在制作文档前，先要对文档的页面进行一些必要的设置，如页边距、纸张大小、纸张方向等。除此之外，如果想让文档变得更加美观，可以为其添加背景、页眉和页脚等元素。当然，用户还可以根据实际情况来添加需要的元素。

### 4.1.1 文档的页面设置

说起页面设置，其实最主要的两个参数就是“页边距”和“纸张”。设置“页边距”是让页面四周预留出空隙，让文档看起来整洁、美观。而对于“纸张”，这就要根据用户的需求来设置了。默认情况下，系统以A4纸大小显示。如果有特殊要求，可以在“布局”选项卡的“纸张大小”列表中选择其他尺寸，或者打开“页面设置”对话框，切换到“纸张”选项卡中进行详细设置，如图4-1所示。

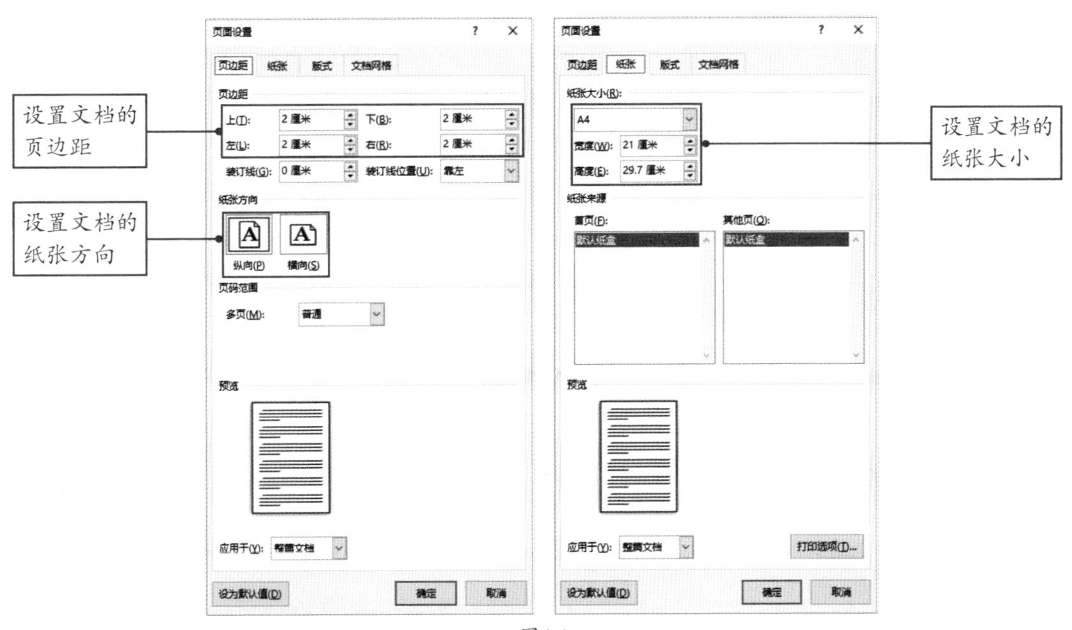

图4-1

### 4.1.2 页面背景的设置

扫码观看视频

有时为了增加页面的美观度，可以适当地为文档添加背景。在“设计”选项卡的“页面背景”选项组中单击“页面颜色”下拉按钮，在打开的颜色列表中选择一种颜色即可为当前文档添加背景色，如图4-2所示。在“页面颜色”列表下选择“其他颜色”选项，用户还可以在打开的“颜色”对话框中选择更多背景色，如图4-3所示。

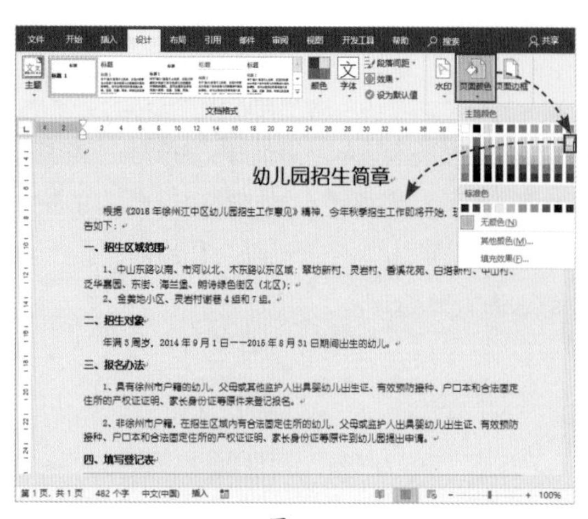

图4-2

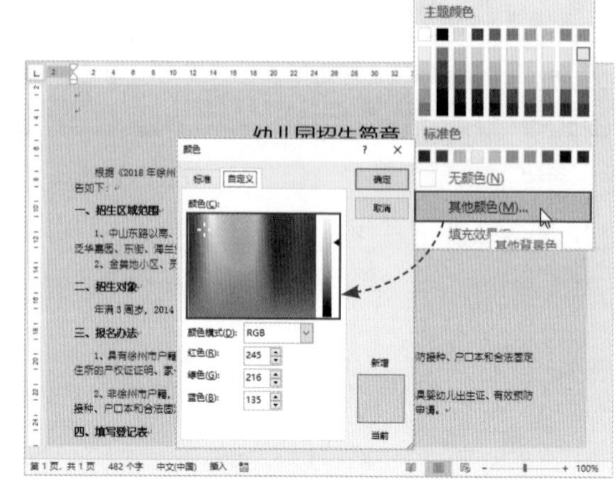

图4-3

如果用户认为纯色背景比较单调，那么还可以为文档添加其他背景类型，如背景图片。在“页面颜色”列表中选择“填充效果”选项，在打开的同名对话框中切换到“图片”选项卡，单击“选择图片”按钮，在“选择图片”对话框中选择背景图片，单击“插入”按钮，返回到上一层对话框，如图4-4所示。此时可以在“图片”预览窗口中预览效果，确认无误后单击“确定”按钮，即可为文档添加背景图片。应用背景图片后的效果如图4-5所示。

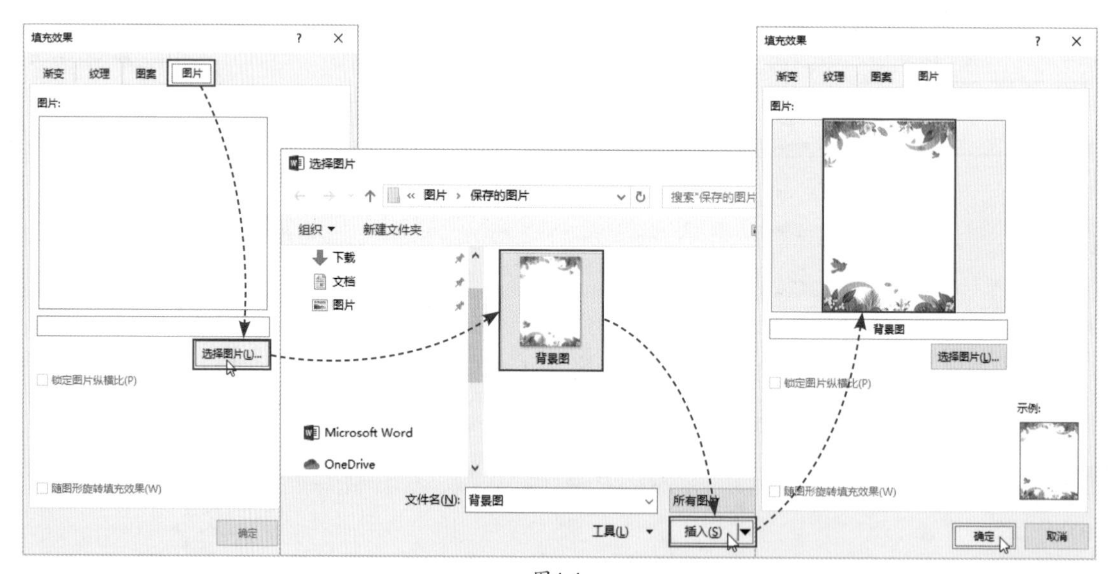


图4-4

**新手误区：**用户在选择背景图片时，需要注意图片的大小和方向应与当前页面尺寸相近，图片需要选择高清大图，而且图片风格应与文档内容相符。而对于一些严谨的办公文档（如政府公文、合同、协议等）来说，最好不要添加背景图片。

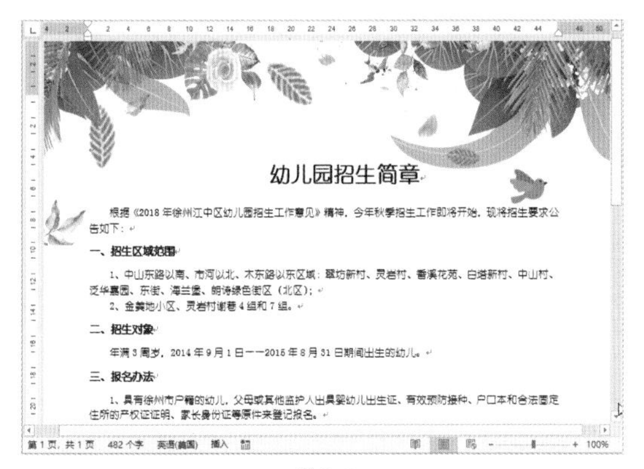


图4-5

**知识拓展**

如果想要删除文档的背景图片，只需在“页面颜色”列表中选择“无颜色”选项即可。

使用上述方法添加文档背景后，经常会出现背景图片无法完全显示的情况。这说明图片尺寸与页面尺寸不符。遇到这种情况时，用户可以通过以下两种方法来解决。

### 1. 让背景图衬于文字下方

将背景图片直接拖入文档中，右击，选择“环绕文字”选项，在打开的级联菜单中选择“衬于文字下方”选项即可，如图4-6所示。最后适当地调整一下图片的大小，让其铺满整个页面。

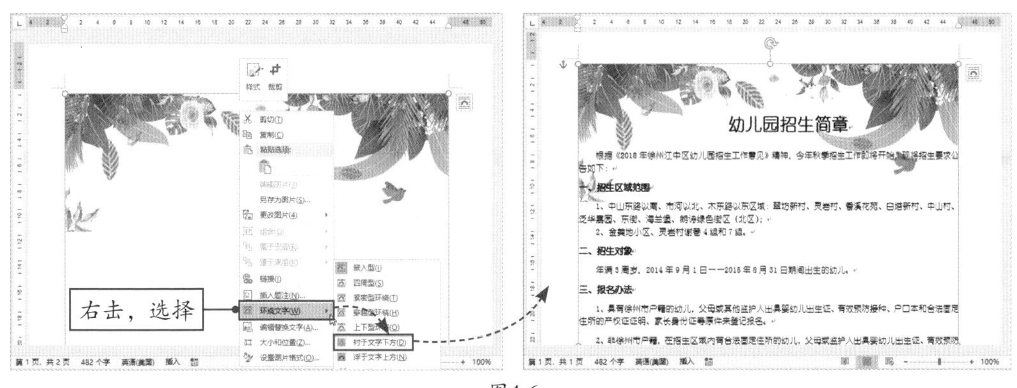


图4-6

**新手误区：**这种方法虽然操作起来简单，但是存在一个致命的缺点，那就是在对文档内容进行编辑操作时经常会误选到背景图片。并且这张背景图片只应用于当前页，如果文档有10页内容，那么就只能一页页地手动添加了。

### 2. 使用“水印”功能

在“设计”选项卡中单击“水印”下拉按钮，选择“自定义水印”选项，在“水印”对话框中单击“图片水印”单选按钮，再单击“选择图片”按钮，在打开的对话框中选择背景图片，返回到“水印”对话框，此时会在该对话框中显示加载的图片路径，然后取消“冲蚀”复选框即可，如图4-7所示。

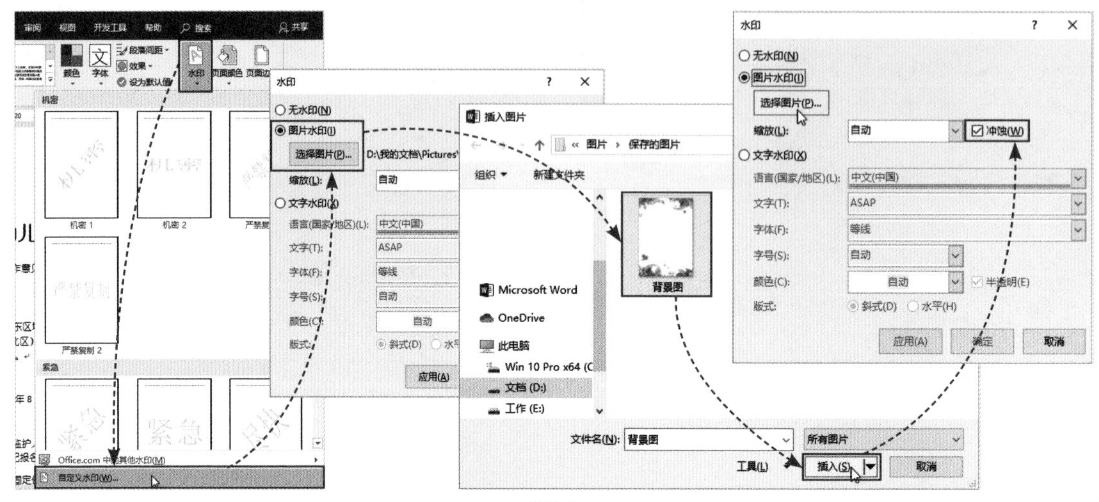


图4-7

此时，加载的背景图片已自动显示在文本内容下方了。双击文档顶端的页眉区域，进入页眉编辑状态，调整背景图片的大小，完成后单击“关闭页眉和页脚”按钮即可，如图4-8所示。

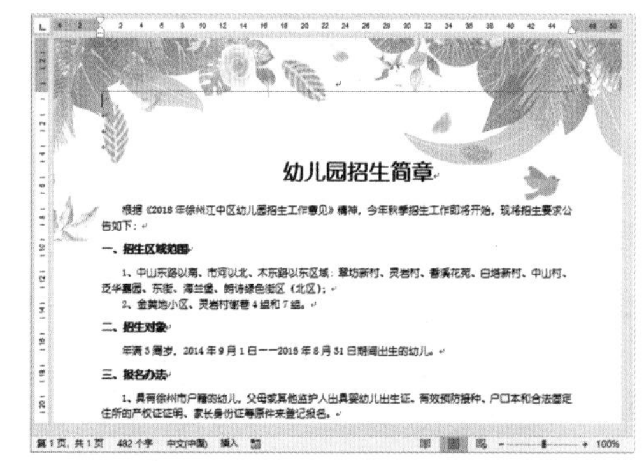


图4-8

除了以上介绍的两种添加图片背景的方法外，还可以为文档添加渐变色、纹理和图案背景。在“填充效果”对话框中选择相应的选项卡即可设置，如图4-9所示。

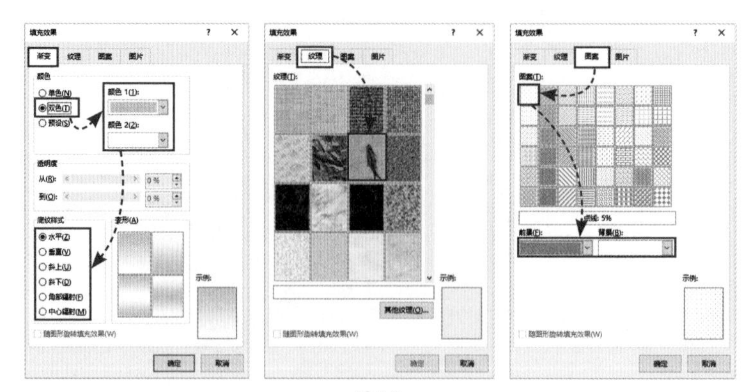


图4-9

## 4.1.3　特殊稿纸的设置

Word中有一项很有意思的功能，它就是“稿纸设置”。利用它能够轻松地制作出各种信纸效果的文档，如方格信纸、行线信纸等，如图4-10所示。

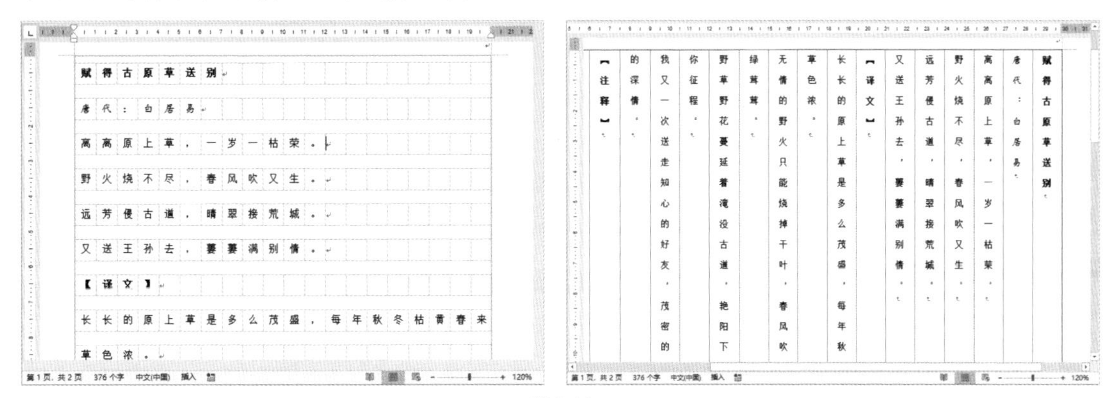


图4-10

选择所需文档，在“布局”选项卡中单击“稿纸设置”按钮，打开同名对话框。在该对话框中用户可以对稿纸的格式和颜色进行统一的设置，如图4-11所示。

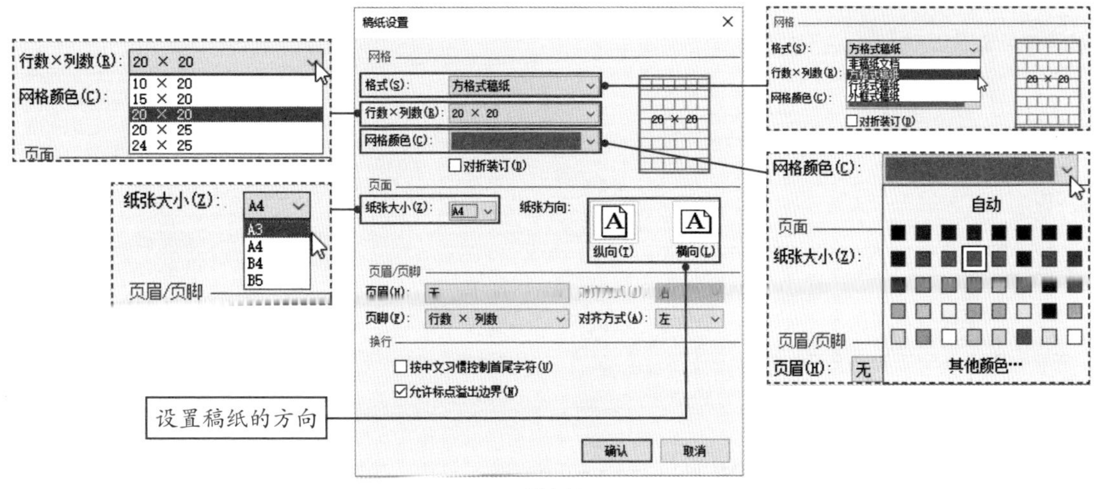


图4-11

## 4.1.4　为文档添加页眉、页脚

页眉和页脚分别位于文档的顶端和底端。在页眉区域中，用户可以插入文本内容或图片，一般内容为公司名称、书稿名称、日期等；而在页脚区域中，一般会插入文档的页码。

在“插入”选项卡中单击“页眉”下拉按钮，从中选择合适的页眉样式，选择好后随即进入页眉和页脚的编辑状态，再在页眉区域输入文本内容。然后在“页眉和页脚工具—设计”选项卡中单击“转至页脚”按钮，光标可以直接定位至当前页的页脚区域，如图4-12所示。

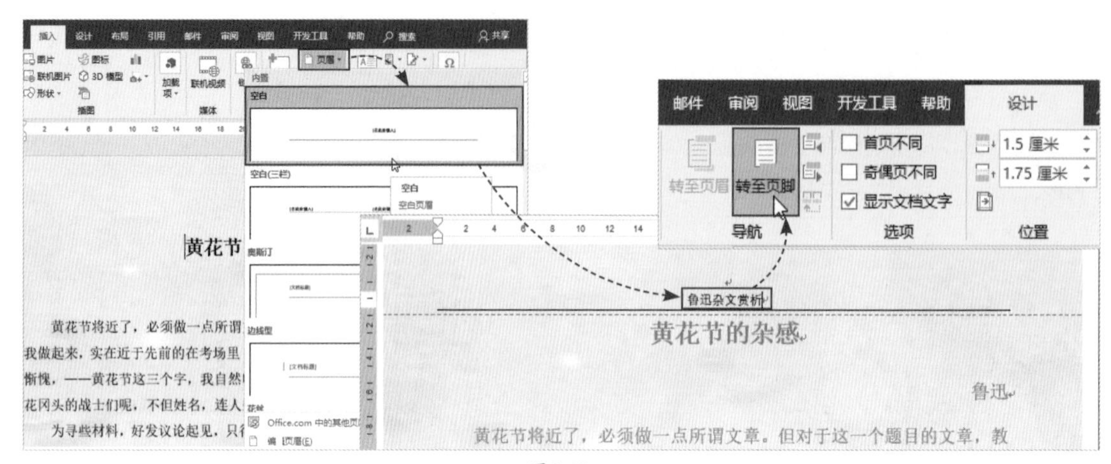

图4-12

同样在“设计”选项卡中单击“页脚”下拉按钮，在页脚样式列表中选择满意的页脚样式即可插入页脚内容，单击“关闭页眉和页脚”按钮，即可完成添加页眉和页脚的操作，如图4-13所示。

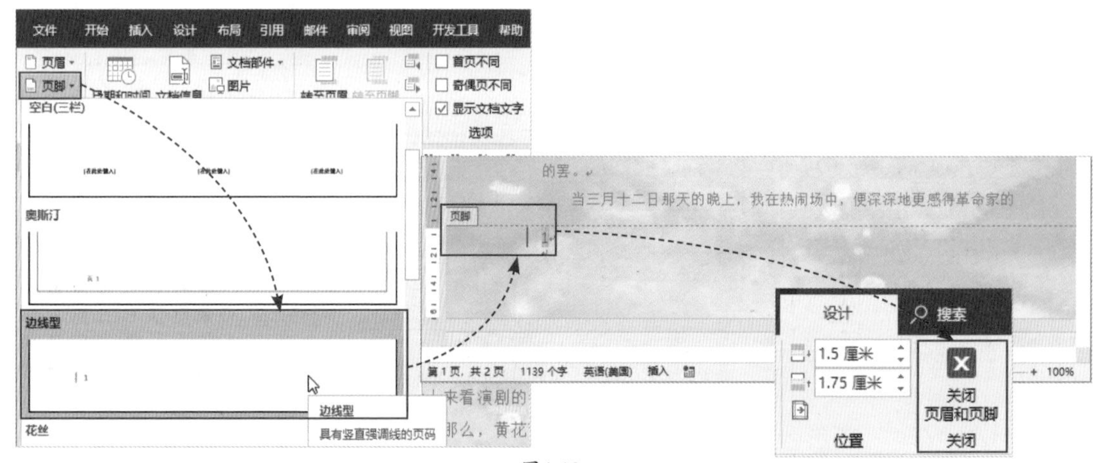

图4-13

张姐，如果想在页眉中插入公司的Logo图标，我该怎么操作？

你只需进入页眉和页脚的编辑状态，然后在“设计”选项卡中单击“图片”按钮，再在打开的对话框中选中Logo图标进行插入，最后适当调整一下它的大小就可以了。

页码的添加操作与添加页眉和页脚相似。如果只想单独添加页码的话，在“插入”选项卡中单击“页码”下拉按钮，选择页码的位置，通常选择“页面底端”选项，并在其级联菜单中选择一款页码样式即可，如图4-14所示。

图4-14

## 知识拓展

如果要在文档的第3页开始插入页码，该怎么操作呢？用户只需在第3页的页首位置插入一个“下一页”分节符（在“布局”选项卡中单击“分隔符”下拉按钮，选择“下一页”选项），再双击页眉使其进入编辑状态，将光标定位至页脚，并单击“链接到前一条页眉”按钮，断开链接，然后插入页码，并设置页码的起始值为“1”即可。

上述介绍的是添加页眉、页脚最基本的操作。在实际工作中经常会遇到各种各样的问题，如创建奇、偶页不同的页眉该如何操作呢?

双击文档的页眉区域进入页眉编辑状态，在“页眉和页脚工具—设计”选项卡中勾选“奇偶页不同”复选框，此时，在页眉左侧会显示“奇数页页眉”字样，然后单击“下一条”按钮，如图4-15所示，系统会自动跳转到偶数页页眉中，在此输入偶数页的页眉内容，如图4-16所示。输入完成后，单击“关闭页眉和页脚”按钮即可。

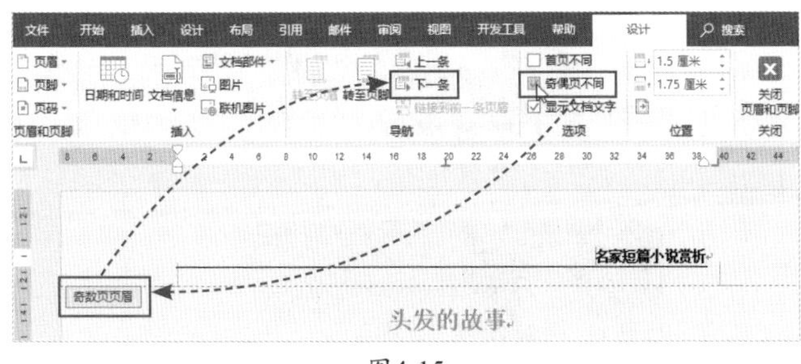

图4-15

图4-16

张姐，可以对页眉文本进行一些设置吗?

可以的，设置页眉文本与设置常规文本一样，同样可以对它的字体、字号、颜色和对齐方式进行设置。

# 4.2 文档中图片的处理方法

对于专业性较强的文档来说，适当地插入一些图片进行解释说明，可以方便读者更好地理解文档内容。同时，图文并茂的文档从排版形式上来看也是非常美观的。

## 4.2.1 两种插入图片的快捷方法

将图片插入文档有很多方法，其中最便捷的方法就是从图片所在的文件夹中直接将图片拖至文档中，如图4-17所示。

图4-17

如果想一次性插入多张图片，只需全选需要插入的图片素材，将它们一起拖至文档中即可。图片插入后系统会将图片按照默认的大小从上到下依次排列好，如图4-18所示。

图4-18

除此之外，用户还可以使用Word自带的“屏幕截图”功能插入图片。该功能可以快速地截取屏幕图像，并将截取的图像直接插入文档中。

在“插入”选项卡中单击“屏幕截图”下拉按钮，选择“屏幕剪辑”选项，之后系统会直接跳转到计算机主屏幕，此时，屏幕会以灰白色显示，当鼠标指针变为十字形时，按住鼠标左键拖动至合适位置，即可将所选部分截取出来，被截取的部分会正常显示，如图4-19所示。截取完成后，图片将自动插入至文档光标处，如图4-20所示。

图4-19

图4-20

## 4.2.2　对图片进行简单编辑

扫码观看视频

插入图片后，一般都需要对图片进行一些必要的编辑，如调整图片大小、裁剪图片、设置图片排列方式等。这些必要的操作是做好图文混排的基础。

### 1. 调整图片大小

插入图片后，如果用户认为图片过大，可以选中图片，再将光标放置在图片任意的对角点上，当光标呈双向箭头时，按住鼠标左键将该角点向内拖至合适位置，放开鼠标即可缩小图片，如图4-21所示。

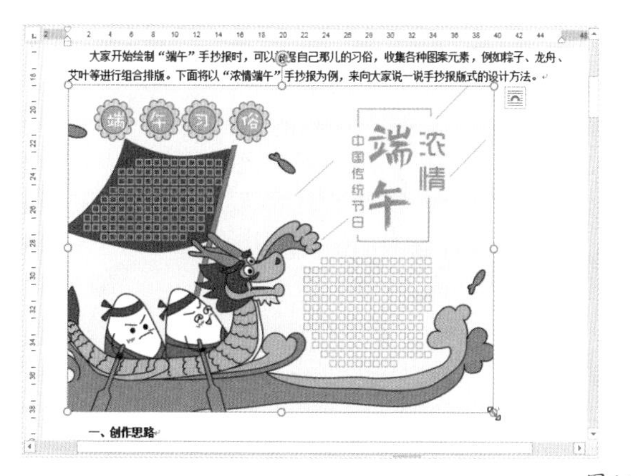

图4-21

将图片的对角点向外拖动可以放大图片。而对于像素比较低的图片，不建议用户将其放大，因为一旦放大后，图片会出现模糊不清的效果，从而影响美观度。

## 知识拓展

如果用户想要旋转图片，可以选中图片上方的旋转控制点，按住鼠标左键不放，向左或向右拖动旋转控制点即可。当然，用户也可以在“图片工具—格式”选项卡中单击“旋转对象”按钮来旋转图片。

### 2. 裁剪图片

想要对文档中的图片进行裁剪，可以通过以下两种方法进行操作。

（1）常规裁剪。选中图片，在“图片工具—格式”选项卡中单击“裁剪”按钮，此时图片四周会显示8个裁剪点，将光标放至所需的裁剪点上，按住鼠标左键不放，将其拖动到合适的位置，调整好图片的保留区域，如图4-22所示。调整完成后按回车键或再次单击“裁剪”按钮，即可完成图片的裁剪操作，如图4-23所示。

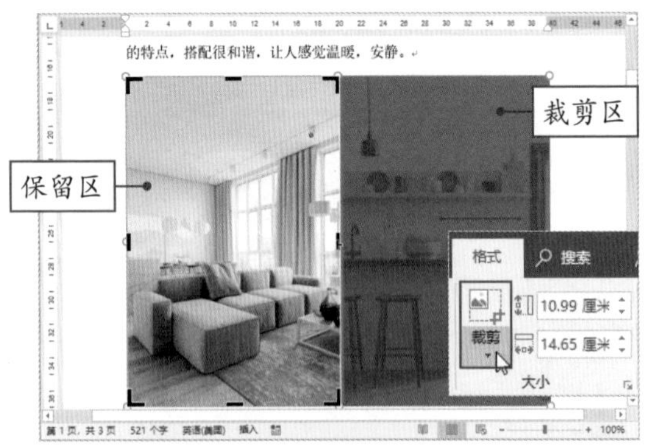

图4-22

图4-23

（2）裁剪为形状。同样选中图片，单击“裁剪”下拉按钮，从中选择“裁剪为形状”选项，在打开的列表中选择一款满意的形状，此时被选中的图片已被裁剪为该形状，如图4-24所示。

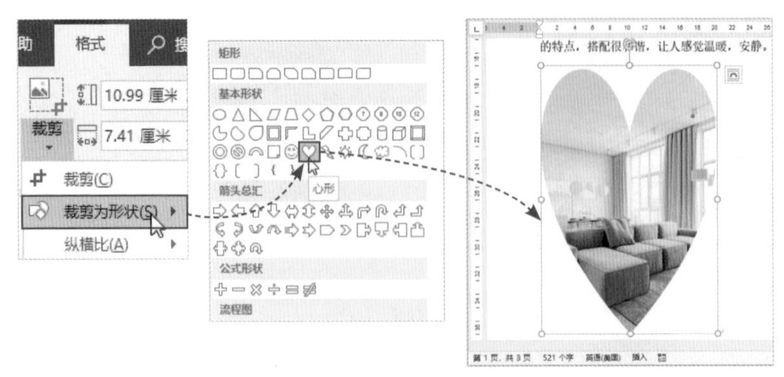


图4-24

将图片裁剪为形状，虽然能够美化图片、让图片显得与众不同，但是它需要根据文档版式的情况来操作。如果版式比较活泼，可以使用该方式来展示图片；但如果是常规版式，建议就不要使用这种方式了，否则会显得很不协调。

在“裁剪”列表中还有一个“纵横比”选项，这是什么意思啊？

“纵横比”选项是将图片按照一定的比例进行裁剪，如“4:3”“16:9”等。在打开的比例列表中选择所需的比例值就可以了。

### 3. 设置图片的排列方式

默认情况下，图片插入后会以嵌入的方式进行排列，如图4-25所示。如果用户认为这种方式不太合适，可以根据情况选择其他的排列方式，如图4-26所示。

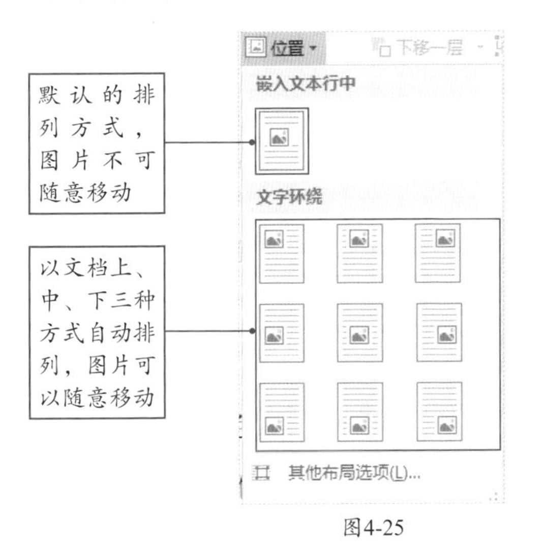


图4-25

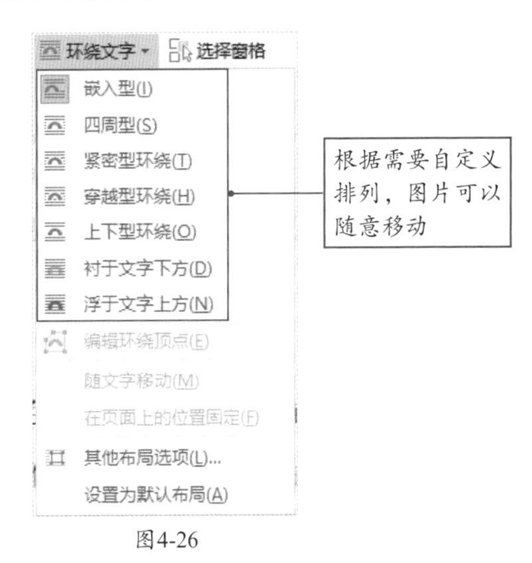


图4-26

选中图片，在“图片工具—格式”选项卡的“排列”选项组中单击“位置”或“环绕文字”下拉按钮，根据需要从中选择一种排列方式即可，如图4-27所示。

**知识拓展**

无论是在“位置”还是在“环绕文字”列表中，都有一项“其他布局选项”，选择它即可打开“布局”对话框。在该对话框中，用户可以对图片的“位置”“环绕方式”和“大小”进行详细的设置。

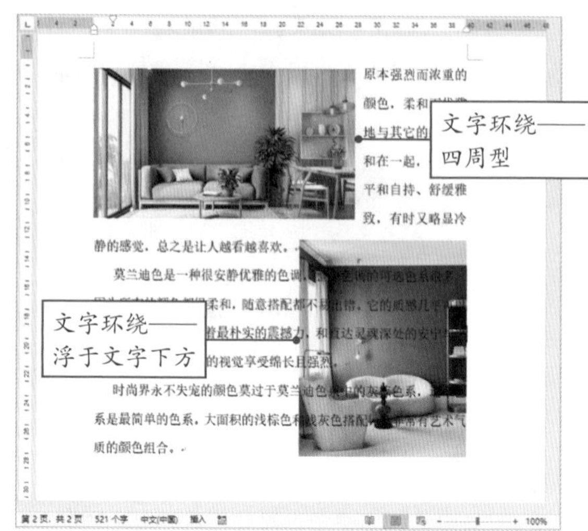


图4-27

## ■4.2.3　处理图片的显示效果

扫码观看视频

在Word中用户可以对插入的图片效果进行设置，如设置图片的亮度与对比度、设置图片色调、设置图片艺术效果和图片外观效果等。

选中图片，在“图片工具—格式”选项卡中单击“校正”下拉按钮，选择不同的选项即可调整图片的亮度及对比度，如图4-28所示。

图4-28

### 知识拓展

如果对设置的图片效果不满意，用户可以选择重置图片。选中图片，在“格式”选项卡中单击“重置图片”按钮即可快速清除当前图片的所有效果。如果发现当前图片不太合适，想要更换图片，那么只需在“格式”选项卡中单击“更改图片”按钮即可，这时图片的设置效果还是存在的，只不过更换了一张图片而已。

单击“颜色”下拉按钮，用户可以调整图片的色调，或者为图片重新上色，如图4-29所示。

图4-29

单击“艺术效果”下拉按钮，用户可以为图片添加一些特殊的效果，如铅笔素描、线条图等，如图4-30所示。

图4-30

在“图片样式”选项组中可以设置图片的外观效果，如图4-31所示。

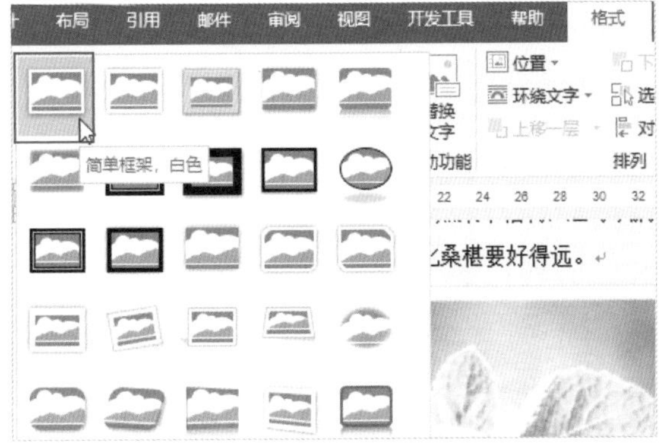

图4-31

## 知识拓展

如果对内置的图片样式不满意，用户还可以自定义图片样式。在“格式”选项卡的“图片样式”选项组中单击“图片边框”下拉按钮，可以调整图片的外边框样式，其中包括边框颜色、边框轮廓粗细等；单击“图片效果”下拉按钮，可以为图片添加阴影、映像、发光等效果。

除了以上的图片处理方法外，用户还可以使用“删除背景”功能为图片去除背景。选中所需图片，在“格式”选项卡中单击“删除背景”按钮，打开“背景消除”选项卡，此时图片中的紫色区域是要删除的区域，如图4-32所示。单击“标记要保留的区域”按钮，将图片中要保留的区域进行标记，完成后单击“保留更改”按钮即可完成背景删除操作，如图4-33所示。

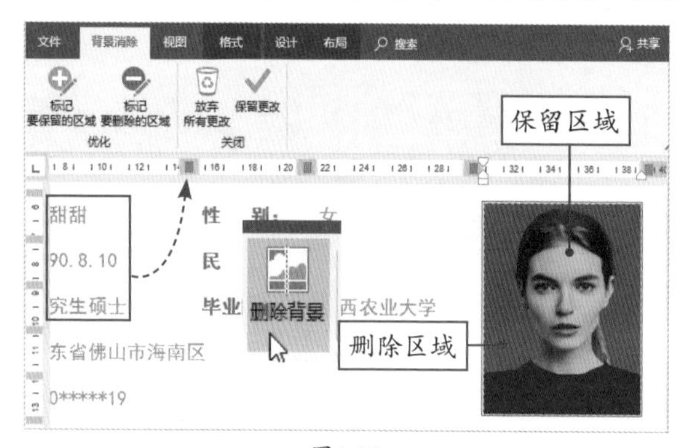


图4-32

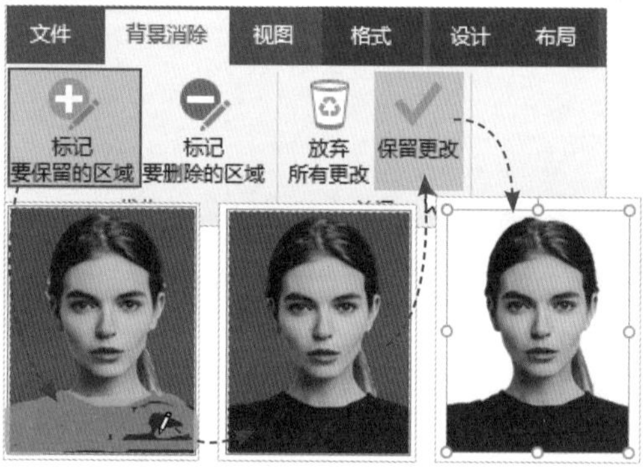

图4-33

# 4.3 实现图文混排的秘诀

制作图文混排的版式说起来容易，做起来确实有些难度。这要求制作者必须有一定的审美基础，而且还要具备很熟练的操作技能。虽然一些复杂的版式在Word中很难实现，但是对于一些简单的版式，Word是完全可以胜任的。

## ■4.3.1 文本框的重要性

文本框是图文混排版式中一个重要的元素。可以试想一下，如果想要在图片上输入文字，该如何操作呢？这时就要用到“文本框”功能了。利用文本框可以在文档中的任何位置输入文本内容。

在“插入”选项卡中单击“文本框”下拉按钮，从中选择一种文本框样式，这里选择“简单文本框”选项。插入一个简单文本框，删除文本框中的内容，输入所需的文本内容，并设置好文本格式，如图4-34所示。

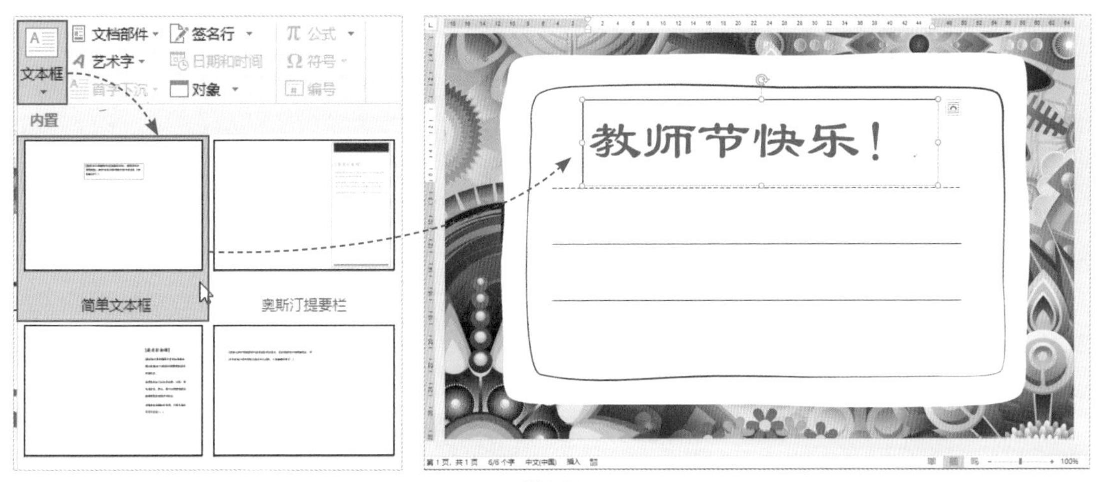


图4-34

选中文本框，在“绘图工具—格式”选项卡中单击“形状填充”下拉按钮，选择“无填充”选项，再单击“形状轮廓”下拉按钮，选择“无轮廓”选项，来调整文本框的样式，如图4-35所示。接下来再使用文本框，并按照上述方法在图片中添加正文内容即可，效果如图4-36所示。

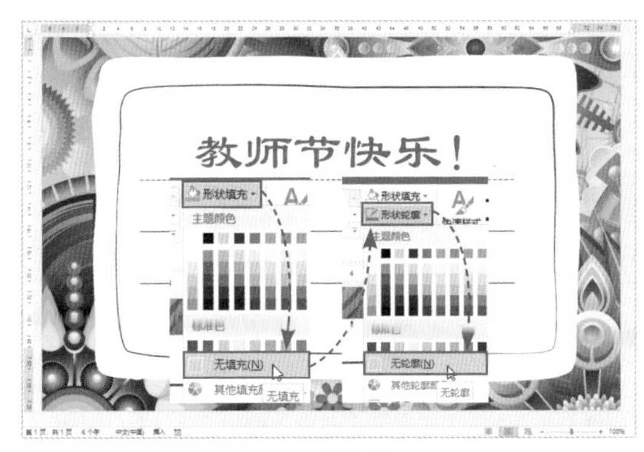


图4-35

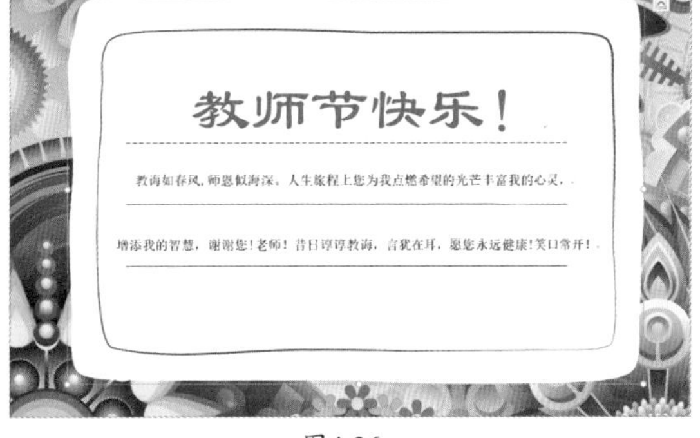


图4-36

如果想要调整文本框的位置，只需选中它，再将其拖至合适位置即可，非常灵活。

对于简单的文档排版，用户选择“简单文本框”就够了。如果想要丰富版式内容，可以选择其他样式的文本框或自定义文本框样式，如设置文本框的填充颜色、轮廓、效果等。用户可以在“形状样式”选项组中进行上述设置，如图4-37所示。

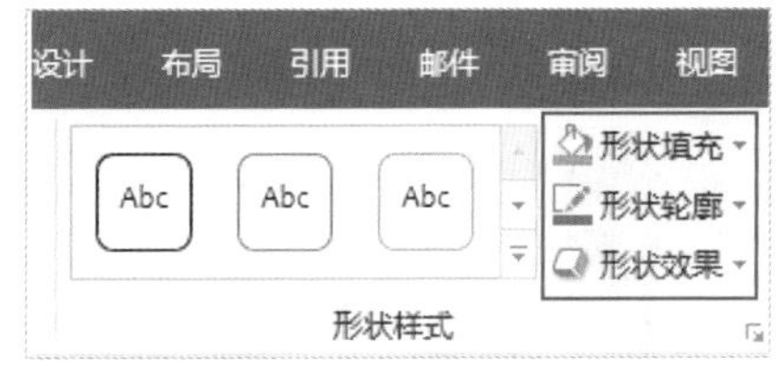


图4-37

张姐，我记得好像在Word中可以使用“艺术字”功能来输入文本，是吗？

是的。Word内置了很多的艺术字样式，在“插入”选项卡中单击“艺术字”下拉按钮，从中选择一款满意的样式就可以了。使用“艺术字”功能可以减少设计文本格式的时间。

提起文本框，不得不再提一下“形状”功能，利用“形状”功能可以在文档中插入各式各样的形状作为装饰。在“插入”选项卡中单击“形状”下拉按钮，从中选择合适的形状，然后使用拖拽鼠标的方法绘制该形状即可，如图4-38所示。

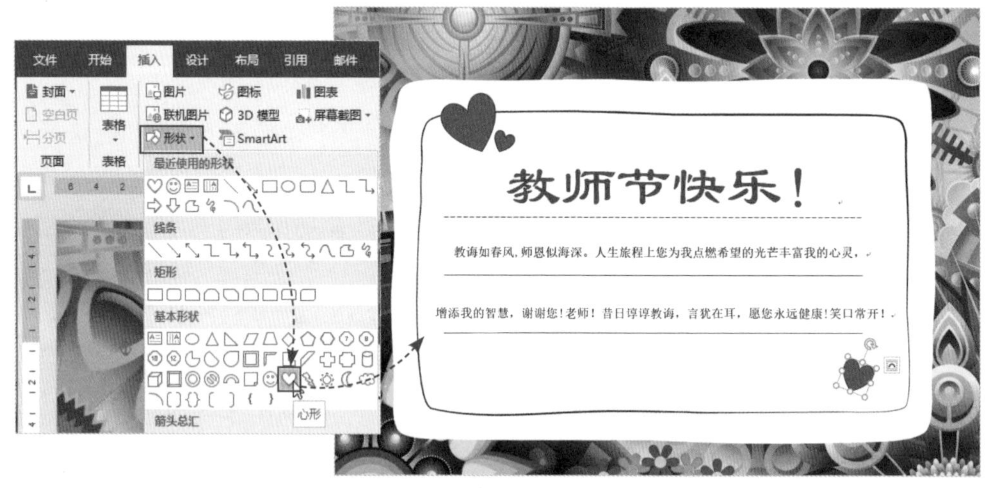


图4-38

选中插入的形状，在“绘图工具—格式”选项卡中，用户同样可以通过“形状填充”“形状轮廓”和“形状效果”这三个选项来美化形状，如图4-39所示。

图4-39

形状与文本框很相似，它们都可以根据需要随意摆放，不受限制。如果用户想要在形状中添加文字，那么只需右击形状，在快捷列表中选择“添加文字”选项即可，形状中的文字默认是居中显示的，如图4-40所示。

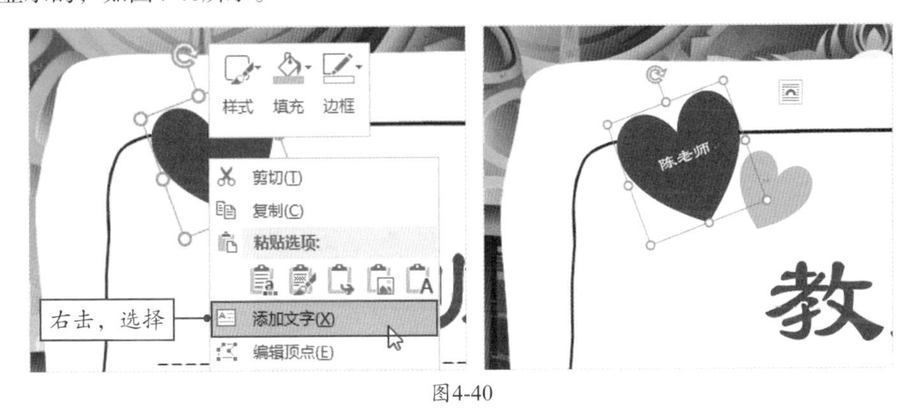


图4-40

**新手误区：** 对于一些轻松幽默类型的文档来说，适当地添加一些形状作为装饰可以活跃版面气氛。但对于正式严谨类型的文档来说，尽量不要用这些装饰元素。

## 4.3.2 通用型图文混排版式

图文混排的版式各种各样，但最终可以归纳为两类：一类是少图型版式，另一类是多图型版式。下面分别对这两类版式进行简单的介绍。

### 1. 少图型版式

在图片较少的情况下，做出漂亮的版式效果还是比较容易的。例如，文档中只有一张图片，那么只需将该图片放大，然后将文字内容进行分栏排列，整体效果就不一样了，如图4-41所示。

除此之外，用户还可以将图片放在文档的左侧或右侧，将文字内容进行通栏排列，也是一种不错的排版方式，如图4-42所示。

张姐，那如果文档本身就没有配图怎么办？

你可以根据文档的主题内容来为它进行配图。但是要记住这类图片一定要用高清大图。不建议使用分辨率较低的图片，否则效果会大打折扣的。

**事实证明，这样学 Excel 会更好**

刚入职时，我信心十足地和领导说，能熟练应用 Excel。真是初生牛犊不怕虎，就凭着学校里学的那点儿皮毛，就能打包票说会 Excel。结果事实教育了我。

当时为了一张数据清单，被上司冷处理了一段时间。事后才知道，原来我打印数据表时，没有将标题行重复显示在表头处，这样给别人带来麻烦不说，最主要的是很不专业。

经过这件事后，才发现自己是个门外汉。要想在公司站住脚，就必须提升自己的专业水平。于是趁工作空闲时，我经常逛贴吧和论坛，收集大神们分享的操作技巧。刷手机时，我只要看到哪有表格模板或学习资源就去抢。

但时间一长，我发现自己收集了那么多技巧和知识，真正能用到的却几乎没有。工作中该会的还是不会，总是会为了一个小问题，弄得心力交瘁。

后来经人提醒才知道是自己的学习方法不对，总是依靠网上零散的知识点来学习，这样学得快，忘得也快。不如静下心来看一本好的 Excel 教程书，将知识点系统地学一遍，这样学习的效率会高很多。于是我删除了之前搜集的所有资料，重新踏上了 Excel 学习路。

真有这么神吗？当然，只要掌握到学习方法，效率高是必然的。

这里给初学者一个建议，看教程书时，最好带着问题去学习。因为只学习理论知识而不实际应用，忘记的概率会很高，这样的学习就大打折扣了。而如果带着问题去学习，除了能更好地理解一个知识点，更重要的是能从操作中学到处理问题的思维方法。

想学 Excel，除了看书学习之外，最好能找到一位好师傅。因为在师傅的指点下，可以少走弯路，这才是最聪明的学习方式。

图4-41

**事实证明，这样学 Excel 会更好**

刚入职时，我信心十足地和领导说，能熟练应用 Excel。真是初生牛犊不怕虎，就凭着学校里学的那点儿皮毛，就能打包票说会 Excel。结果事实教育了我。

当时为了一张数据清单，被上司冷处理了一段时间。事后才知道，原来我打印数据表时，没有将标题行重复显示在表头处，这样给别人带来麻烦不说，最主要的是很不专业。

经过这件事后，才发现自己是个门外汉。要想在公司站住脚，就必须提升自己的专业水平。于是趁工作空闲时，我经常逛贴吧和论坛，收集大神们分享的操作技巧。刷手机时，我只要看到哪有表格模板或学习资源就去抢。

但时间一长，我发现自己收集了那么多技巧和知识，真正能用到的却几乎没有。工作中该会的还是不会，总是会为了一个小问题，弄得心力交瘁。

后来经人提醒才知道是自己的学习方法不对，总是依靠网上零散的知识点来学习，这样学得快，忘得也快。不如静下心来看一本好的 Excel 教程书，将知识点系统地学一遍，这样学习的效率会高很多。于是我删除了之前搜集的所有资料，重新踏上了 Excel 学习路。

真有这么神吗？当然，只要掌握到学习方法，效率高是必然的。

这里给初学者一个建议，看教程书时，最好带着问题去学习。因为只学习理论知识而不实际应用，忘记的概率会很高，这样的学习就大打折扣了。而如果带着问题去学习，除了能更好地理解一个知识点，更重要的是能从操作中学到处理问题的思维方法。

图4-42

文档中如果含有2～3张图片，那么用户可以将图片以文字环绕的方式插入文档中，如图4-43所示。或者将文本内容分栏，将图片以默认的嵌入方式插入文档即可，如图4-44所示。

**事实证明，这样学 Excel 会更好**

刚入职时，我信心十足地和领导说，能熟练应用 Excel。真是初生牛犊不怕虎，就凭着学校里学的那点儿皮毛，就能打包票说会 Excel。结果事实教育了我。

当时为了一张数据清单，被上司冷处理了一段时间。事后才知道，原来我打印数据表时，没有将标题行重复显示在表头处，这样给别人带来麻烦不说，最主要的是很不专业。

经过这件事后，才发现自己是个门外汉。要想在公司站住脚，就必须提升自己的专业水平。于是趁工作空闲时，我经常逛贴吧和论坛，收集大神们分享的操作技巧。刷手机时，我只要看到哪有表格模板或学习资源就去抢。

但时间一长，我发现自己收集了那么多技巧和知识，真正能用到的却几乎没有。工作中该会的还是不会，总是会为了一个小问题，弄得心力交瘁。

后来经人提醒才知道是自己的学习方法不对，总是依靠网上零散的知识点来学习，这样学得快，忘得也快。不如静下心来看一本好的 Excel 教程书，将知识点系统地学一遍，这样学习的效率会高很多。于是我删除了之前搜集的所

EXCEL
到底有什么好学的

图4-43

**事实证明，这样学 Excel 会更好**

刚入职时，我信心十足地和领导说，能熟练应用 Excel。真是初生牛犊不怕虎，就凭着学校里学的那点儿皮毛，就能打包票说会 Excel。结果事实教育了我。

当时为了一张数据清单，被上司冷处理了一段时间。事后才知道，原来我打印数据表时，没有将标题行重复显示在表头处，这样给别人带来麻烦不说，最主要的是很不专业。

经过这件事后，才发现自己是个门外汉。要想在公司站住脚，就必须提升自己的专业水平。于是趁工作空闲时，我经常逛贴吧和论坛，收集大神们分享的操作技巧。刷手机时，我只要看到哪有表格模板或学习资源就去抢。

但时间一长，我发现自己收集了那么多技巧和知识，真正能用到的却几乎没有。工作中该会的还是不会，总是会为了一个小问题，弄得心力交瘁。

后来经人提醒才知道是自己的学习方法不对，总是依靠网上零散的知识点来学习，这样学得快，忘得也快。不如静下心来看一本好的 Excel 教程书，将知识点系统地学一遍，这样学习的效率会高很多。于是我删除了之前搜集的所有资料，重新踏上了 Excel 学习路。

真有这么神吗？当然，只要掌握学习方法，效率高是必然的。

这里给初学者一个建议，看教程书时，最好带着问题去学习。因为只学习理论知识而不实际应用，忘记的概率会很高，这样的学习就大打折扣了。而如果带着问题去学习，除了能更好地理解一个知识点，更重要的是能从操作中学到处理问题的思维方法。

EXCEL
数据处理与分析
—— 效率提升精品课

新手轻松学Excel
小白脱白教程

Excel
极速 公式与函数 入门到精通

图4-44

### 2. 多图型版式

多图型版式相对就比较复杂一些，但用户只要找对方法，依然可以轻松完成。在Word中有一项“图片版式”功能可以专门用来解决多图排版的问题。

将图片以“浮于文字上方”的方式插入，全选所有图片，在“图片工具—格式”选项卡中单击“图片版式”下拉按钮，从中选择一种合适的版式，此时被选中的图片会自动以该版式呈现，如图4-45所示。

图4-45

适当调整该版式的大小，并将其以“嵌入型”的方式排列。单击版式中的“[文本]”字样，可以输入文字内容，如图4-46所示。全选图片，在“SmartArt工具—格式”选项卡中单击“形状轮廓”下拉按钮，选择“无轮廓”选项即可取消显示图片的边框，如图4-47所示。

图4-46

图4-47

**新手误区：** 使用“图片版式”功能对图片进行排版后，如果想要更换图片，可以先将原图片删除，此时原图片的位置会生成一个图片占位符，单击该占位符，打开“插入图片”对话框，在此选择新图片插入即可。

# 综合实战

## 4.4 制作企业员工费用报销明细

费用报销对于员工来说是再平常不过的事。通常财务部门会制作一份报销流程文档，供员工参考，让一些不了解报销细节的员工能够按照文档中的要求，顺利地完成报销工作。那到底什么样的文档才能让员工一目了然？下面就以制作“企业员工费用报销明细”文档为例，来介绍具体的操作方法。

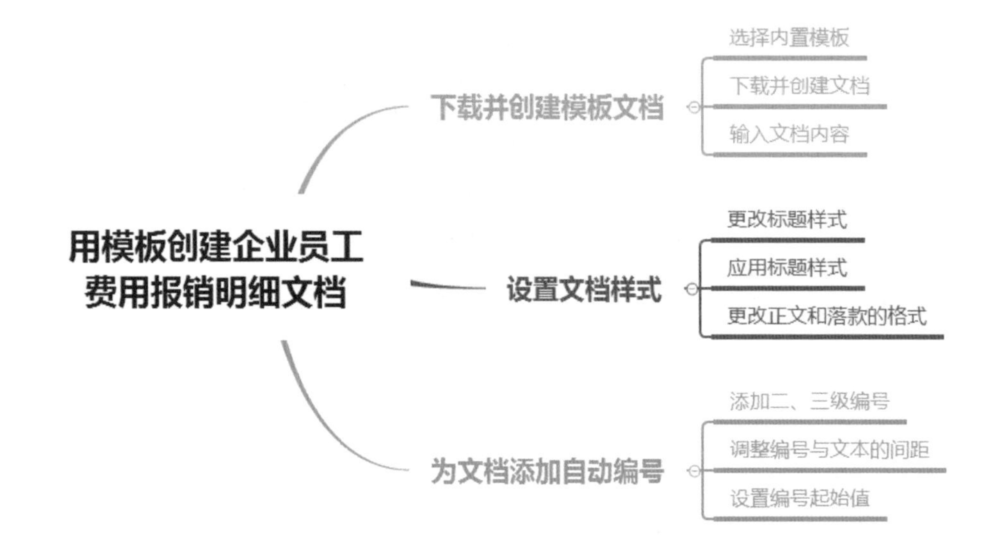


### 4.4.1 用模板创建费用报销明细文档

扫码观看视频

在制作文档前，如果把握不了文档的整体版式效果，可以利用模板来创建，这样操作可以节省用户反复调整页面版式的时间。

**Step 01 下载并打开内置模板文档。**启动Word文档，在“新建”界面中选择一份模板文档，这里选择“极简技术信头”模板，单击“创建”按钮，下载并打开该模板文档，如图4-48所示。

**Step 02 保存文档。**页面设置完成后，用户需要先对文档进行一次“另存为”操作，以便后期直接按组合键Ctrl+S进行保存。

**Step 03 删除模板内容。**删除模板中所有的文本内容，只保留文档底纹，如图4-49所示。

**Step 04 输入文档内容。**在文档中输入报销明细的具体内容，包括标题、正文及落款，如图4-50所示。

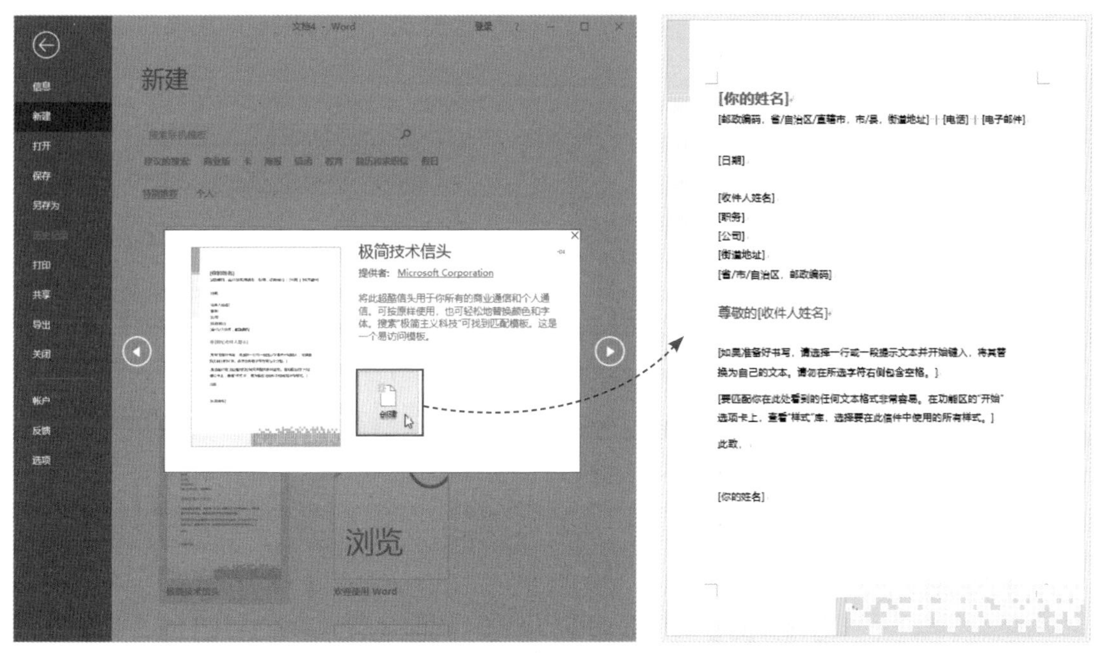


图4-48

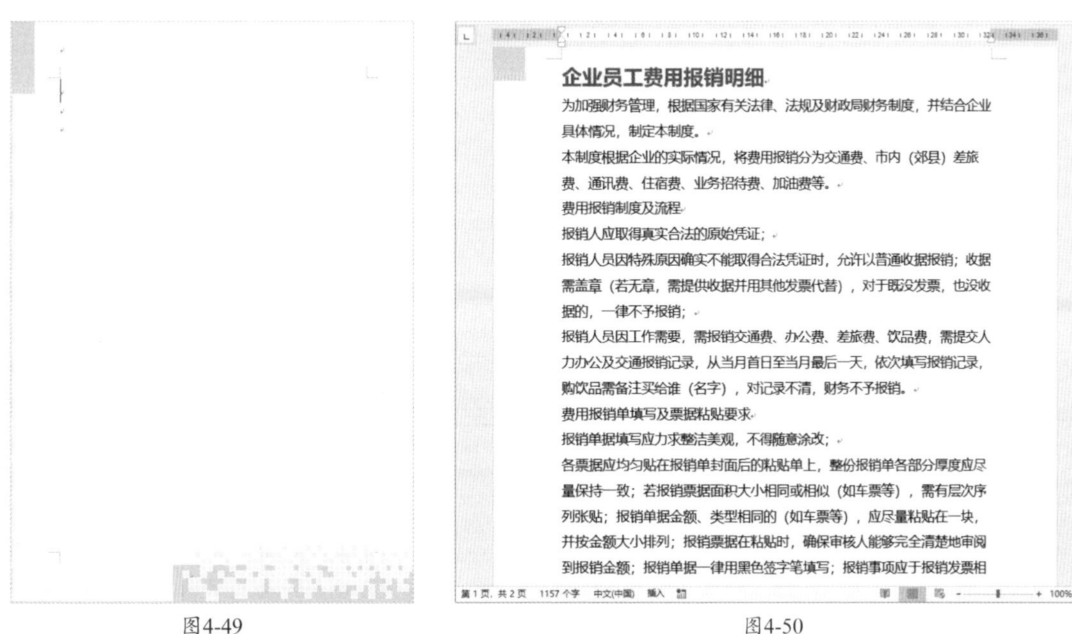


图4-49　　　　　　　　　　　　图4-50

**Step 05** **更改标题样式。**该模板已经设定好了文档样式，用户只需对这些样式进行修改即可。首先更改标题样式，在“样式”列表中右击“名称”样式，选择“修改”选项，在打开的“修改样式”对话框中进行修改操作，如图4-51所示。

图4-51

**Step 06** **更改“标题2”样式。**在“样式”列表中右击“标题2”样式，按上述步骤对其进行修改，如图4-52所示。

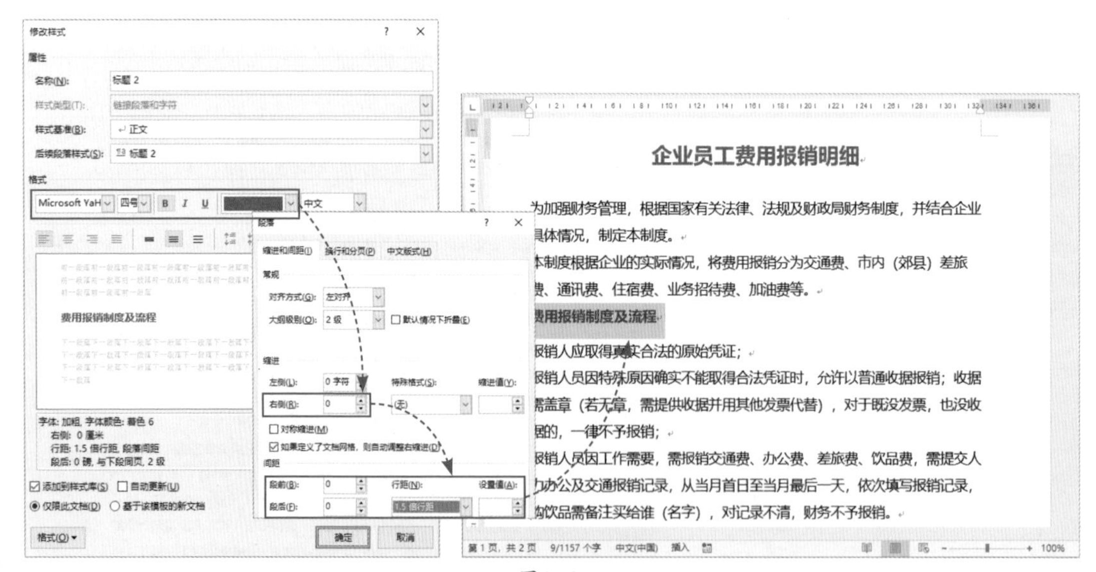


图4-52

**Step 07** **将样式应用于其他二级标题。**使用“格式刷”功能，将“标题2”样式应用到文档中的其他二级标题。

**Step 08** **更改正文和落款格式。**选中文档中的正文内容，将字体更改为“宋体”，将段落“行距”更改为“1.5倍”。同时将落款文本加粗显示，并设置好字体颜色，将其“段前”值设为“3”，效果如图4-53所示。

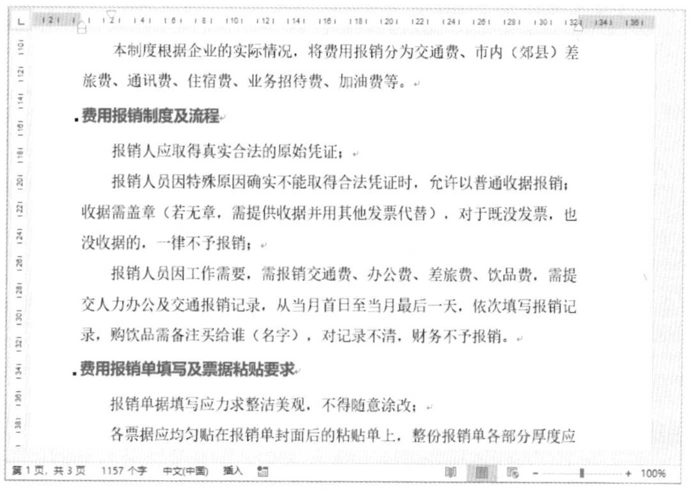
本制度根据企业的实际情况，将费用报销分为交通费、市内（郊县）差旅费、通讯费、住宿费、业务招待费、加油费等。

**费用报销制度及流程**

报销人应取得真实合法的原始凭证；

报销人员因特殊原因确实不能取得合法凭证时，允许以普通收据报销；收据需盖章（若无章，需提供收据并用其他发票代替），对于既没发票，也没收据的，一律不予报销；

报销人员因工作需要，需报销交通费、办公费、差旅费、饮品费，需提交人力办公及交通报销记录，从当月首日至当月最后一天，依次填写报销记录，购饮品需备注买给谁（名字），对记录不清，财务不予报销。

**费用报销单填写及票据粘贴要求**

报销单据填写应力求整洁美观，不得随意涂改；

各票据应均匀贴在报销单封面后的粘贴单上，整份报销单各部分厚度应

第 1 页，共 3 页　1157 个字　中文(中国)　插入　100%

图4-53

**Step 09** **添加二级编号。**选中文档中所有的二级标题，单击“编号”下拉按钮，选择一种编号样式，为二级标题添加编号，如图4-54所示。

**Step 10** **添加三级编号。**选中文档中所有的三级编号内容，同样在“编号”列表中选择编号样式，为其添加三级编号，如图4-55所示。

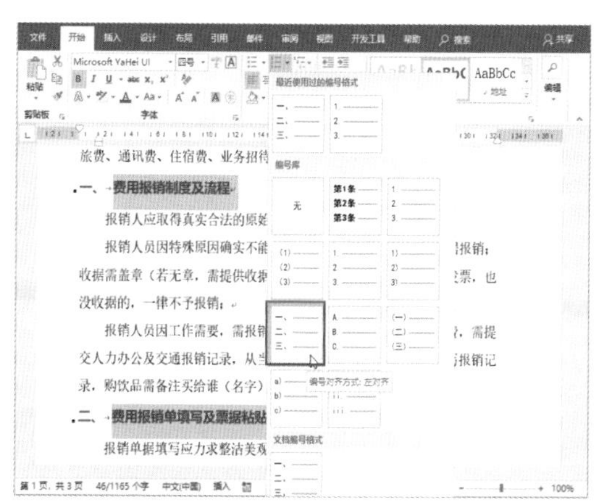

图4-54

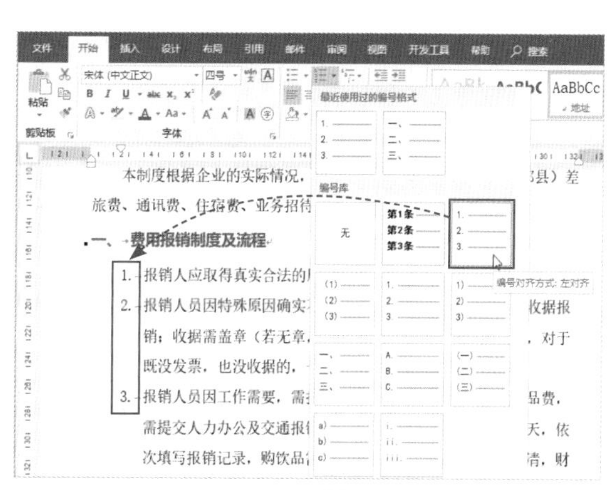

图4-55

**Step 11** **调整编号与文本间距。**将三级编号内容保持选中状态，右击并选择“调整列表缩进”选项，在“调整列表缩进量”对话框中进行具体的调整操作，如图4-56所示。

张姐，我看到网上好多模板文档都做得非常漂亮，那些文档真是用Word做出来的吗？

当然，Word的主要功能就是文档的排版呀！

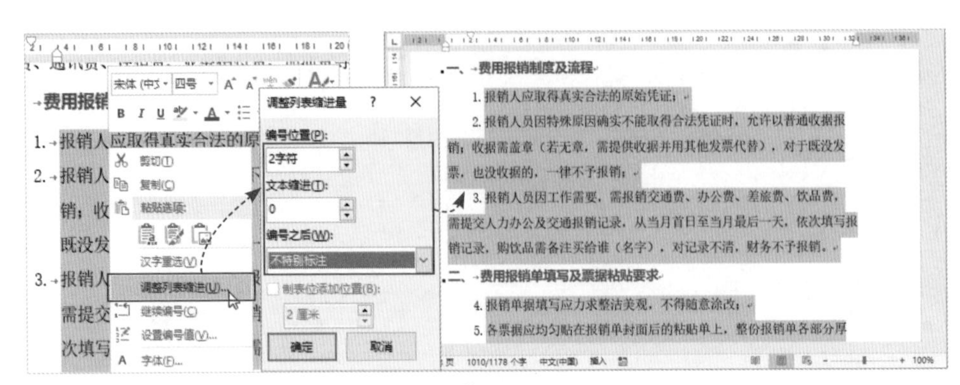


图4-56

**Step 12** **调整编号起始值。**将光标放置在“4.”编号后，右击并选择“设置编号值”选项，打开“起始编号”对话框，在“值设置为”文本框中输入“1”，单击“确定”按钮，如图4-57所示。

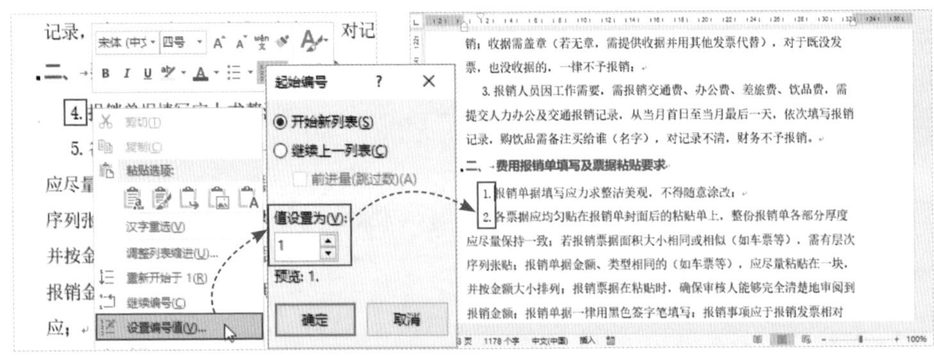


图4-57

**Step 13** **调整其他编号值。**以同样的操作方法调整其他编号起始值。至此，企业员工费用报销文档样式就调整完毕了。

## ■4.4.2 为文档添加费用报销流程图

扫码观看视频

文档格式调整完成后，为了能够让员工更加直观地了解费用报销的步骤，可以在文档中插入相应的流程图。那么，费用报销流程图该如何制作呢？下面介绍具

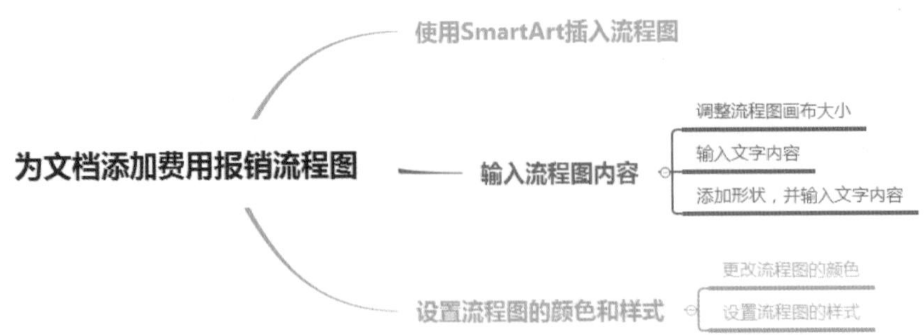

**Step 01 使用SmartArt功能插入流程图。**将光标放置在“费用报销制度及流程”段落末尾处，按回车键另起一行。在“插入”选项卡中单击“SmartArt”按钮，在打开的对话框中选择一种流程图样式，单击“确定”按钮即可插入该流程图，如图4-58所示。

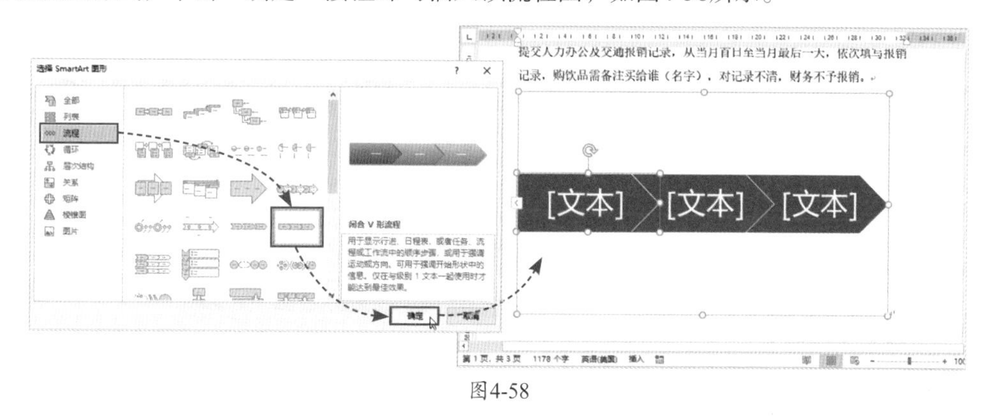


图4-58

**Step 02 调整流程图画布大小。**选中插入的流程图，使用拖拽鼠标的方法缩小其画布大小，如图4-59所示。

**Step 03 输入流程图文字。**单击流程图中的“[文本]”字样，输入相应的文字内容，如图4-60所示。

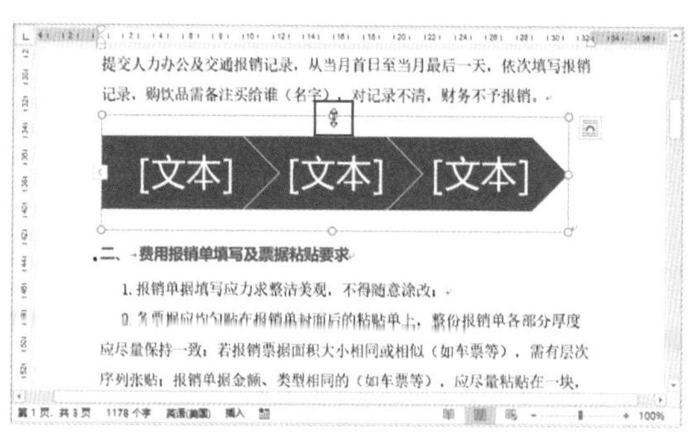


图4-59

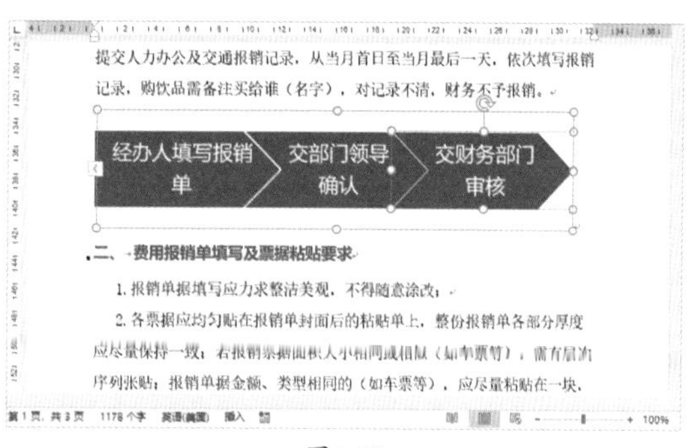


图4-60

## 知识拓展

画布相当于一个占位框，在这个方框中用户可以对里面的形状进行统一管理和操作。在Word中是可以单独创建一个画布的，在“插入”选项卡中单击“形状”下拉按钮，选择“新建画布”选项即可。一般来说，只有在绘制流程图时会自建画布。如果用户只是绘制某个简单的形状，则无需创建画布。

**Step 04 添加形状。**选中流程图的最后一个形状，在“设计”选项卡中单击“添加形状”下拉按钮，从中选择“在后面添加形状”选项，此时在流程图中会添加一个新形状，如图4-61所示。

**Step 05 输入文字内容。**右击形状，在快捷菜单中选择“编辑文字”选项，在新形状中输入文字内容，如图4-62所示。

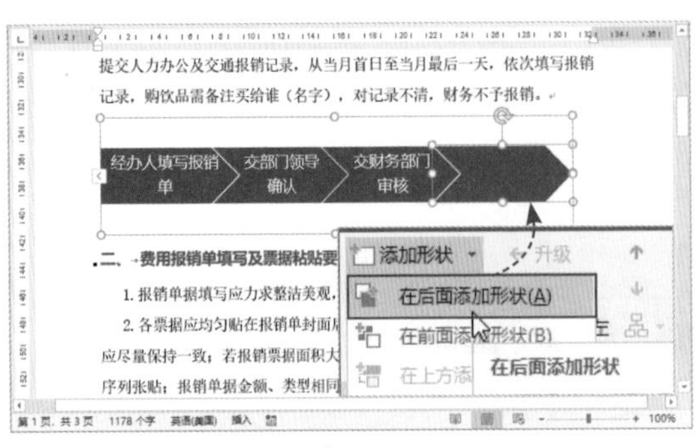
图4-61

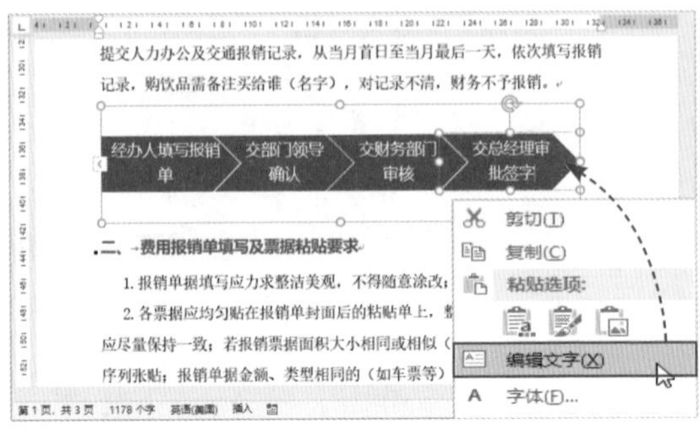
图4-62

**Step 06 输入流程图的其他文本内容。**按照上述添加形状的方法，再为流程图添加一个形状并输入内容，如图4-63所示。

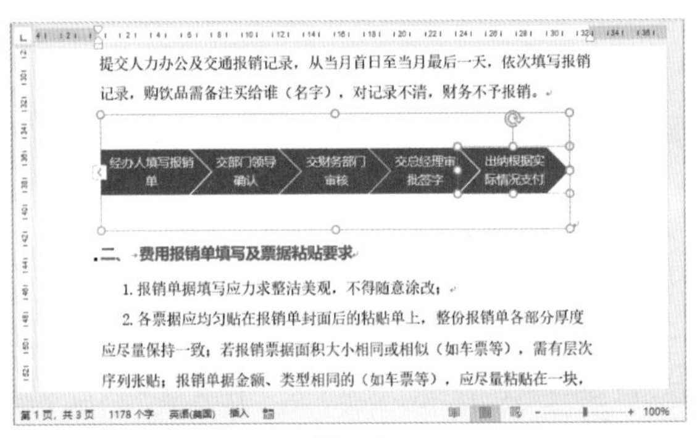
图4-63

**Step 07 更改流程图的颜色。**在“设计”选项卡中单击“更改颜色”下拉按钮，从中选择一种满意的颜色，即可更改当前流程图的颜色，如图4-64所示。

**Step 08 设置流程图的样式。**在“设计”选项卡的“SmartArt样式”选项组中选择一种满意的样式即可，如图4-65所示。

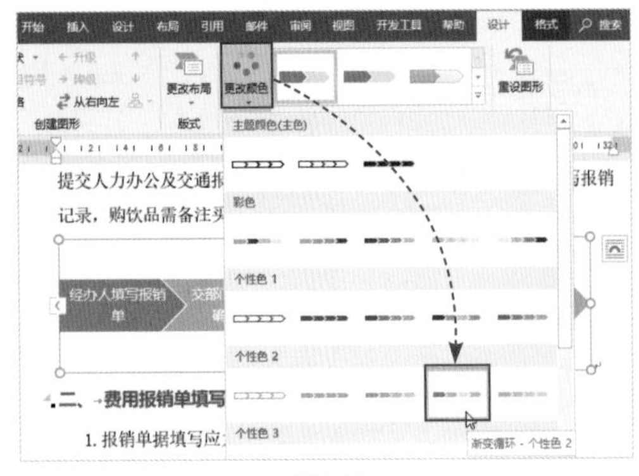
图4-64

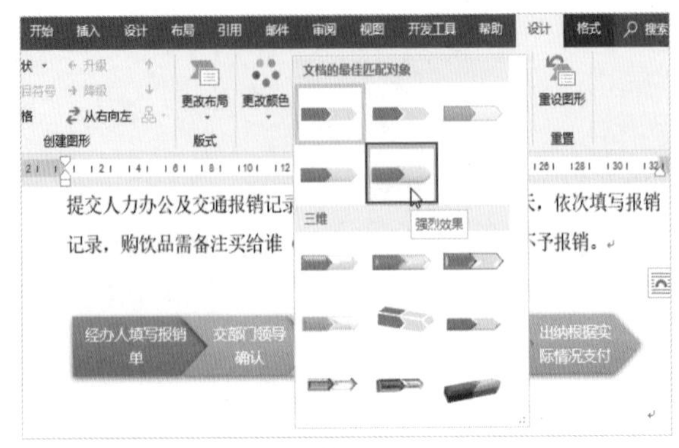
图4-65

**新手误区：** 一般情况下，在“SmartArt样式”选项组中要慎用三维样式，因为该样式占位空间比较大，如果没有足够的空间，建议不要选择该样式。除此之外，该样式的风格比较另类，不好控制。

**Step 09 完成流程图的制作。** 适当调整一下流程图画布的大小。至此，费用报销流程图已经制作完成，效果如图4-66所示。

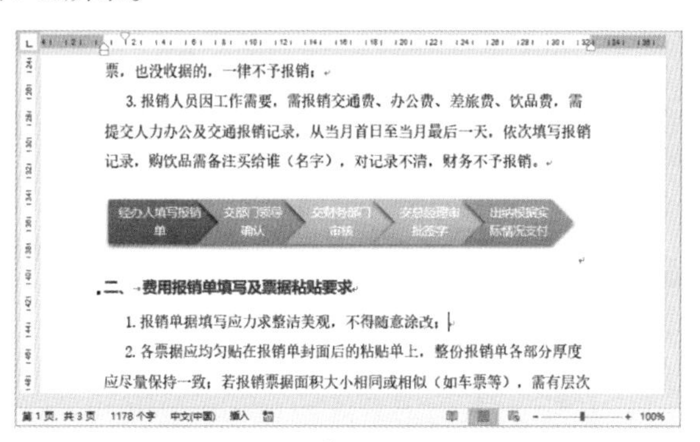

图4-66

## 4.4.3 为文档添加费用报销发票示意图

在文档中添加一些示意图片，能够帮助用户快速理解文档内容。下面将为报销文档加入发票示意图，以便员工明确具体的报销细节。

**Step 01 插入“报销单”图片。** 将光标放置在“二、费用报销单填写及票据粘贴要求”段落中的任意位置，将“报销单”图片直接拖入文档中即可，如图4-67所示。

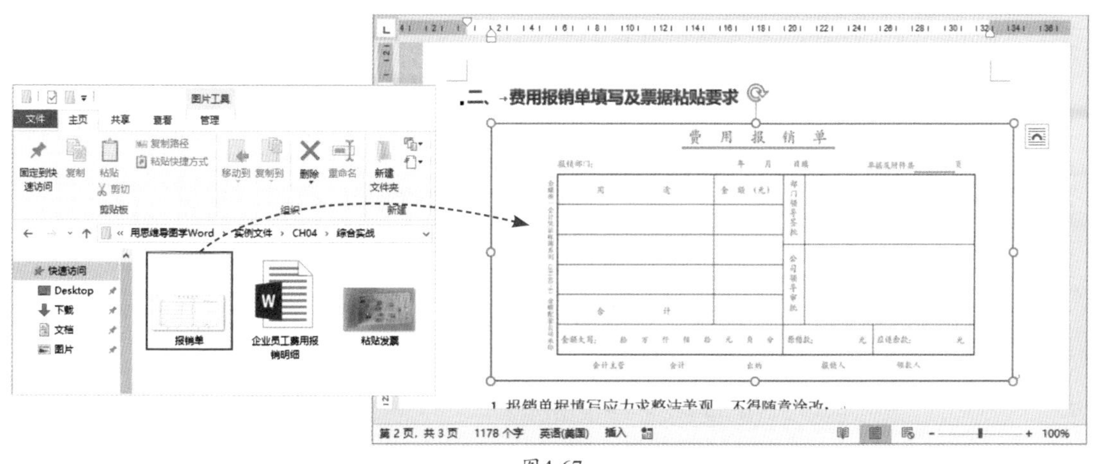

图4-67

**Step 02 调整图片的大小。** 选中插入的报销单图片，将光标移动至图片任意一个对角控制点上，使用拖拽鼠标的方法向内拖动控制点至合适位置，即可缩小该图片，如图4-68所示。

**Step 03 设置图片的排列方式。** 选中该图片，右击，选择“环绕文字”选项，并在其级联菜单中选择“四周型”选项，然后将图片摆放至合适位置，如图4-69所示。

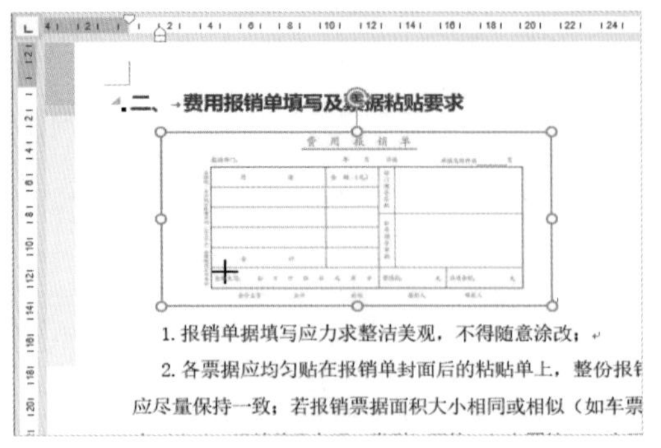


图4-68

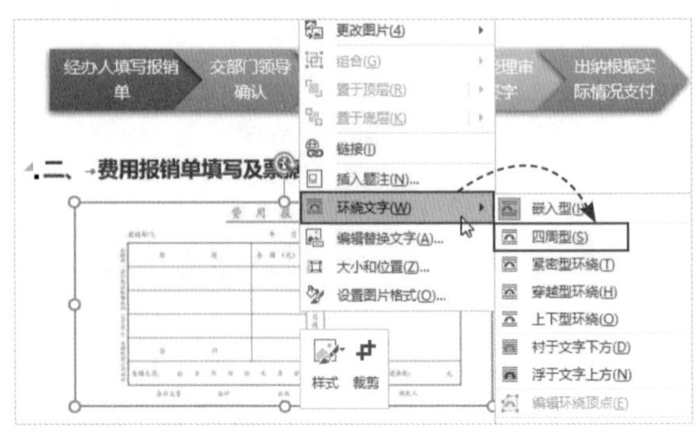


图4-69

**Step 04 插入“粘贴发票”示意图片。**按照上述方法，将“粘贴发票”图片插入到文档中，同时将其排列方式设为“四周型”，再将其放置到合适的位置，如图4-70所示。

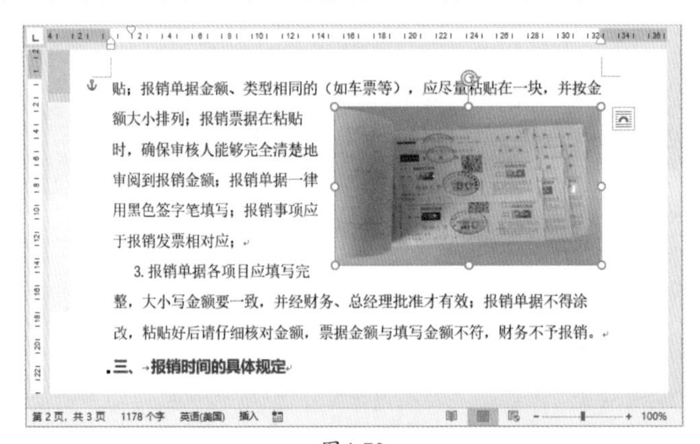


图4-70

**Step 05 调整图片亮度及对比度。**选中该图片，在“格式”选项卡中单击“校正”下拉按钮，将亮度和对比度都设为“+20%”，如图4-71所示。

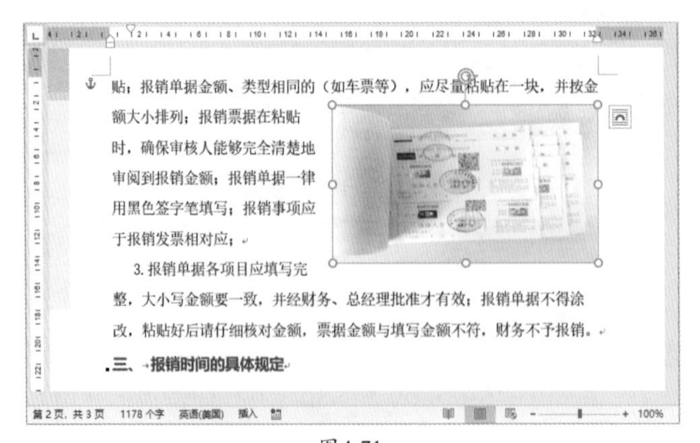


图4-71

**Step 06** **调整图片色调。**在“格式”选项卡中单击“颜色”下拉按钮，将“色调”设为“色温：7200K”，让该图片的色调偏暖一些，如图4-72所示。至此，报销单据示意图添加完毕。

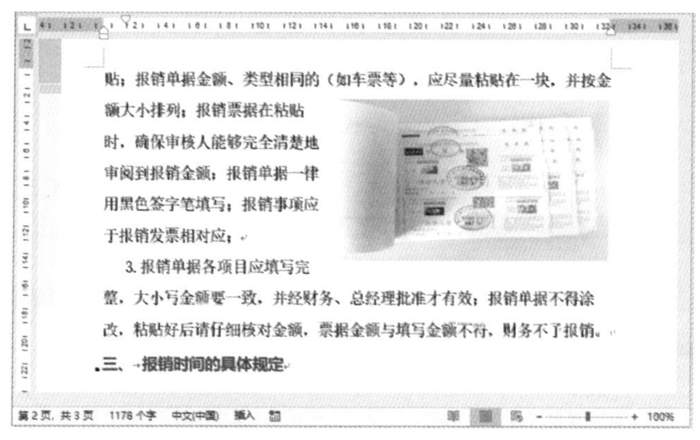

图4-72

**新手误区：**对于严谨型的文档，其图片样式不宜设置得太花哨，应以简单、大方为主；否则会给人不稳重、轻佻的感觉。

## 4.4.4 为费用报销文档添加页眉、页脚

为了丰富文档内容，可以为文档添加页眉和页脚，具体操作方法如下。

**Step 01** **插入页眉内容。**双击文档顶部的页眉区域，进入页眉编辑状态。在光标处输入页眉文本内容，并设置好其字体格式，如图4-73所示。

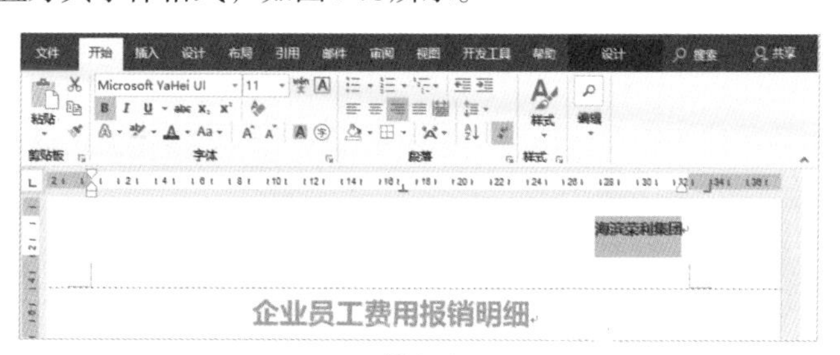

图4-73

**Step 02** **调整页眉位置。**在“页眉和页脚工具—设计”选项卡的“位置”选项组中将页眉距离设为“2厘米”，如图4-74所示。

图4-74

**Step 03 添加形状装饰页眉。** 在“插入”选项卡中单击“形状”下拉按钮，选择“直线”选项，在页眉前绘制两条垂直线以装饰页眉，如图4-75所示。

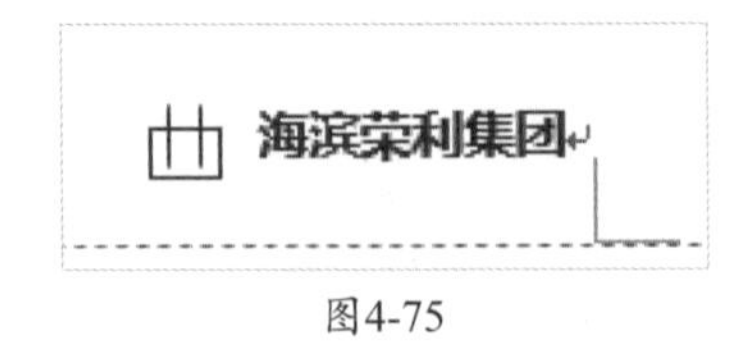


图4-75

**Step 04 设置直线粗细值。** 选中第一条垂直线，在“绘图工具—格式”选项卡中单击“形状轮廓”下拉按钮，选择“粗细”选项，并在级联菜单中选择“4.5磅”选项，加粗该直线，如图4-76所示。

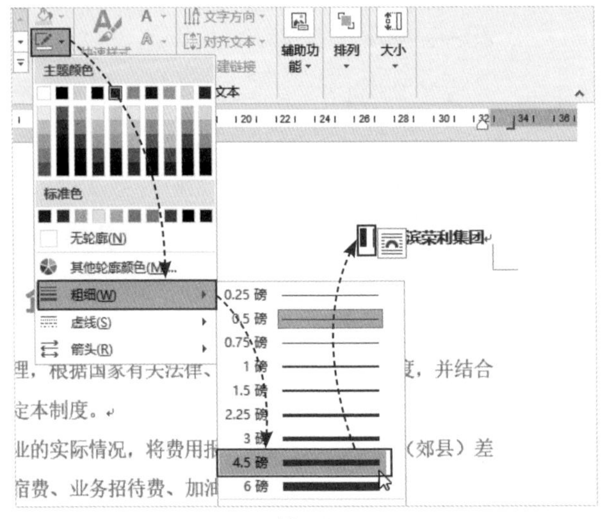


图4-76

**Step 05 添加页脚内容。** 在“页眉和页脚工具—设计”选项卡中单击“转至页脚”按钮，切换到页脚区域。单击“页脚”下拉按钮，选择一种页脚样式，如图4-77所示。

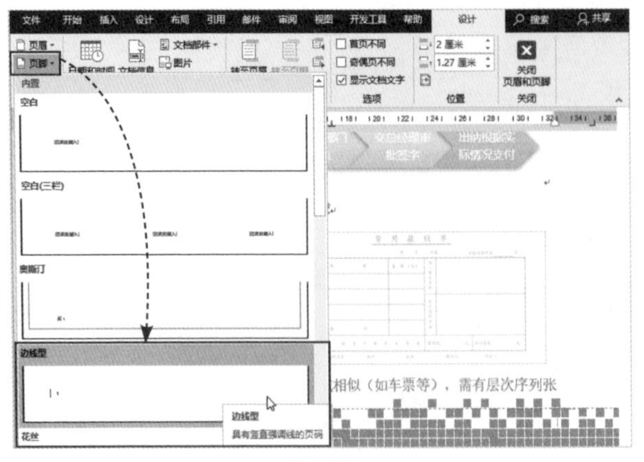


图4-77

**Step 06 调整页脚位置。**在“位置”选项组中将页脚设为“1.3厘米”，并使用标尺调整文本的缩进距离，如图4-78所示。

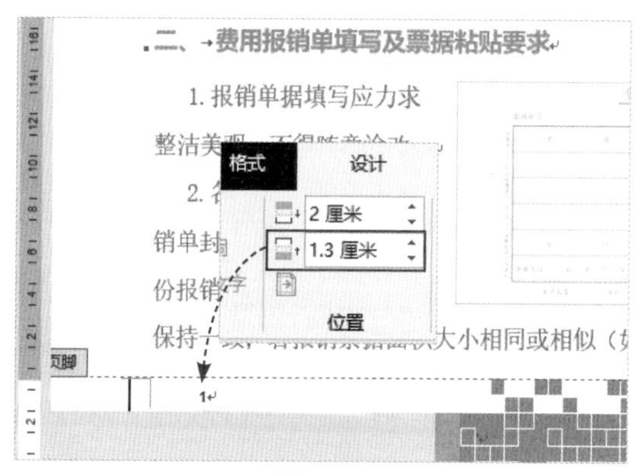


图4-78

**Step 07 查看最终效果。**页脚设置完成后，单击“关闭页眉和页脚”按钮，退出页眉页脚编辑状态。至此，企业员工费用报销明细文档就制作完成了，最终效果如图4-79所示。

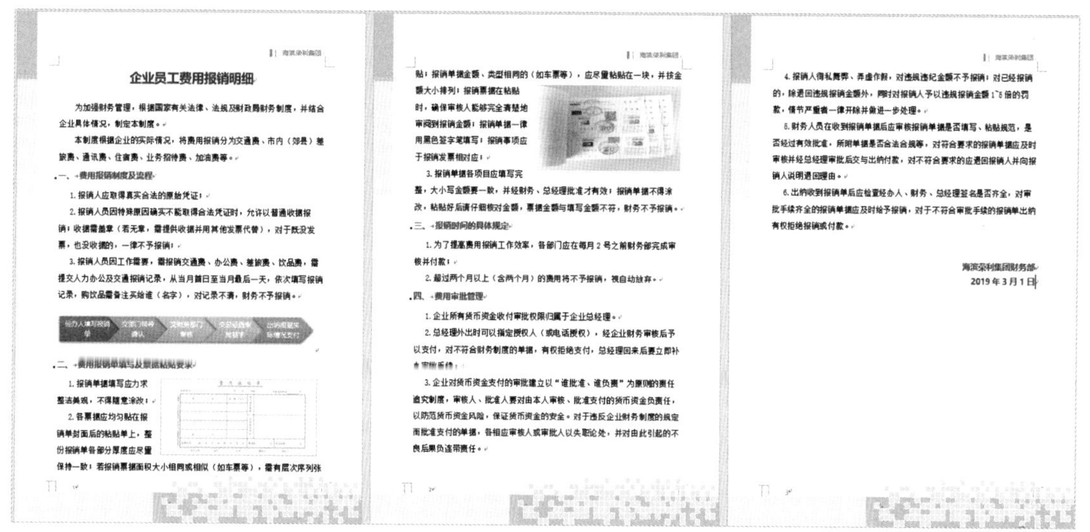


图4-79

# 课后作业

通过对本章内容的学习，相信大家应该对图文混排文档有了一定的了解。为了巩固本章所学的知识，大家可以根据以下的思维导图为“家居配色——莫兰迪色”文档进行排版。

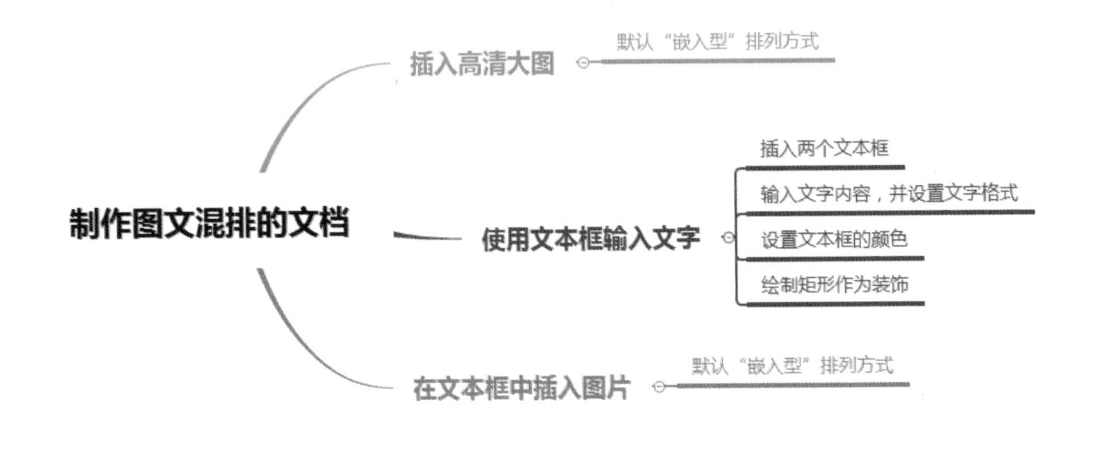


NOTE

Tips

大家在学习的过程中如有疑问，可以加入学习交流群（QQ群号：737179838）进行交流。

Word

# 第5章 别以为表格只能用来处理数据

Word表格也能够进行数据计算?

嗯，是的。很多人听到表格，会很自然地联想到Excel电子表格。在数据处理、分析方面，Excel的实力确实不可小觑。而对于简单的计算及信息统计，则没必要动用Excel，Word就能够轻松地解决。

从这章标题来看，Word表格好像除了处理数据外，还能做其他的事?

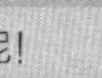

当然，Word表格除了能进行简单的运算外，还能对文档进行排版呢!

哦，这我还真是第一次听说。

第4章讲的那些图文混排的版式，利用Word表格同样可以做出来。

长知识了！我以前还真是小看Word表格了。

那么就准备好小板凳，开始听课吧!

## 思维导图

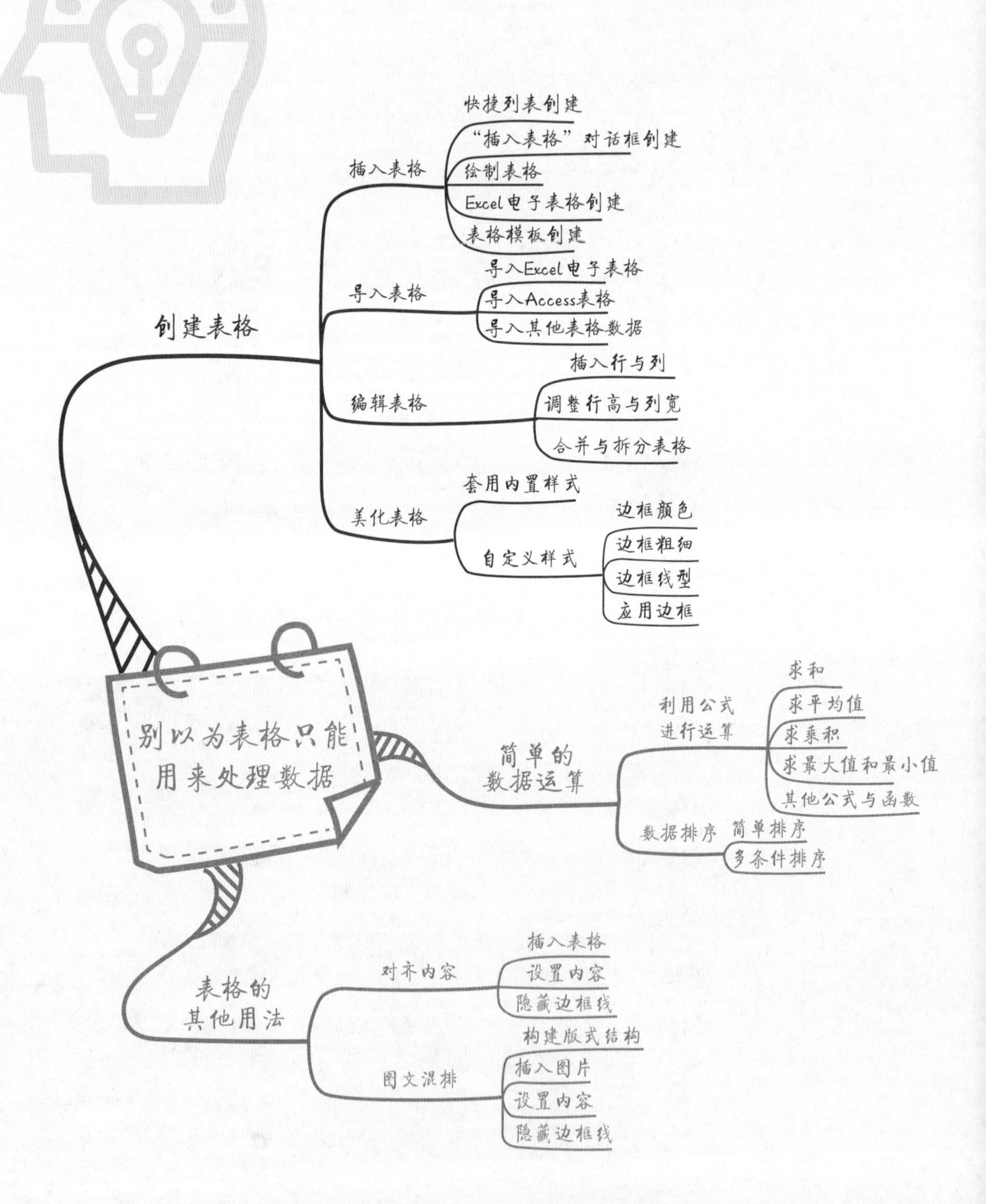

别以为表格只能用来处理数据
创建表格
插入表格
快捷列表创建
"插入表格"对话框创建
绘制表格
Excel电子表格创建
表格模板创建
导入表格
导入Excel电子表格
导入Access表格
导入其他表格数据
编辑表格
插入行与列
调整行高与列宽
合并与拆分表格
美化表格
套用内置样式
自定义样式
边框颜色
边框粗细
边框线型
应用边框
简单的数据运算
利用公式进行运算
求和
求平均值
求乘积
求最大值和最小值
其他公式与函数
数据排序
简单排序
多条件排序
表格的其他用法
对齐内容
插入表格
设置内容
隐藏边框线
图文混排
构建版式结构
插入图片
设置内容
隐藏边框线

# 知识速记

## 5.1 在文档中创建表格

在日常工作中经常会使用到一些表格文档，如请假单、求职登记表、员工档案表、教学课时表等。像这类表格文档，用户该如何既快又好地制作呢？下面就来介绍表格创建的一些小技巧。

### 5.1.1 插入空白表格

在文档中插入空白表格的方法有很多，而最快捷的方法有两种：一种是直接使用快捷列表创建表格，另一种是使用对话框创建表格。

#### 1. 使用快捷列表创建表格

在"插入"选项卡中单击"表格"下拉按钮，只需在打开的快捷列表中移动光标选取行列数即可插入表格。例如，想要插入一个3行4列的表格，那么只需用光标选出3行4列的方格就可以了，被选中的方格则以橙色显示，如图5-1所示。

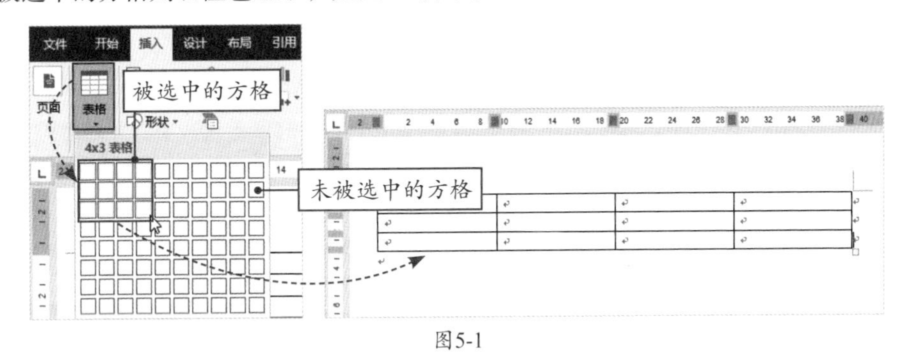


图5-1

这种方法虽然快捷，但它有一定的局限性：使用这种方法创建表格，最多只能创建8行10列的表格。如果想要创建的表格大于8行10列，那么就需要使用另一种方法了。

#### 2. 使用"插入表格"对话框创建表格

在"插入"选项卡中单击"表格"下拉按钮，选择"插入表格"选项，在打开的同名对话框中输入所需表格的列数与行数即可，如图5-2所示。

**知识拓展**

在Word中除了以上两种创建表格的方法外，还可以手动绘制表格、利用Excel电子表格创建，以及利用表格模板来创建表格。其中，手动绘制表格的方法比较灵活，如想要创建一个错行表格的话，那么利用绘制表格的方法是最方便的。

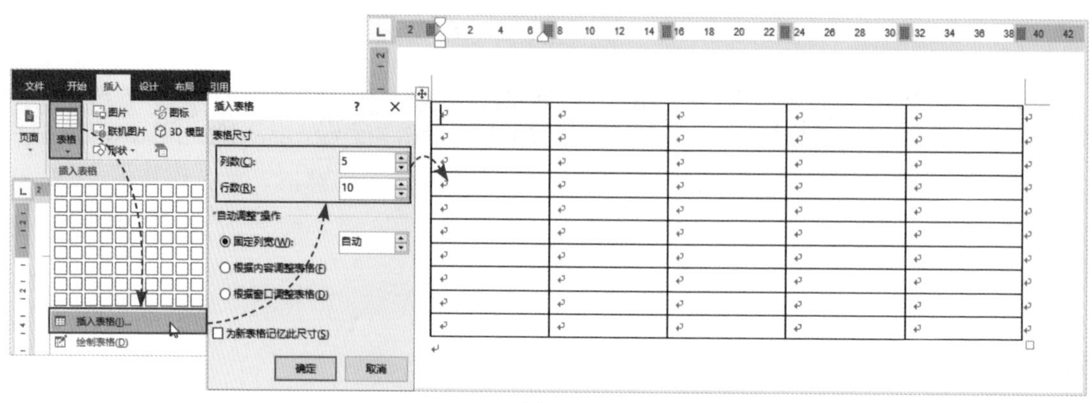
图5-2

## ■5.1.2 导入Excel表格内容

扫码观看视频

以上讲解的是创建空白表格的方法。如果有现成的Excel数据表，那么用户只需将Excel数据表直接导入文档即可，而无需重复创建操作。

在“插入”选项卡的“文本”选项组中单击“对象”按钮，在“对象”对话框中选择“由文件创建”选项卡，单击“浏览”按钮，在打开的对话框中选择所需的Excel表格，单击“插入”按钮即可返回到上一层对话框，再单击“确定”按钮完成Excel表格的导入操作，如图5-3所示。

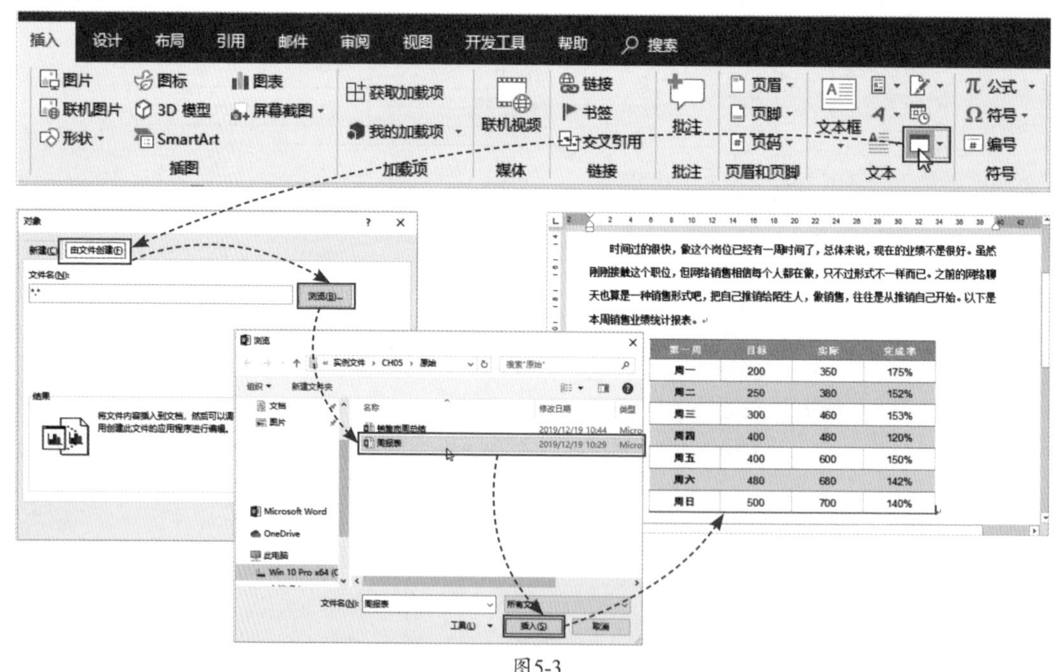
图5-3

在文档中插入Excel表格后，如果想要对表格中的数据进行更改，只需双击该表格，在打开的Excel编辑窗口中更改数据，完成后单击窗口外的空白处即可，如图5-4所示。

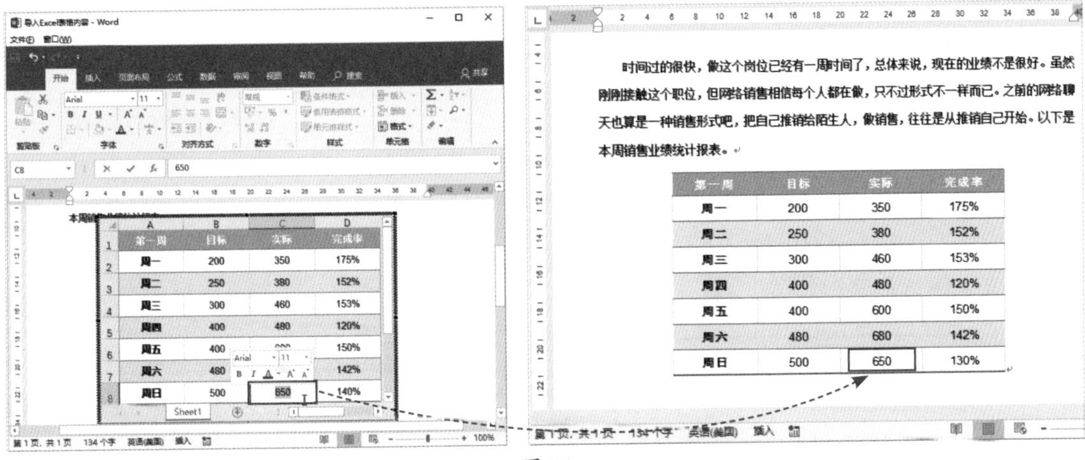

图5-4

张姐，如果对原Excel表格进行了更改，Word中相应的表格数据会随之更改吗？

会的，但前提是需要在导入Excel表格前设置链接才行。

如果想要实现Word表格可以随Excel表格的更改而更新，那么在导入时就要勾选“链接到文件”复选框才可以，如图5-5所示。当Excel表格中的数据发生了变化，那么用户只需在Word文档中选中导入的表格，右击后选择“更新链接”选项即可，如图5-6所示。

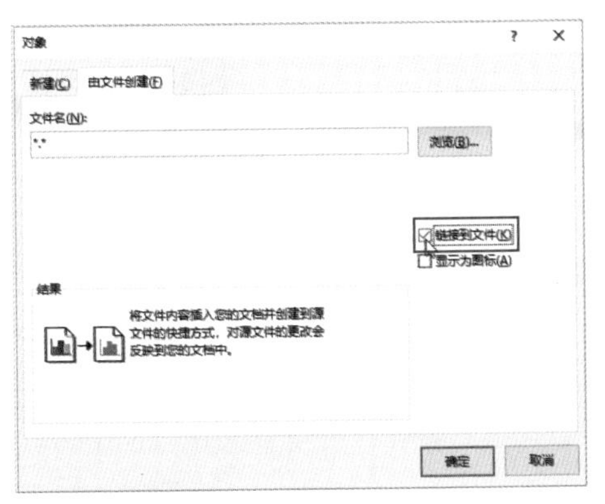


图5-5

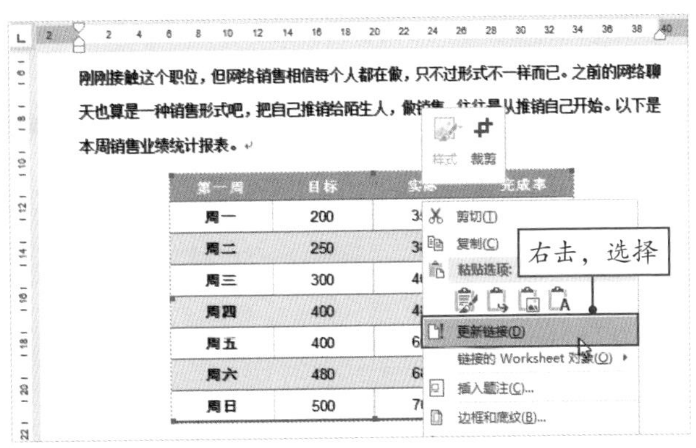


图5-6

## ■5.1.3　对插入的表格进行编辑

扫码观看视频

表格创建完成后，发现所创建的表格布局不太合理，这时就需要对该表格进行一些必要的调整，如插入行或列、调整列宽或行高、合并与拆分单元格等。

### 1. 插入表格的行与列

当需要在表格中插入空白行或空白列时，可以先选中表格中相应的行或列，再在“表格工具—布局”选项卡中单击“在上方插入”或“在左侧插入”按钮，此时系统会在被选行的上方插入空白行，如图5-7所示；或者在被选列的左侧插入空白列，如图5-8所示。

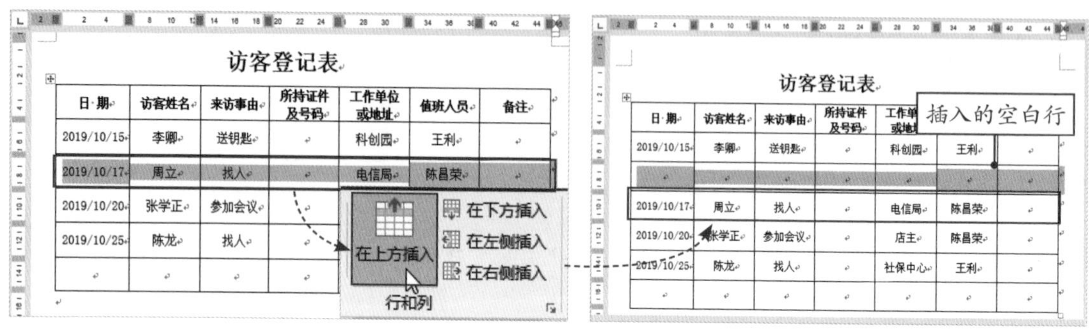


图5-7

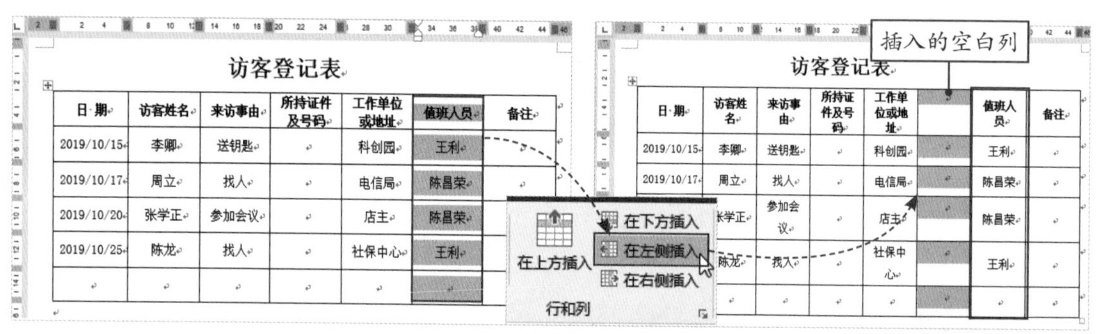


图5-8

你知道如何批量插入空白行或空白列吗?

一行行地插入呗，还有什么好办法吗?

如果想在表格中批量插入多个空白行或空白列，只需在表格中先选中相应的行数或列数，如选中4行，然后根据需要单击“在上方插入”或“在下方插入”按钮，即可在被选行的上方或下方同时插入4个空白行，如图5-9所示。

## 知识拓展

用户除了可以使用功能区中的按钮来操作外，还可以直接单击表格中的⊕按钮快速插入行或列。选中所需行，将光标移至表格左侧的空白处，这时系统会在被选行的上方显示⊕按钮，单击该按钮即可快速插入一个空白行。

在上方插入
在下方插入
在左侧插入
在右侧插入
行和列

访客登记表

| 日期 | 访客姓名 | 来访事由 | 所持证件及号码 | 工作单位或地址 | 值班人员 | 备注 |
|---|---|---|---|---|---|---|
| 2019/10/15 | 李卿 | 送钥匙 | | 科创园 | 王利 | |
| 2019/10/17 | 周立 | 找人 | | 电信局 | 陈昌荣 | |
| 2019/10/20 | 张学正 | 参加会议 | | 店主 | 陈昌荣 | |
| 2019/10/25 | 陈龙 | 找人 | | 社保中心 | 王利 | |
| | | | | | | |

访客登记表

| 日期 | 访客姓名 | 来访事由 | 所持证件及号码 | 工作单位或地址 | 值班人员 | 备注 |
|---|---|---|---|---|---|---|
| | | | | | | |
| | | | | | | |
| | | | | | | |
| | | | | | | |
| 2019/10/15 | 李卿 | 送钥匙 | | 科创园 | 王利 | |
| 2019/10/17 | 周立 | 找人 | | 电信局 | 陈昌荣 | |
| 2019/10/20 | 张学正 | 参加会议 | | 店主 | 陈昌荣 | |
| 2019/10/25 | 陈龙 | 找人 | | 社保中心 | 王利 | |

图5-9

## 2. 调整表格的行高与列宽

将光标放置在目标行或列的分割线上，当光标呈双向箭头时，使用拖拽鼠标的方法即可调整行高或列宽，如图5-10所示。

访客登记表

| 日期 | 访客姓名 | 来访事由 | 所持证件及号码 | 工作单位或地址 | 值班人员 | 备注 |
|---|---|---|---|---|---|---|
| 2019/10/15 | 李卿 | 送钥匙 | | 科创园 | 王利 | |
| 2019/10/17 | 周立 | 找人 | | 电信局 | 陈昌荣 | |
| 2019/10/20 | 张学正 | 参加会议 | | 店主 | 陈昌荣 | |
| 2019/10/25 | 陈龙 | 找人 | | 社保中心 | 王利 | |
| | | | | | | |

访客登记表

| 日期 | 访客姓名 | 来访事由 | 所持证件及号码 | 工作单位或地址 | 值班人员 | 备注 |
|---|---|---|---|---|---|---|
| 2019/10/15 | 李卿 | 送钥匙 | | 科创园 | 王利 | |
| 2019/10/17 | 周立 | 找人 | | 电信局 | 陈昌荣 | |
| 2019/10/20 | 张学正 | 参加会议 | | 店主 | 陈昌荣 | |
| 2019/10/25 | 陈龙 | 找人 | | 社保中心 | 王利 | |
| | | | | | | |

图5-10

以上是对某一行高或列宽进行微调，如果想要批量调整行高或列宽，只需选中相应的行或列，在“表格工具—布局”选项卡的“单元格大小”选项组中统一设置“表格行高”或“表格列宽”的数值即可，如图5-11所示。

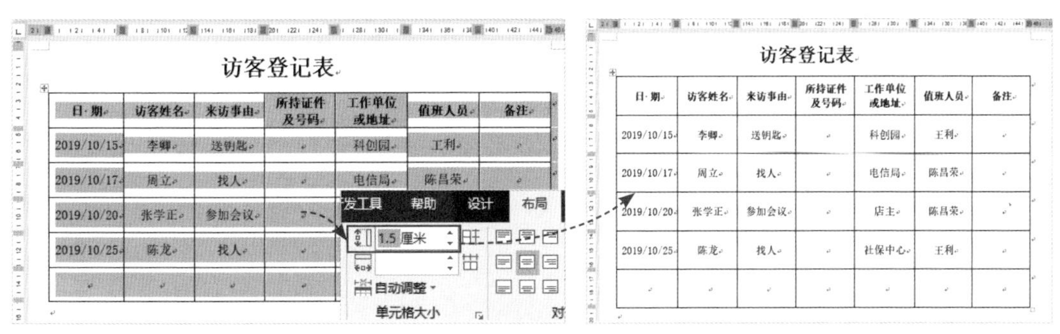


图5-11

当删除表格中的某行或某列后，表格原本的框架就会发生变化，为了能够快速调整好表格的行高和列宽，只需在“布局”选项卡中单击“自动调整”按钮，然后根据需求选择相应的选项即可，如图5-12所示。

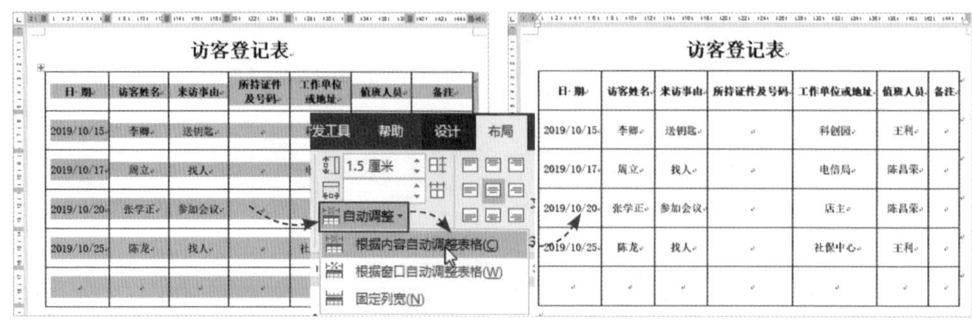


图5-12

### 3. 合并与拆分表格

合并表格就是将两个或多个表格合并成一个表格；拆分表格就是将一个表格拆分成多个表格。这种合并或拆分表格的操作，在Word中是可以实现的。

当需要将两个表格合并为一个表格时，只需将表格之间的空行删除即可，操作非常简单，如图5-13所示。合并表格之后，按Backspace键将重复的表头内容删除即可。

访客登记表

| 日期 | 访客姓名 | 来访事由 | 所持证件及号码 | 工作单位或地址 | 值班人员 | 备注 |
|---|---|---|---|---|---|---|
| 2019/10/15 | 李卿 | 送钥匙 | | 科创园 | 王利 | |
| 2019/10/17 | 周立 | 找人 | | 电信局 | 陈昌荣 | |
| 2019/10/20 | 张学正 | 参加会议 | | 店主 | 陈昌荣 | |
| 2019/10/25 | 陈龙 | 找人 | | 社保中心 | 王利 | |

按Delete键删除空行

| 日期 | 访客姓名 | 来访事由 | 所持证件及号码 | 工作单位或地址 | 值班人员 | 备注 |
|---|---|---|---|---|---|---|
| 2019/11/1 | 张莉莉 | 找人 | | 十一小学 | 陈昌荣 | |
| 2019/11/1 | 赵蓉 | 做讲座 | | 退休干部 | 陈昌荣 | |
| 2019/11/5 | 胡文轩 | 送包裹 | | 快递 | 王利 | |
| 2019/11/6 | 李琪 | 找人 | | 工厂工人 | 王利 | |

按Backspace键删除重复内容

图5-13

张姐，我现在想要把表格转换成文本，该怎么操作?

全选表格内容，在“表格工具—布局”选项卡的“数据”选项组中单击“转换为文本”按钮，然后在打开的对话框中选择文本间的分隔符，如“逗号”，即可完成操作。

那么，想要将文本转换为表格，该怎么办?

想要将文本转换为表格，首先输入的文本要规范，即每项内容之间需要使用特定的字符（如逗号、段落标记、制表符等）作为间隔。然后在“插入”选项卡中单击“表格”按钮，从中选择“文本转换成表格”选项，在打开的对话框中根据需要进行设置即可。

拆分表格的操作也很简单。用户只需将光标定位在要成为新表格首行的任意单元格中，在“布局”选项卡的“合并”选项组中单击“拆分表格”按钮即可，如图5-14所示。当然，用户还可以直接按组合键Ctrl+Shift+Enter来对表格进行拆分操作。

访客登记表

| 日 期 | 访客姓名 | 来访事由 | 所持证件及号码 | 工作单位或地址 | 值班人员 | 备注 |
|---|---|---|---|---|---|---|
| 2019/10/15 | 李卿 | 送钥匙 | | 科创园 | 王利 | |
| 2019/10/17 | 周立 | 找人 | | 电信局 | 陈昌荣 | |
| 2019/10/20 | 张学正 | 参加会议 | | 店主 | 陈昌荣 | |
| 2019/10/25 | 陈龙 | 找人 | | 社保中心 | 王利 | |

| 日 期 | 访客姓名 | 来访事由 | 所持证件及号码 | 工作单位或地址 | 值班人员 | 备注 |
|---|---|---|---|---|---|---|
| 2019/11/1 | 张莉莉 | 找人 | | 十一小学 | 陈昌荣 | |
| 2019/11/1 | 赵蓉 | 做讲座 | | 退休干部 | 陈昌荣 | |
| 2019/11/5 | 胡文轩 | 送包裹 | | 快递 | 王利 | |
| 2019/11/6 | 李琪 | 找人 | | 工厂工人 | 王利 | |

光标定位

视图　开发工具　帮助　设计　布局

合并单元格　拆分单元格　拆分表格　合并

1.13 厘米　2.5 厘米　自动调整　单元格大小

图5-14

## ■5.1.4　美化表格样式

插入表格后，系统会以默认的表格样式来显示。如果用户想要更改表格样式，可以通过“表格工具—设计”选项卡中的相关选项进行操作。

在“表格工具—设计”选项卡的“表格样式”选项组中，用户可以直接套用内置的样式，也可以在“边框”选项组中对表格样式进行自定义，如图5-15所示。

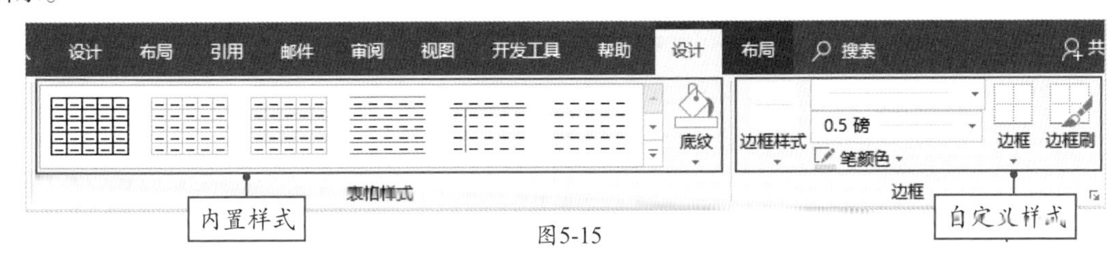


图5-15

在“表格样式”选项组中单击“其他”按钮，可以打开内置表格样式列表，从中根据需求选择满意的样式直接应用于被选表格即可，如图5-16所示。

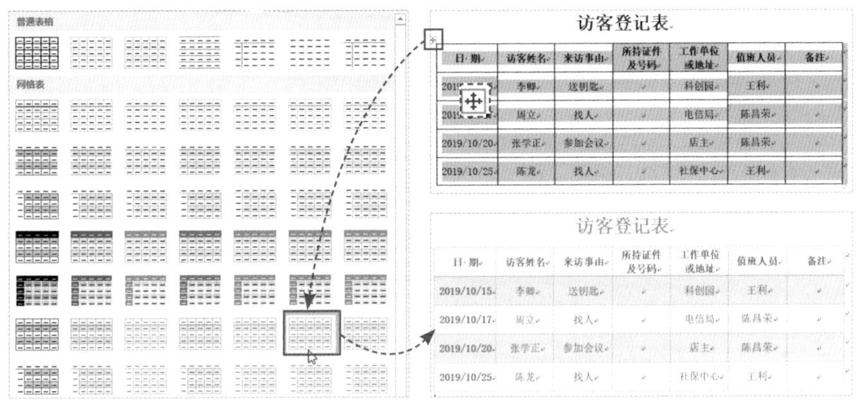


图5-16

在“边框”选项组中单击“笔颜色”按钮，可以设置边框线的颜色；单击“笔划粗细”按钮，可以设置边框线的粗细值；单击“笔样式”按钮，可以设置边框线的线型；单击“边框”按钮，可以选择应用到表格的边框线，如图5-17所示。

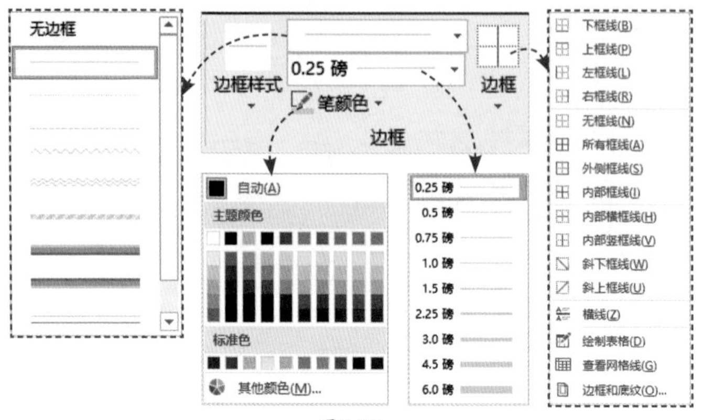


图5-17

● **新手误区：**套用内置的表格样式后，表格中的文本会以默认的“靠上居中对齐”方式进行显示，所以用户在套用样式之后需要重新设置一下文本的对齐方式。在“表格工具—布局”选项卡的“对齐方式”选项组中进行设置即可。

# 5.2 在表格中进行简单运算

在Word表格中，用户可以对数据进行一些简单的运算或排序，如求和、求差值、求平均值、求乘积等。虽然Word表格没有Excel那么强大，但也能满足用户日常工作的需求了。

## ■5.2.1 利用公式进行运算

将光标放置在结果单元格中，在“表格工具—布局”选项卡的“数据”选项组中单击“公式”按钮，在打开的“公式”对话框中，用户可以根据需要选择相应的公式或函数进行计算，如图5-18所示。

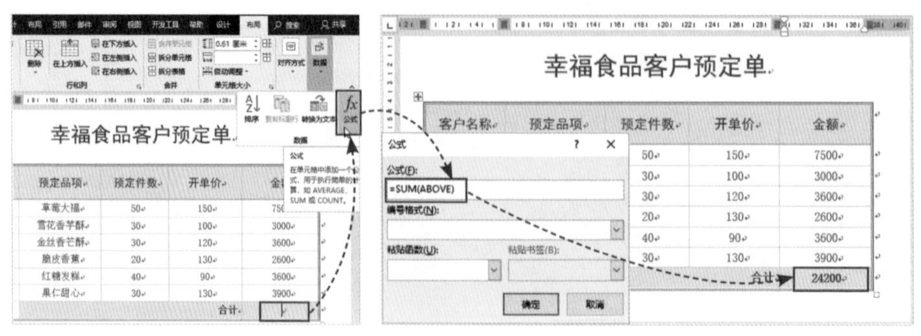


图5-18

在“公式”对话框中，默认显示的是求和公式。如果想要更换其他公式，只需在“粘贴函数”列表中选择所需公式即可，如图5-19所示。

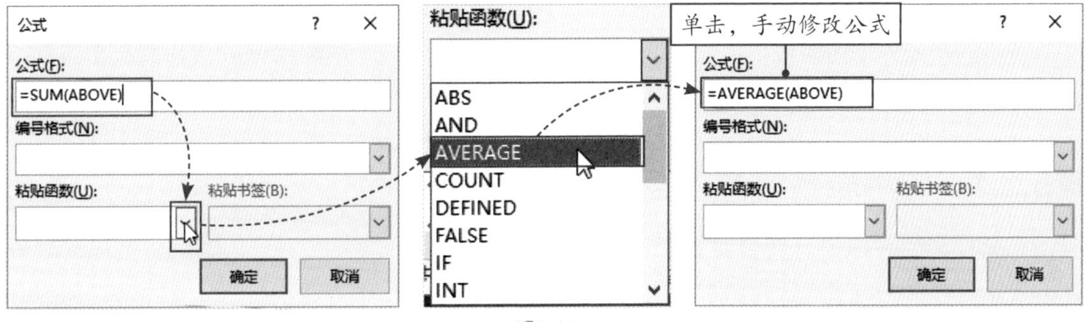


图5-19

公式中的ABOVE或LEFT是指所需计算的单元格区域。ABOVE是指以上所有单元格，而LEFT是指左侧所有单元格。如果只在指定的单元格区域中进行计算，那么只需在公式的括号内输入所需的单元格区域即可，如“=SUM(E2:E8)”，其表达形式与Excel公式相同。

## 5.2.2　对数据进行排序

在Word表格中除了可以对数据进行简单运算外，还可以为其进行简单的数据分析，如排序。全选表格内容，在“表格工具—布局”选项卡的“数据”选项组中单击“排序”按钮，再在打开的“排序”对话框中设置好“主要关键字”及“升序”或“降序”即可，如图5-20所示。

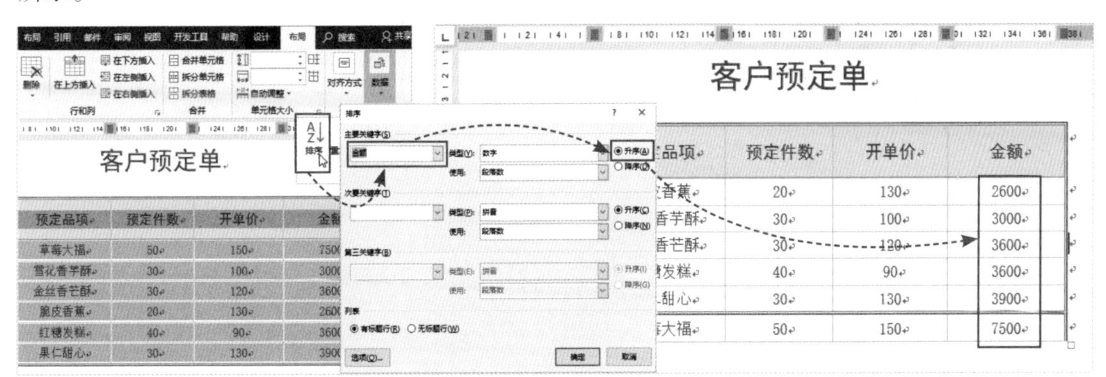


图5-20

### 知识拓展

在实际工作中，可能会遇到要对表格进行多条件排序的情况。这时用户只需在“排序”对话框中设置好“主要关键字”和“次要关键字”的排序依据及排序方式即可。需要注意的是，在Word表格中最多只能设置三个排序条件。

## 5.3 表格的其他用法

绝大多数人会认为表格就是一个统计信息、处理数据的操作工具。其实不然，Word表格除了具备上述功能外，还兼备了文档排版的功能。下面将向用户介绍利用Word表格进行文档排版的操作。

### ■5.3.1 利用表格对齐内容

在制作文档封面信息内容时，经常会遇到内容文本下划线无法对齐的情况，如图5-21所示。对于这种情况，用户就完全可以利用表格来解决，效果如图5-22所示。

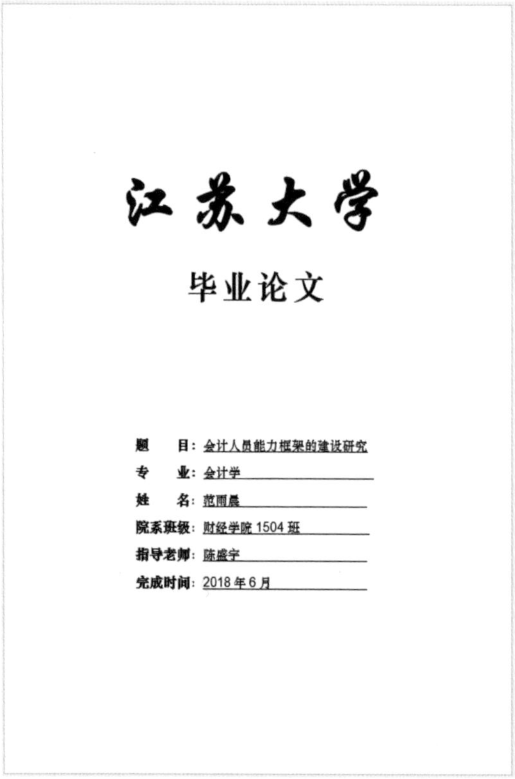

江苏大学

毕业论文

题　　目：会计人员能力框架的建设研究
专　　业：会计学
姓　　名：范雨晨
院系班级：财经学院 1504 班
指导老师：陈盛宇
完成时间：2018 年 6 月

图5-21

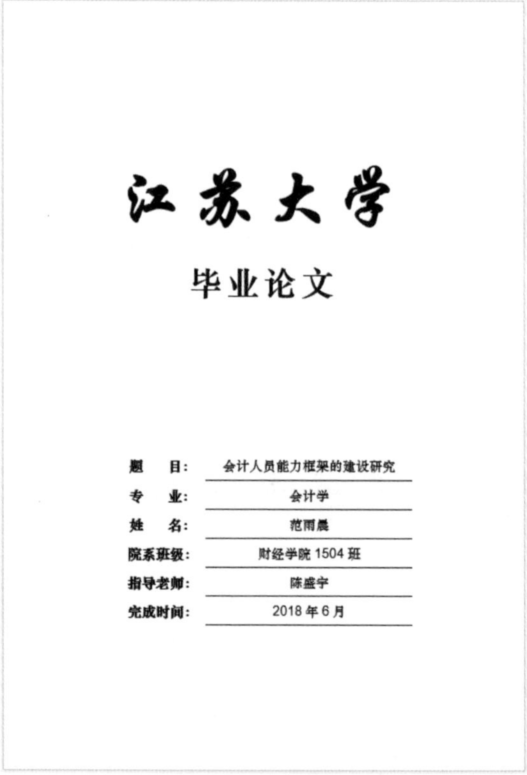

江苏大学

毕业论文

| 题　　目： | 会计人员能力框架的建设研究 |
| --- | --- |
| 专　　业： | 会计学 |
| 姓　　名： | 范雨晨 |
| 院系班级： | 财经学院 1504 班 |
| 指导老师： | 陈盛宇 |
| 完成时间： | 2018 年 6 月 |

图5-22

那么，图5-22的下划线对齐效果是如何制作出来的呢？方法很简单。首先根据内容需要创建一个6行2列的表格，并输入表格内容，同时设置好其字体格式和对齐方式，如图5-23所示。全选表格，在“表格工具—设计”选项卡中单击“边框”下拉按钮，选择“外侧框线”选项，隐藏表格外框线，如图5-24所示。

| 题　　目： | 会计人员能力框架的建设研究 |
| --- | --- |
| 专　　业： | 会计学 |
| 姓　　名： | 范雨晨 |
| 院系班级： | 财经学院 1504 班 |
| 指导老师： | 陈盛宇 |
| 完成时间： | 2018 年 6 月 |

图5-23

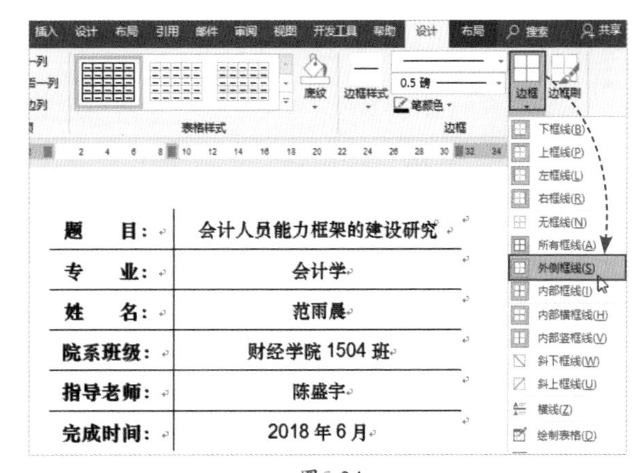


图5-24

接下来选择第1列的所有内容，打开“边框”下拉列表，选择“右框线”和“内部横框线”选项将其隐藏，如图5-25所示。最后，选择表格第2列的最后一行内容“2018年6月”，在“边框”列表中选择“下框线”选项将其显示即可，如图5-26所示。

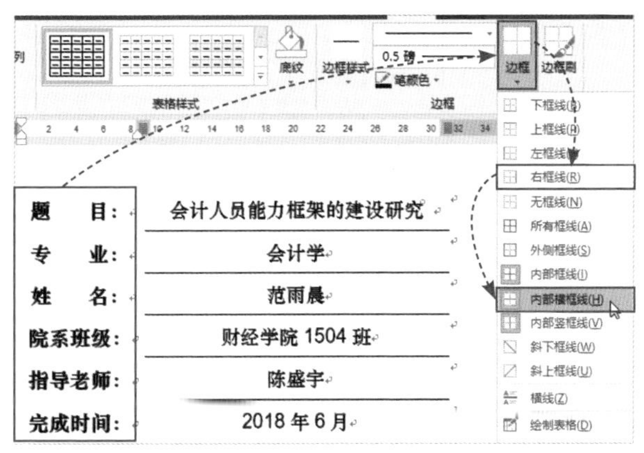


图5-25

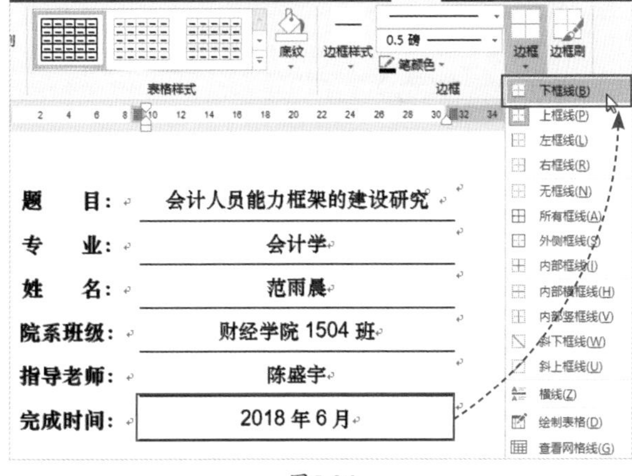


图5-26

## ■5.3.2　利用表格进行图文混排

第4章介绍了一些图文混排的方法，其中包括利用文本框或设置图片的排列方式进行排版。这里再向用户介绍一种图文混排的方法，那就是利用表格来排版。下面将举例介绍文档排版的具体流程与操作方法。

新建一个空白文档，将上、下、左、右的页边距值都设置为2，插入一个3行3列的表格，并将首行单元格进行合并。将光标放置在合并后的单元格中，将“图片1”拖入至该单元格。按照同样的方法，将其他两张图片拖入表格中的合适位置，并调整图片大小及列宽，如图5-27所示。

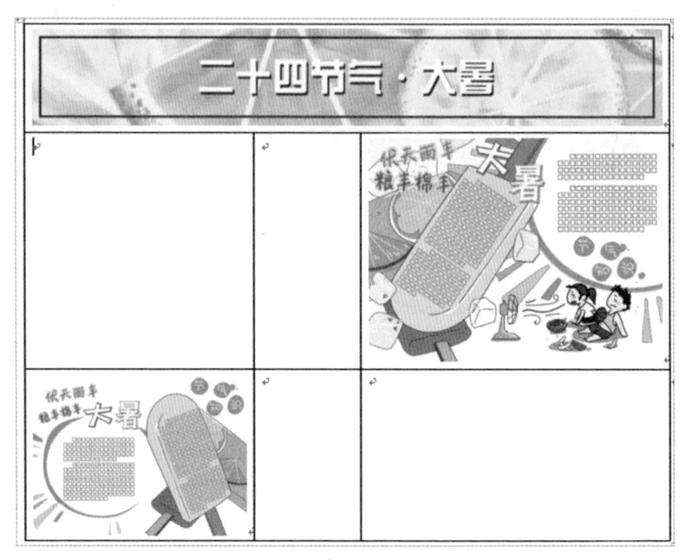


图5-27

再次对表格中的单元格进行合并操作，同时输入文档标题，并设置其文字、段落格式，如图5-28所示。最后输入正文内容，并设置正文的格式。全选表格，在“表格工具—设计”选项卡中单击“边框”下拉按钮，选择“无框线”选项，将表格所有的边框线隐藏，如图5-29所示。至此，图文混排的文档就制作完成了。

图5-28

图5-29

# 综合实战

## 5.4 制作企业招聘简章

说起制作招聘简章，很多人会使用PS或其他专业的排版软件来制作。其实利用Word也能够很轻松地制作出一份漂亮的招聘简章。下面就以制作建筑行业的招聘简章为例，来介绍具体的操作步骤。

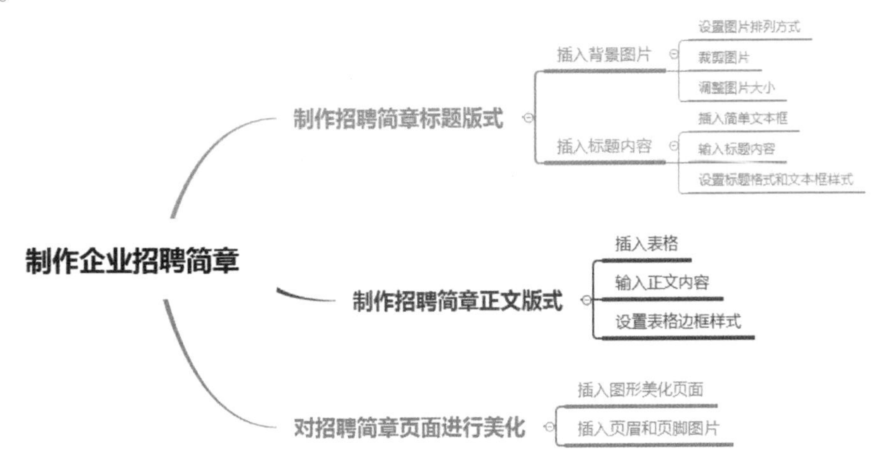


### ■5.4.1　制作招聘简章标题版式

扫码观看视频

想要做出不一样的标题版式还是需要花一些心思来设计的。本案例则以图片加文字的形式来呈现，效果简洁大方。

**Step 01 设置页边距。**新建一个空白文档，设置“页边距”，将上、下、左、右的页边距值都设为“2”。

**Step 02 保存文档。**页边距设置完成后，用户需要先对文档进行一次“另存为”操作，以便后期直接按组合键Ctrl+S保存文档。

**Step 03 设置图片排列方式。**将素材文件中的“背景图”插入至页面中，将图片设置为“衬于文字下方”，如图5-30所示。

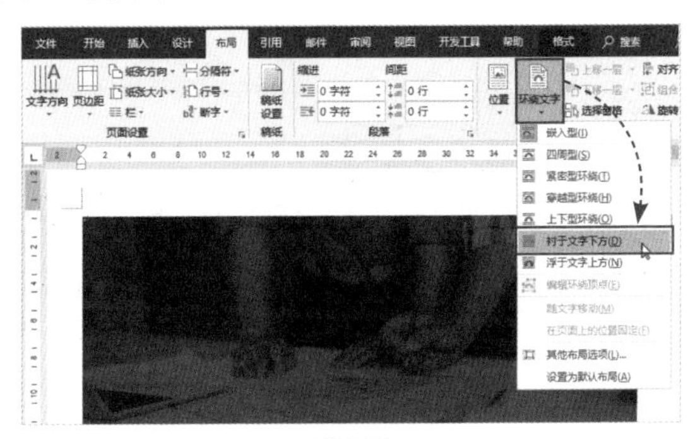

图5-30

**Step 04 裁剪图片。**当前插入的背景图有些大，用户可以利用“裁剪”功能对图片进行裁剪，如图5-31所示。

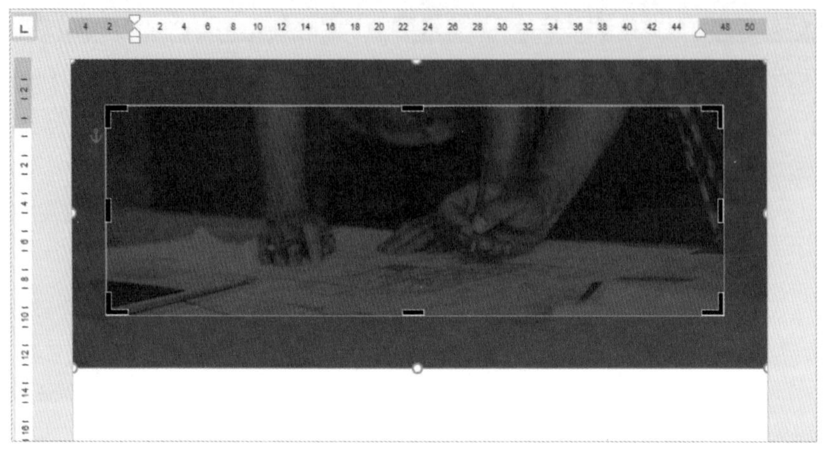

图5-31

**Step 05 调整图片大小。**选中图片，使用拖拽鼠标的方法将图片调整至与页面相同的宽度，如图5-32所示。

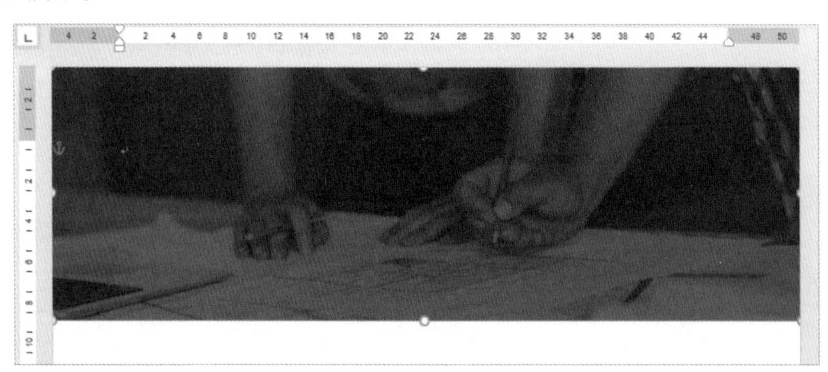

图5-32

**Step 06 插入文字标题。**插入简单文本框，并将其放在图片右下角的合适位置，输入文字内容并设置好其格式，如图5-33所示。

图5-33

**Step 07** **设置文本框的格式。**选中文本框，将其格式设为“无轮廓”“无颜色”，排列方式设为“浮于文字上方”，调整好文本框的位置，同时将文字颜色设为白色，如图5-34所示。

图5-34

**Step 08** **设置副标题。**选中设置好的标题文本框，将其进行复制，并对复制后的文字内容进行更改，如更改内容、更改文字格式等，将其作为副标题，放置在图片左下方的合适位置，如图5-35所示。

图5-35

● **新手误区：**在对文本框中的文字格式进行设置时，用户可以在“字体”选项组中设置，也可以在“绘图工具—格式”选项卡的“艺术字样式”选项组中通过“文本填充”“文本轮廓”“文本效果”三个选项进行设置。

## 5.4.2 制作招聘简章正文版式

扫码观看视频

本案例将以表格的形式来制作招聘简章的正文内容，具体操作如下。

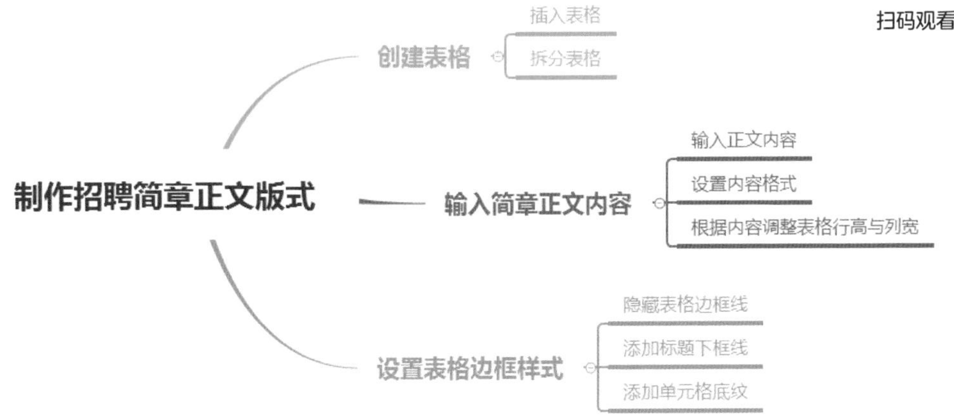

**Step 01** **插入表格。**按回车键将光标移至图片下方，调整好图片的位置，在“插入”选项卡中单击“表格”下拉按钮，选择8行方格，创建一个8行1列的表格，如图5-36所示。

**Step 02** **拆分表格。**选中表格的第4行，在“表格工具—布局”选项卡中单击“拆分单元格”按钮，在打开的对话框中将“列数”和“行数”都设为“5”，如图5-37所示。

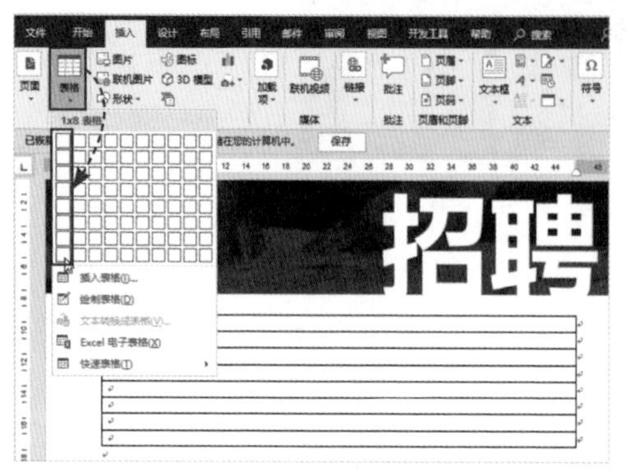

图5-36

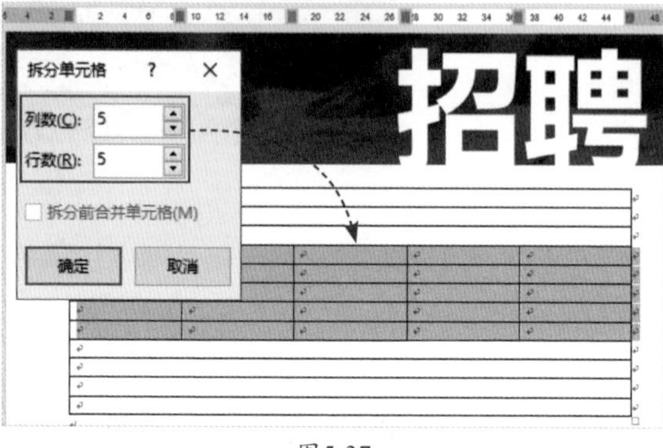

图5-37

**Step 03** **输入简章正文内容。**在创建好的表格中输入正文内容，如图5-38所示。

**Step 04** **设置标题格式。**选中正文标题“一、集团简介”，设置该标题的字体、字号和颜色，同时将该标题的“段前”和“段后”值均设为“0.5行”，效果如图5-39所示。

一、集团简介

中信建筑集团成立于1995年，位于江苏省南京市。目前开发项目主要分布在广东、江苏、天津、北京等重要城市。本集团坚持精品开发的原则，致力于成为中国建筑行业的主流力量。多年来获得“中国建筑百强企业”的荣誉称号。

中信建筑集团是由充满抱负与理想的工作伙伴所组成，我们重视团队精神及每一位员工的热忱参与，并深信您一定能勤勤恳恳、恪尽职守地工作。同时，我们也乐于看到您在公司的工作中，一步一步成长为优秀杰出的人才，并自平时的工作中获得成功的生命启示。

二、招聘岗位

| 岗位名称 | 招聘人数 | 学历要求 | 工作年限 | 岗位要求 |
| --- | --- | --- | --- | --- |
| 建筑师 | 2人 | 本科 | 5年 | 熟练建筑方案审核、施工图审核；掌握建筑、规划、结构设计相关专业知识，对其他相关业务领域有相当了解，具备复合型知识 |
| 结构工程师 | 2人 | 本科 | 5年 | 负责各项目结构设计任务以及优化工作，做好与设计部的图纸跟踪及对接工作，及时处理工 |

图5-38

中信建筑

一、集团简介

中信建筑集团成立于1995年，位于江苏省南京市。目前……

图5-39

**Step 05** **复制标题格式。**选中设置好的标题，使用“格式刷”功能，将标题格式应用到其他标题内容上，效果如图5-40所示。

中信建筑

一、集团简介

二、招聘岗位

图5-40

**Step 06 设置正文格式。**选中正文内容，将正文字体设为“黑体”，字号设为“小四”，字体颜色设为“灰色”，正文行距设为“1.5倍”，结果如图5-41所示。

**Step 07 设置其他正文格式。**使用“格式刷”功能，将设置好的正文格式应用到其他正文上，如图5-42所示。

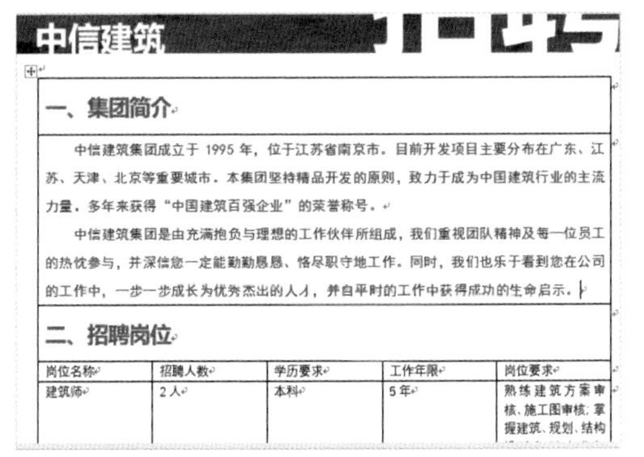

中信建筑

一、集团简介

中信建筑集团成立于1995年，位于江苏省南京市。目前开发项目主要分布在广东、江苏、天津、北京等重要城市。本集团坚持精品开发的原则，致力于成为中国建筑行业的主流力量。多年来获得“中国建筑百强企业”的荣誉称号。

中信建筑集团是由充满抱负与理想的工作伙伴所组成，我们重视团队精神及每一位员工的热忱参与，并深信您一定能勤勤恳恳、恪尽职守地工作。同时，我们也乐于看到您在公司的工作中，一步一步成长为优秀杰出的人才，并自平时的工作中获得成功的生命启示。

二、招聘岗位

| 岗位名称 | 招聘人数 | 学历要求 | 工作年限 | 岗位要求 |
|---|---|---|---|---|
| 建筑师 | 2人 | 本科 | 5年 | 熟练建筑方案审核、施工图审核，掌握建筑、规划、结构 |

图5-41

图5-42

**Step 08 调整表格的列宽。**在已拆分的表格中选择目标列的分隔线，使用拖拽鼠标的方法适当地调整表格的列宽，如图5-43所示。

**Step 09 设置表格的表头格式。**选中已拆分的表格的表头内容，将字体设为“黑体”，字号设为“小四”，颜色设为“绿色”，并将其对齐方式设为“水平居中”，如图5-44所示。

图5-43

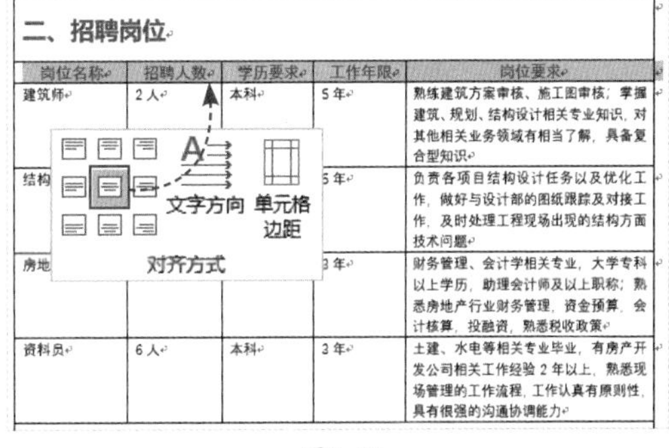


二、招聘岗位

| 岗位名称 | 招聘人数 | 学历要求 | 工作年限 | 岗位要求 |
|---|---|---|---|---|
| 建筑师 | 2人 | 本科 | 5年 | 熟练建筑方案审核、施工图审核，掌握建筑、规划、结构设计相关专业知识，对其他相关业务领域有相当了解，具备复合型知识 |
| 结构 |  |  | 5年 | 负责各项目结构设计任务以及优化工作，做好与设计部的图纸跟踪及对接工作，及时处理工程现场出现的结构方面技术问题 |
| 房地 |  |  | 3年 | 财务管理、会计学相关专业，大学专科以上学历，助理会计师及以上职称；熟悉房地产行业财务管理，资金预算，会计核算，投融资，熟悉税收政策 |
| 资料员 | 6人 | 本科 | 3年 | 土建、水电等相关专业毕业，有房产开发公司相关工作经验2年以上，熟悉现场管理的工作流程，工作认真有原则性，具有很强的沟通协调能力 |

图5-44

**Step 10 设置表格的内容格式。**按照上一步操作调整该表格的内容格式，如字体、字号、字体颜色和对齐方式，如图5-45所示。

**Step 11 调整字符宽度。**选择“建筑师”文本内容，在“开始”选项卡中单击“中文版式”下拉按钮，选择“调整宽度”选项，打开同名对话框，将“新文字宽度”设为“5字符”，单击“确定”按钮，此时表格中的“建筑师”已经与“结构工程师”对齐了，如图5-46所示。

**Step 12 对齐其他文本字符。**按照上述方法，对齐“资料员”字符，如图5-47所示。

**Step 13 调整表格的行高。**将光标放置在已拆分的表格的水平分隔线上，使用拖拽鼠标的方法调整该表格的行高，尽量让每行文字间保持一定的留白距离，如图5-48所示。

二、招聘岗位

| 岗位名称 | 招聘人数 | 学历要求 | 工作年限 | 岗位要求 |
| --- | --- | --- | --- | --- |
| 建筑师 | 2人 | 本科 | 5年 | 熟练建筑方案审核、施工图审核；掌握建筑、规划、结构设计相关专业知识，对其他相关业务领域有相当了解，具备复合型知识 |
| 结构工程师 | 2人 | 本科 | 5年 | 负责各项目结构设计任务以及优化工作，做好与设计部的图纸跟踪及对接工作，及时处理工程现场出现的结构方面技术问题 |
| 房地产会计 | 1人 | 大专 | 3年 | 财务管理、会计学相关专业，大学专科以上学历，助理会计师及以上职称；熟悉房地产行业财务管理，资金预算，会计核算，投融资，熟悉税收政策 |
| 资料员 | 6人 | 本科 | 3年 | 土建、水电等相关专业毕业，有房产开发公司相关工作经验2年以上，熟悉现场管理的工作流程，工作认真有原则性，具有很强的沟通协调能力 |

图5-45

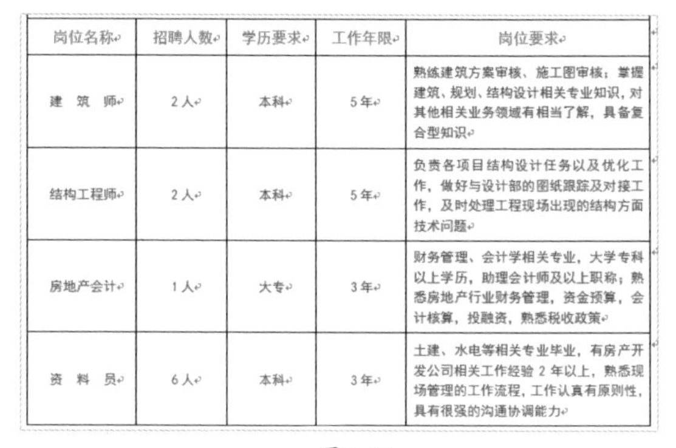


图5-46

二、招聘岗位

| 岗位名称 | 招聘人数 | 学历要求 | 工作年限 | 岗位要求 |
| --- | --- | --- | --- | --- |
| 建　筑　师 | 2人 | 本科 | 5年 | 熟练建筑方案审核、施工图审核；掌握建筑、规划、结构设计相关专业知识，对其他相关业务领域有相当了解，具备复合型知识 |
| 结构工程师 | 2人 | 本科 | 5年 | 负责各项目结构设计任务以及优化工作，做好与设计部的图纸跟踪及对接工作，及时处理工程现场出现的结构方面技术问题 |
| 房地产会计 | 1人 | 大专 | 3年 | 财务管理、会计学相关专业，大学专科以上学历，助理会计师及以上职称；熟悉房地产行业财务管理，资金预算，会计核算，投融资，熟悉税收政策 |
| 资　料　员 | 6人 | 本科 | 3年 | 土建、水电等相关专业毕业，有房产开发公司相关工作经验2年以上，熟悉现场管理的工作流程，工作认真有原则性，具有很强的沟通协调能力 |

图5-47

| 岗位名称 | 招聘人数 | 学历要求 | 工作年限 | 岗位要求 |
| --- | --- | --- | --- | --- |
| 建　筑　师 | 2人 | 本科 | 5年 | 熟练建筑方案审核、施工图审核；掌握建筑、规划、结构设计相关专业知识，对其他相关业务领域有相当了解，具备复合型知识 |
| 结构工程师 | 2人 | 本科 | 5年 | 负责各项目结构设计任务以及优化工作，做好与设计部的图纸跟踪及对接工作，及时处理工程现场出现的结构方面技术问题 |
| 房地产会计 | 1人 | 大专 | 3年 | 财务管理、会计学相关专业，大学专科以上学历，助理会计师及以上职称；熟悉房地产行业财务管理，资金预算，会计核算，投融资，熟悉税收政策 |
| 资　料　员 | 6人 | 本科 | 3年 | 土建、水电等相关专业毕业，有房产开发公司相关工作经验2年以上，熟悉现场管理的工作流程，工作认真有原则性，具有很强的沟通协调能力 |

图5-48

哦，原来对齐文字这么简单！真是玉不琢，不成器；人不学，不知道！

哈哈，很多人都用空格键来对齐，但是效果总不好。利用“调整字符”功能来对齐文本就超级方便了，无论要对齐多少字符，一秒就可以搞定！

## 知识拓展

使用“调整字符”功能对齐文本后，如果需要在其中添加文本，那么对齐的总宽度是不会随着文本的添加而改变的。如果添加的字符数超过了对齐的字符数，系统就会自动缩小字符以保持整体宽度不变。

**Step 14 隐藏表格边框线。**全选表格，在“表格工具—设计”选项卡中单击“边框”下拉按钮，选择“无框线”选项，隐藏表格所有的边框线，如图5-49所示。

**Step 15 为标题添加下框线。**选中标题内容“一、集团简介”，在“表格工具—设计”选项卡中单击“笔颜色”下拉按钮，选择合适的颜色。单击“笔划粗细”下拉按钮，选择“3.0磅”选项，再单击“边框”下拉按钮，选择“下框线”选项，为该标题添加下框线，如图5-50所示。

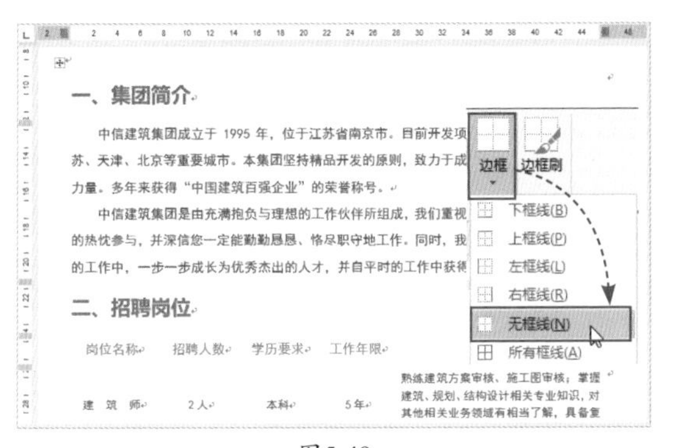

图5-49

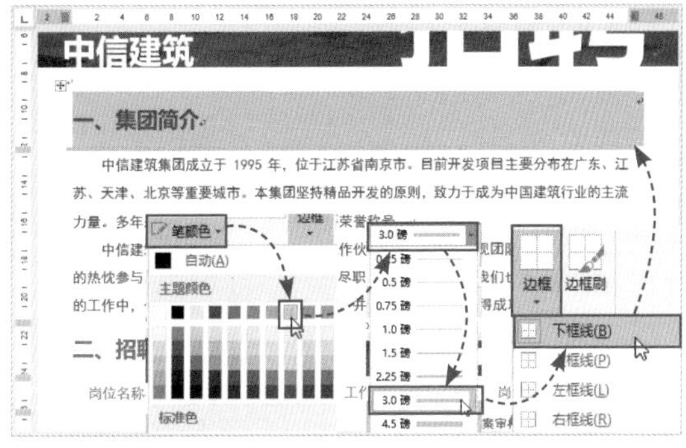

图5-50

**Step 16** **设置其他标题下划线。**选中标题内容“二、招聘岗位”，直接在“表格工具—设计”选项卡中单击“边框”下拉按钮，选择“下框线”选项，即可为其添加同样的下划线。按照同样的方法，设置其他标题的下划线，如图5-51所示。

**Step 17** **设置表格的下划线。**选中已拆分的表格的表头内容，在“表格工具—设计”选项卡中单击“笔划粗细”下拉按钮，选择“1.0磅”选项，单击“边框”下拉按钮，选择“下框线”选项，即可为表头添加下划线，如图5-52所示。

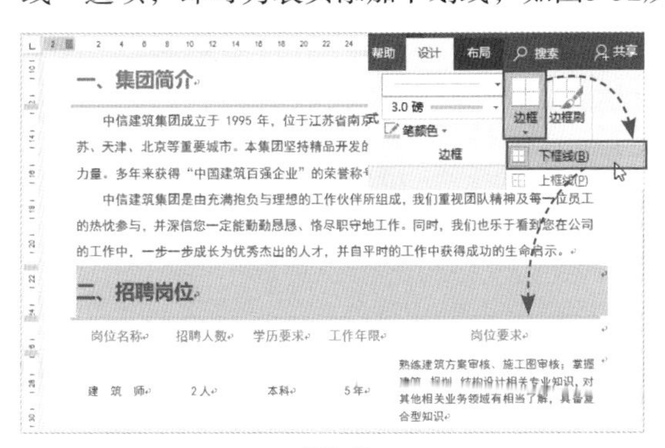

图5-51

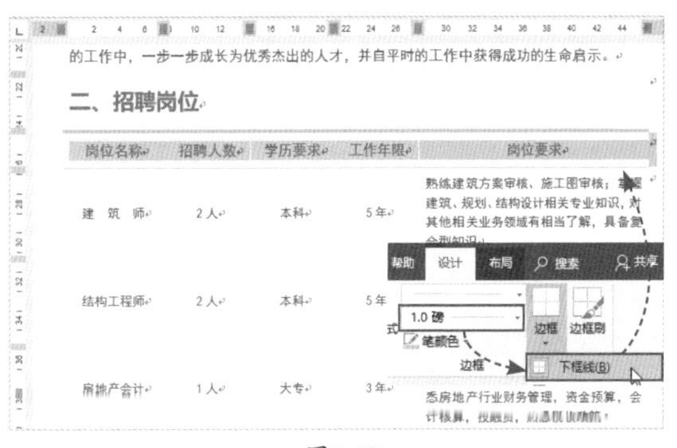

图5-52

**Step 18** **为表格添加底纹。**按照上述操作方法，为其他行添加相同的下划线。然后选中“建筑师”这一行的所有内容，在“表格工具—设计”选项卡中单击“底纹”下拉按钮，选择一种颜色为该行添加底纹，如图5-53所示。

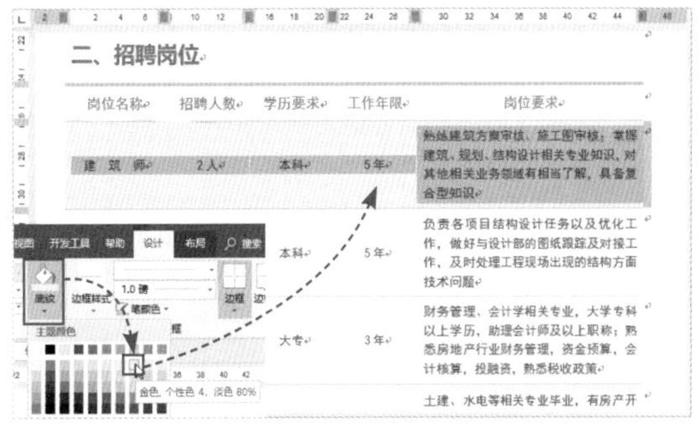

图5-53

**Step 19** **给其他内容添加底纹。**选中“房地产会计”一行的内容，并为其添加与“建筑师”一行相同的底纹，如图5-54所示。

**Step 20** **制作落款内容。**简章的正文内容已制作完成。将光标放置在文档末尾处，输入落款内容，并设置其文本格式，将其“段前”值设为“3行”，将“行距”设为“1.5磅”，如图5-55所示。至此，招聘简章内容制作完毕。

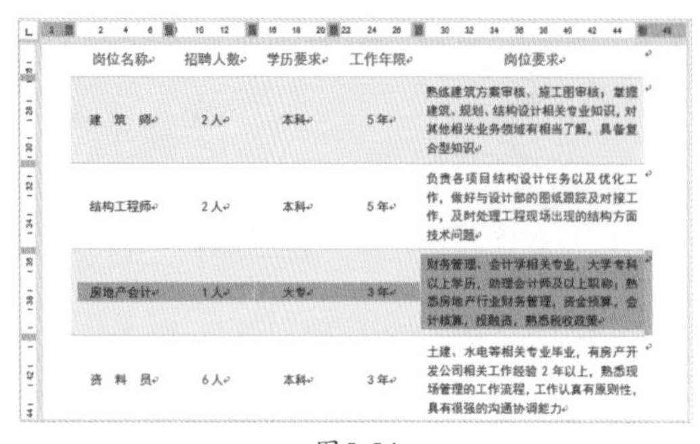

| 岗位名称 | 招聘人数 | 学历要求 | 工作年限 | 岗位要求 |
| --- | --- | --- | --- | --- |
| 建 筑 师 | 2人 | 本科 | 5年 | 熟练建筑方案审核、施工图审核；掌握建筑、规划、结构设计相关专业知识，对其他相关业务领域有相当了解，具备复合型知识 |
| 结构工程师 | 2人 | 本科 | 5年 | 负责各项目结构设计任务以及优化工作，做好与设计部的图纸跟踪及对接工作，及时处理工程现场出现的结构方面技术问题 |
| 房地产会计 | 1人 | 大专 | 3年 | 财务管理、会计学相关专业，大学专科以上学历，助理会计师及以上职称；熟悉房地产行业财务管理，资金预算，会计核算，投融资，熟悉税收政策 |
| 资 料 员 | 6人 | 本科 | 3年 | 土建、水电等相关专业毕业，有房产开发公司相关工作经验2年以上，熟悉现场管理的工作流程，工作认真有原则性，具有很强的沟通协调能力 |

图5-54

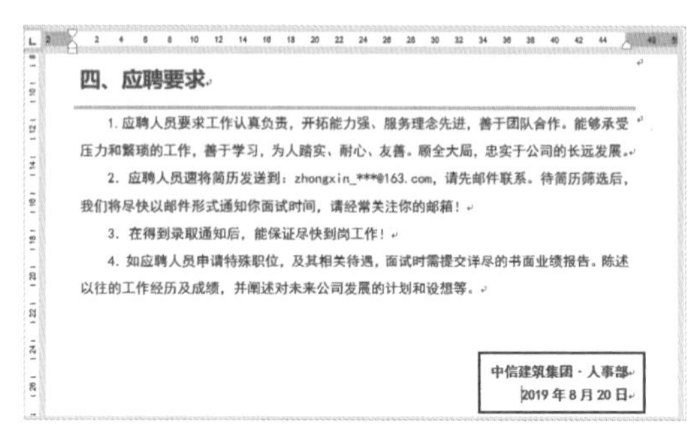

四、应聘要求

1. 应聘人员要求工作认真负责，开拓能力强、服务理念先进，善于团队合作，能够承受压力和繁琐的工作，善于学习，为人踏实、耐心、友善，顾全大局，忠实于公司的长远发展。

2. 应聘人员请将简历发送到：zhongxin_***@163.com，请先邮件联系。待简历筛选后，我们将尽快以邮件形式通知你面试时间，请经常关注你的邮箱！

3. 在得到录取通知后，能保证尽快到岗工作！

4. 如应聘人员申请特殊职位，及其相关待遇，面试时需提交详尽的书面业绩报告。陈述以往的工作经历及成绩，并阐述对未来公司发展的计划和设想等。

中信建筑集团 · 人事部
2019年8月20日

图5-55

● **新手误区：**在设置落款的“段前”值时，将光标放在“中信建筑集团 · 人事部”文本的任意位置即可，不要全选落款内容，否则日期也会同样设置3行的“段前”值。

## ■5.4.3 对招聘简章的页面进行美化

扫码观看视频

为了让整个文档看起来更加美观，用户可以利用图形元素对文档进行适当修饰，具体操作如下。

**Step 01** **插入图形。**在“形状”列表中选择一种满意的图形，这里选择的是“平行四边形”，并在“一、集团简介”文本后绘制该图形，如图5-56所示。

**Step 02** **设置图形样式。**选中平行四边形，将其颜色设为与边框线相同的颜色，将其轮廓设为“无轮廓”，适当调整一下图形的位置，如图5-57所示。

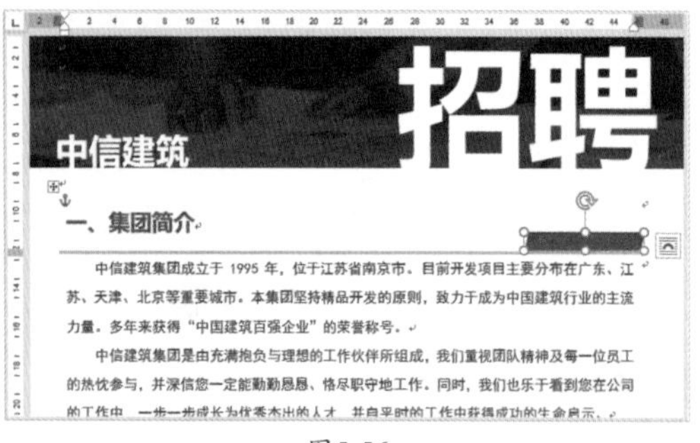



图5-56

图5-57

张姐，为什么我有时无法移动图形？

默认情况下，当你移动图形或图片时，系统会自动对齐到附近的边线，并自动吸附上去，所以才会有图形无法移动的情况。这时你可以使用键盘上的方向键来进行微调。

**Step 03 复制图形。**选中设置好的平行四边形，将其复制到其他标题的边框线上，如图5-58所示。

**Step 04 插入页尾图片。**在页尾处插入背景图，同样将排列方式设为“浮于文字下方”，并使用“裁剪”命令对该背景图进行裁剪操作，结果如图5-59所示。

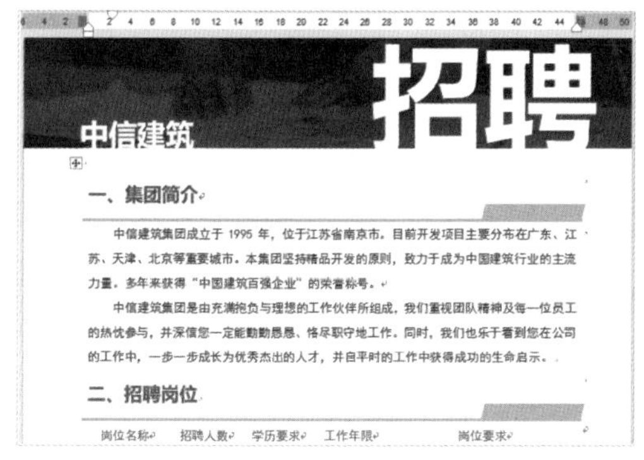

中信建筑　招聘

一、集团简介

中信建筑集团成立于 1995 年，位于江苏省南京市。目前开发项目主要分布在广东、江苏、天津、北京等重要城市。本集团坚持精品开发的原则，致力于成为中国建筑行业的主流力量。多年来获得“中国建筑百强企业”的荣誉称号。

中信建筑集团是由充满抱负与理想的工作伙伴所组成，我们重视团队精神及每一位员工的热忱参与，并深信您一定能勤勤恳恳、恪尽职守地工作。同时，我们也乐于看到您在公司的工作中，一步一步成长为优秀杰出的人才，并自平时的工作中获得成功的生命启示。

二、招聘岗位

岗位名称　招聘人数　学历要求　工作年限　岗位要求

图5-58

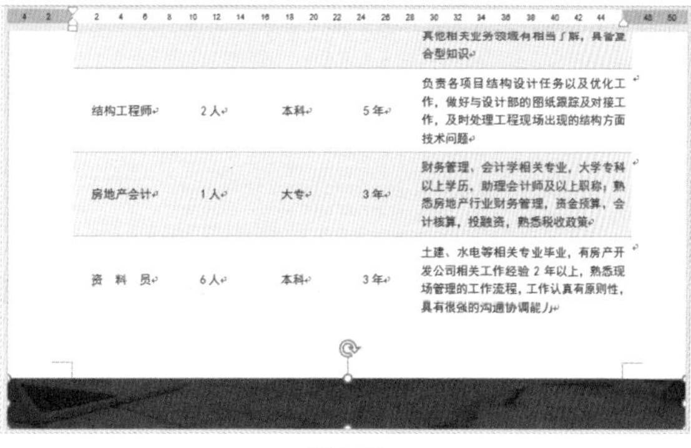

| | | | | 其他相关业务领域有相当了解，具备复合型知识 |
|---|---|---|---|---|
| 结构工程师 | 2人 | 本科 | 5年 | 负责各项目结构设计任务以及优化工作，做好与设计部的图纸跟踪及对接工作，及时处理工程现场出现的结构方面技术问题 |
| 房地产会计 | 1人 | 大专 | 3年 | 财务管理、会计学相关专业，大学专科以上学历，助理会计师及以上职称；熟悉房地产行业财务管理，资金预算、会计核算，投融资，熟悉税收政策 |
| 资 料 员 | 6人 | 本科 | 3年 | 土建、水电等相关专业毕业，有房产开发公司相关工作经验 2 年以上，熟悉现场管理的工作流程，工作认真有原则性，具有很强的沟通协调能力 |

图5-59

**Step 05 复制图片至第2页中。**选中裁剪后的页尾图片，将其复制到第2页的页眉和页脚处来修饰页面。至此，招聘简章制作完成，最终如图5-60所示。

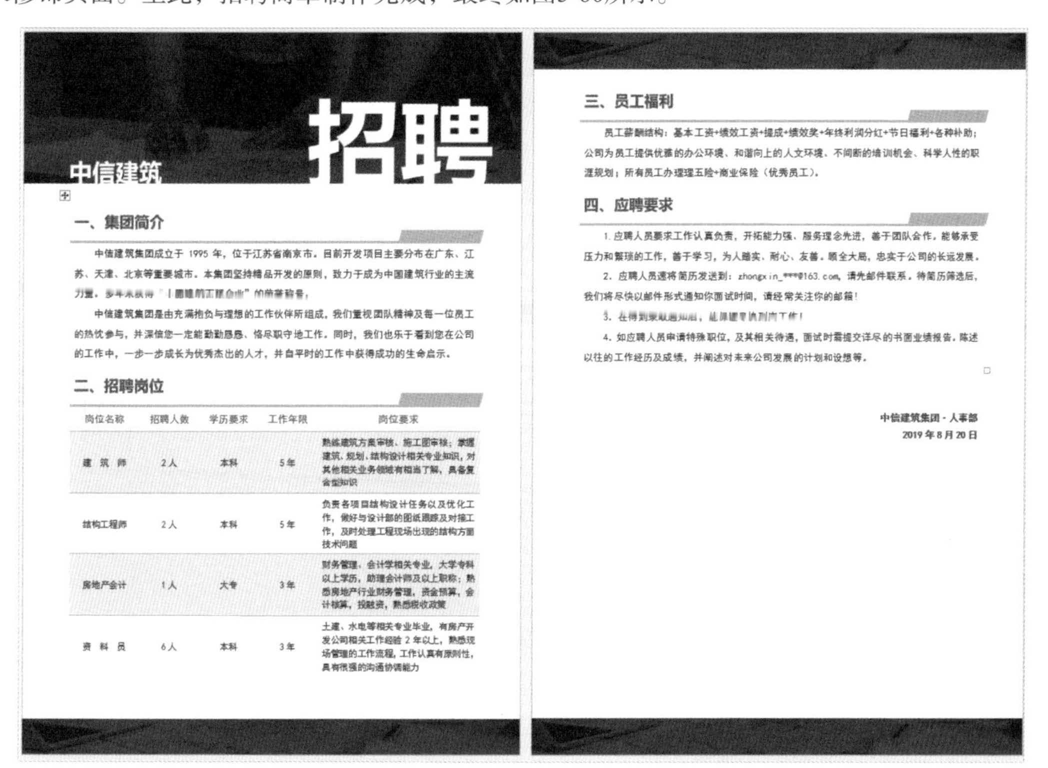

中信建筑　招聘

一、集团简介

中信建筑集团成立于 1995 年，位于江苏省南京市。目前开发项目主要分布在广东、江苏、天津、北京等重要城市。本集团坚持精品开发的原则，致力于成为中国建筑行业的主流力量。多年来获得“中国建筑百强企业”的荣誉称号。

中信建筑集团是由充满抱负与理想的工作伙伴所组成，我们重视团队精神及每一位员工的热忱参与，并深信您一定能勤勤恳恳、恪尽职守地工作。同时，我们也乐于看到您在公司的工作中，一步一步成长为优秀杰出的人才，并自平时的工作中获得成功的生命启示。

二、招聘岗位

| 岗位名称 | 招聘人数 | 学历要求 | 工作年限 | 岗位要求 |
|---|---|---|---|---|
| 建 筑 师 | 2人 | 本科 | 5年 | 熟练建筑方案审核、施工图审核；掌握建筑、规划、结构设计相关专业知识，对其他相关业务领域有相当了解，具备复合型知识 |
| 结构工程师 | 2人 | 本科 | 5年 | 负责各项目结构设计任务以及优化工作，做好与设计部的图纸跟踪及对接工作，及时处理工程现场出现的结构方面技术问题 |
| 房地产会计 | 1人 | 大专 | 3年 | 财务管理、会计学相关专业，大学专科以上学历，助理会计师及以上职称；熟悉房地产行业财务管理，资金预算、会计核算，投融资，熟悉税收政策 |
| 资 料 员 | 6人 | 本科 | 3年 | 土建、水电等相关专业毕业，有房产开发公司相关工作经验 2 年以上，熟悉现场管理的工作流程，工作认真有原则性，具有很强的沟通协调能力 |

三、员工福利

员工薪酬结构：基本工资+绩效工资+提成+绩效奖+年终利润分红+节日福利+各种补助；公司为员工提供优雅的办公环境、和谐向上的人文环境、不间断的培训机会、科学人性的职涯规划；所有员工办理理五险+商业保险（优秀员工）。

四、应聘要求

1. 应聘人员要求工作认真负责，开拓能力强、服务理念先进，善于团队合作。能够承受压力和繁琐的工作，善于学习，为人踏实、耐心、友善。顾全大局，忠实于公司的长远发展。

2. 应聘人员速将简历发送到：zhongxin_***@163.com，请先邮件联系。待简历筛选后，我们将尽快以邮件形式通知你面试时间，请经常关注你的邮箱！

3. [illegible]

4. 如应聘人员申请特殊职位，及其相关待遇，面试时需提交详尽的书面业绩报告。陈述以往的工作经历及成绩，并阐述对未来公司发展的计划和设想等。

中信建筑集团 - 人事部
2019 年 8 月 20 日

图5-60

## 课后作业

通过对本章内容的学习，相信大家应该对Word表格有了一定的了解。为了巩固本章所学的知识，大家可以根据以下的思维导图制作一份“公司办公开支统计表”。

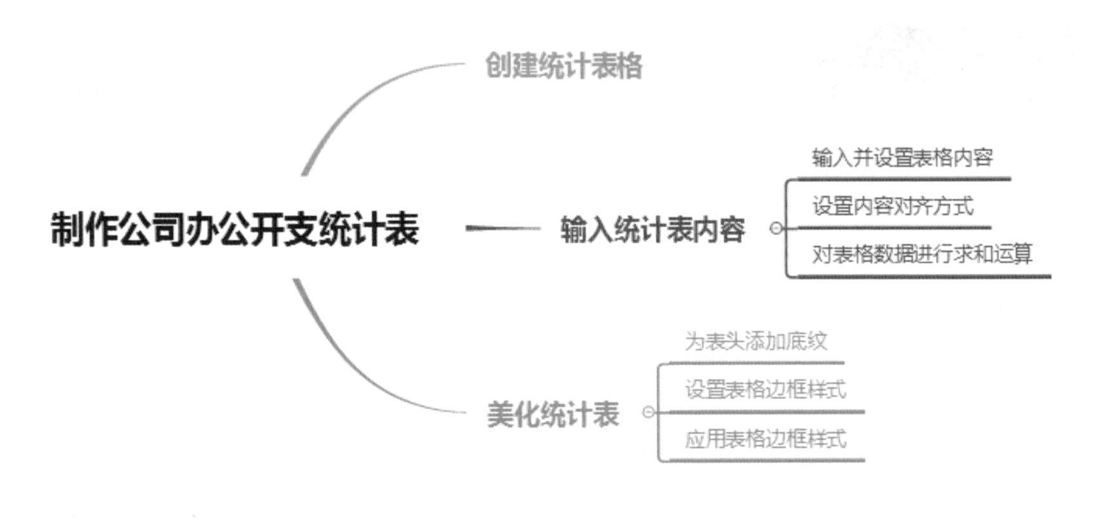


NOTE

Tips

大家在学习的过程中如有疑问，可以加入学习交流群（QQ群号：737179838）进行交流。

Word

# 第6章 处理长篇文档的锦囊妙计

我考考你，在一份长达10页的文档中，如何能够快速地找到某个关键词？

用“查找”功能就可以啊。

那么，要批量对这个关键词进行更改，该怎么操作呢？

可以用“替换”功能。

哟，不错呀，这都知道啊！再考你一个难一点儿的，如果想要为这篇文档添加目录，该怎么操作呢？

额……手动输入目录内容吧。除此之外还有其他快捷的方法吗？

当然有啦，十几页的文档，你手动输入目录要输到什么时候，不加班才怪呢！

什么方法？赶紧告诉我！

哈哈……在这章内容里就有你想要的答案！一起来看看吧！

## 思维导图

处理长篇文档的锦囊妙计

- 在长文档中快速定位
  - "定位"功能
  - 超链接定位
    - 链接到文档中的内容
    - 链接到其他文档
    - 链接到网页
  - 书签定位
    - 创建书签
    - 定位书签
  - 交叉引用定位
    - 创建引用内容
    - 实现交叉引用
- 为文档创建目录与索引
  - 目录的应用
    - 创建文档目录
    - 管理文档目录
  - 索引的应用
    - 创建索引内容
    - 创建索引目录
- 插入题注、脚注及尾注
  - 题注
    - 手动插入
    - 自动插入
  - 脚注和尾注
    - 创建脚注
    - 创建尾注
- 批量查找与替换
  - 查找指定的文本
  - 批量替换文本格式
  - 图片的批量替换
    - 文字替换为图片
    - 批量删除图片
    - 图片居中对齐
  - 使用通配符进行替换

# 知识速记

## 6.1 在长文档中快速定位

想要在长文档中快速定位到某位置，绝大多数人会想到使用“查找”功能来定位。其实在Word中快速定位的方法有很多，如使用“定位”“超链接”“建立书签”“交叉引用”等功能都可以实现。

### 6.1.1 利用“定位”功能快速定位

使用“定位”功能可以快速定位到文档中的某一页、某一节、某个脚注等内容。在“开始”选项卡的“编辑”选项组中单击“查找”下拉按钮，从中选择“转到”选项，随即会打开“查找和替换”对话框，在“定位”选项卡中根据需要选择定位的目标，并输入相应的数值，单击“定位”按钮即可迅速跳转到相关内容，如图6-1所示。

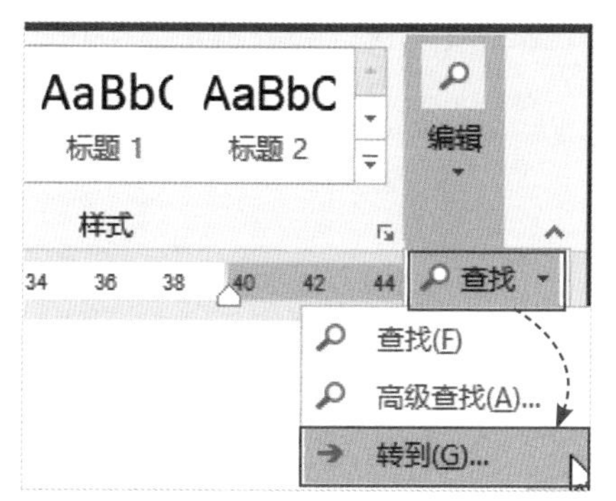


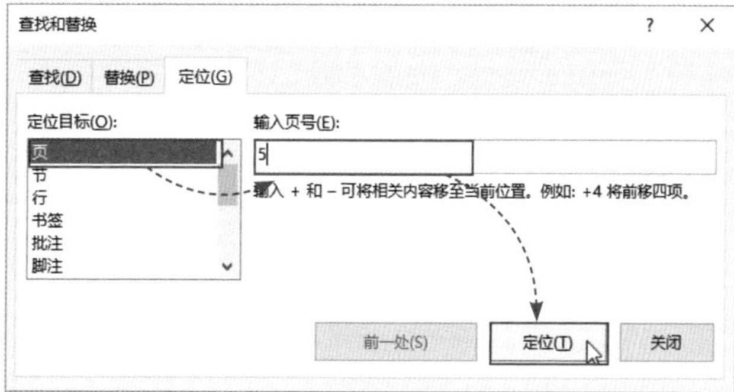


图6-1

用户也可以直接按组合键Ctrl+H打开“查找和替换”对话框，切换到“定位”选项卡，同样也可以进行定位操作。

### 6.1.2 利用超链接快速定位

在Word中通过设置超链接也可以迅速定位到相关内容。在文档中选择所需文本内容，在“插入”选项卡中单击“链接”按钮，打开“插入超链接”对话框，选择要链接到的内容，单击“确定”按钮即可完成链接操作，如图6-2所示。

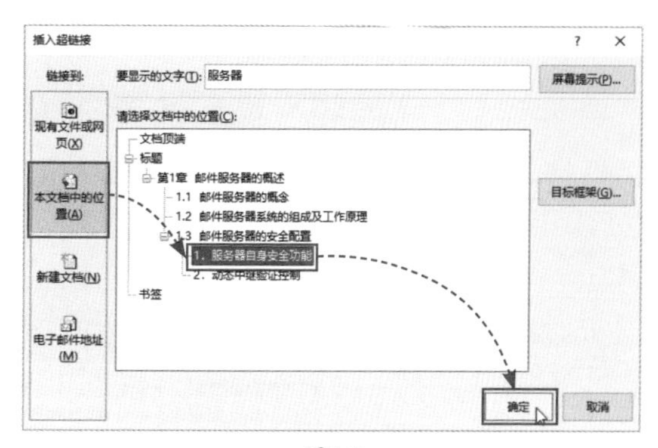


图6-2

**知识拓展**

如果发现链接错误，可以对链接进行修改。选中链接的文本，右击，选择“编辑超链接”选项，然后在打开的同名对话框中修改链接项就可以了。

设置链接后，被选中的文本颜色会发生变化，同时在文本下方会显示下划线，说明该链接已设置成功。将光标放置在该链接文本上时会显示相关的链接信息，如图6-3所示。按住Ctrl键的同时，单击该文本，随即会跳转到链接页面，如图6-4所示。

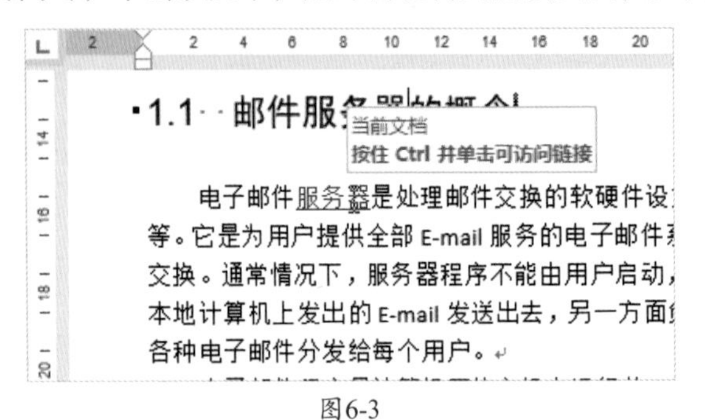


图6-3

图6-4

张姐，如果我想链接到其他的Word文档，该怎么操作呢？

你只需在“插入超链接”对话框左侧先选择“现有文件或网页”选项，再在右侧的文件列表中选择你要链接到的Word文档就好了。

## ■6.1.3 利用书签快速定位

相信用户都使用过书签，它可以用来标记某个范围或某个位置，以便于以后能够快速找到标记位置。在Word中也有“书签”这一项功能，当用户想要使用书签时，先将光标定位到需要标记的位置，再在“插入”选项卡的“链接”选项组中单击“书签”按钮，在打开的同名对话框中添加书签名称即可，如图6-5所示。

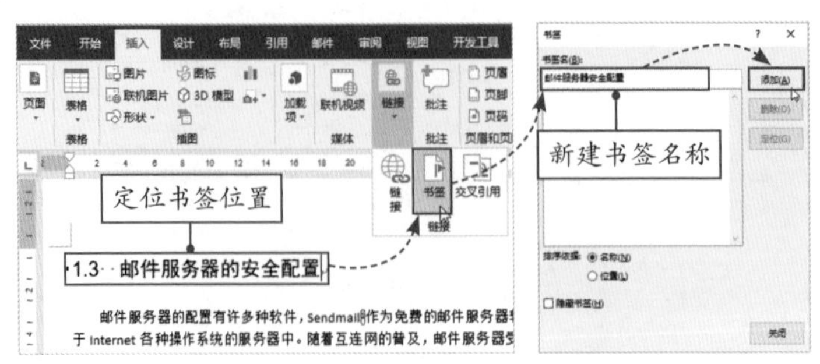


图6-5

当下次打开该文档时，无论光标在何处，用户只需在“插入”选项卡中单击“书签”按钮，再在打开的“书签”对话框中单击“定位”按钮，文档就会自动跳转到该书签所在的位置，如图6-6所示。

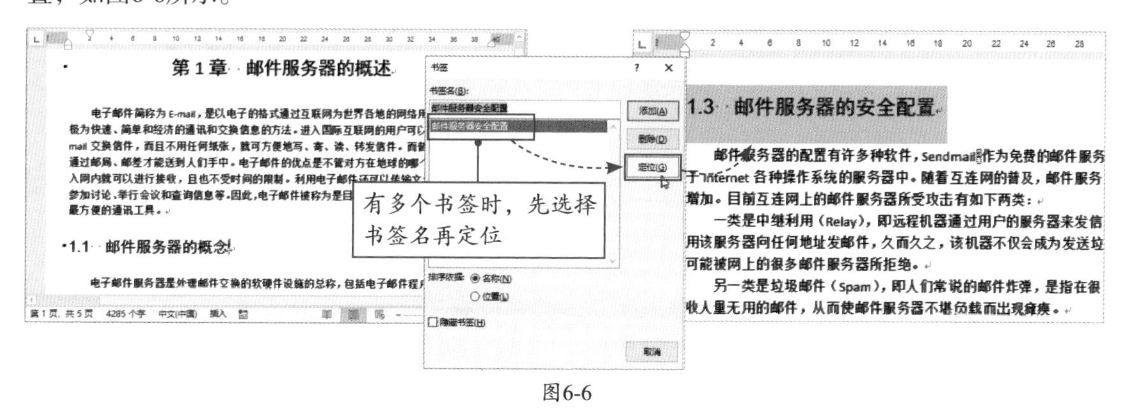


图6-6

对于不再使用的书签，可以在“书签”对话框中将其删除。选中要删除的书签名，单击“删除”按钮即可。

**新手误区：**用户在对书签进行命名时，不要以数字开头，如“1.3节”，像这样的名称是无法完成书签的添加操作的。

## 6.1.4 利用交叉引用快速定位

“交叉引用”对于大多数人来说还是比较陌生的。所谓的交叉引用，就是指在同一份文档中，在一个位置引用另一个位置的内容。例如，在文档中经常会看到这样的话语：“具体详情，请见***内容”。如果用户想要快速定位到被引用的内容，就可以使用“交叉引用”功能来实现。

将光标定位到文档中所需添加引用的位置，如图6-7所示。再在“插入”选项卡的“链接”选项组中单击“交叉引用”按钮，打开“交叉引用”对话框，在该对话框中设置“引用类型”和“引用内容”，如图6-8所示。

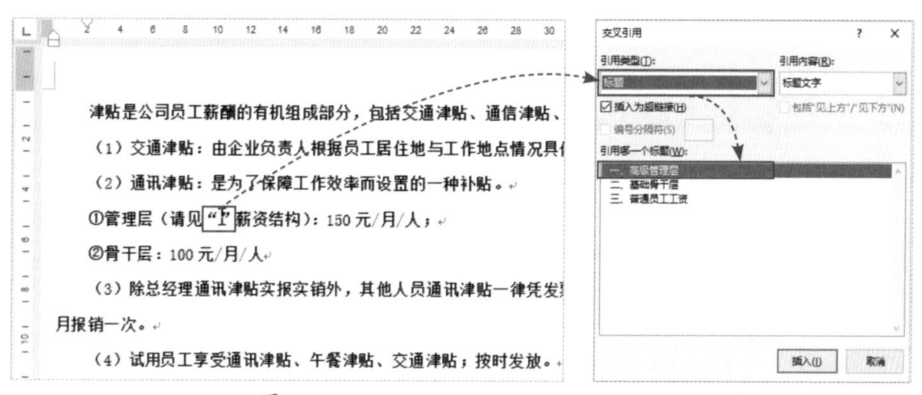


图6-7　　图6-8

张姐，为什么我不能选择链接的标题呢？

这是因为文档标题没有设置标题样式，只要套用了内置的样式就可以了。此外，使用标题引用类型时，如果需要将标题编号作为引用方式，则标题编号必须是设置的多级列表中的编号。

设置完成后，单击“插入”按钮即可。此时，光标所在位置会自动插入引用内容，如图6-9所示。将光标放置在引用内容中，按住Ctrl键的同时，单击该内容即可跳转到相关内容，如图6-10所示。

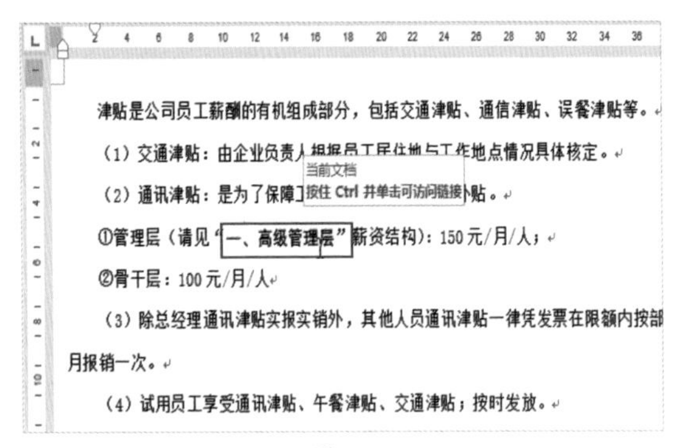


图6-9

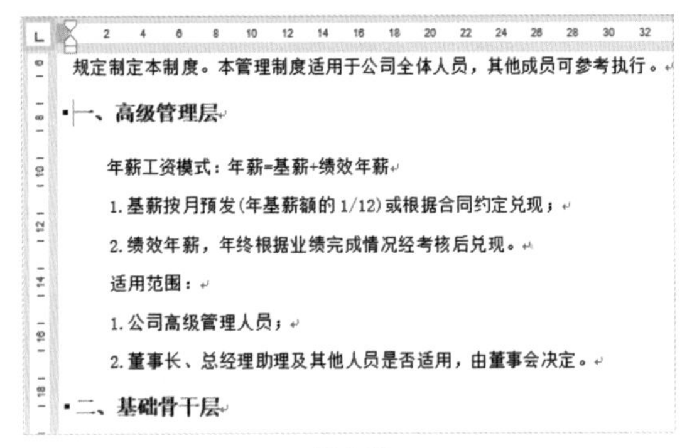


图6-10

当引用的内容发生变化时，用户可以对交叉引用进行更新操作。右击所需更新的交叉引用，在弹出的快捷菜单中选择“更新域”选项即可，如图6-11所示。

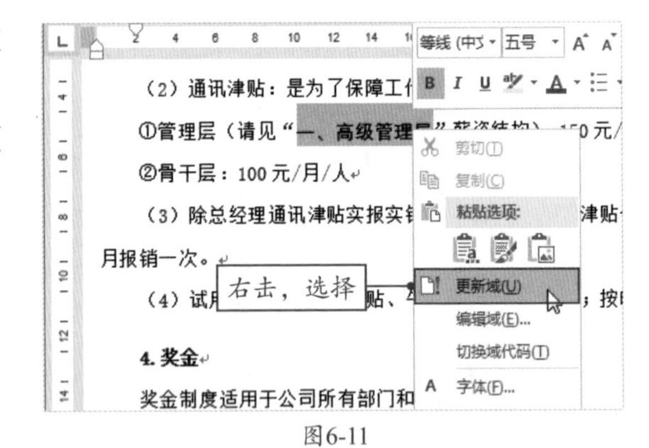


图6-11

## 6.2 文档目录与索引功能的应用

为长文档添加目录是很有必要的。通过目录用户可以了解整个文档的大致结构，并通过单击目录内容直接跳转到相关的信息页。对于专业性较强的文档，一般都会包含一份索引。而索引是将文档中一些重要的关键词罗列出来并形成目录，方便用户快速定位到关键词的位置。下面将对这两个功能进行简单的介绍。

## ■6.2.1　创建文档目录

扫码观看视频

有些人在为文档添加目录时，一般选择手动输入，但这种操作其实非常麻烦。Word自带的快速提取文档目录的功能，可以说是一键就能生成目录内容。

指定好目录插入点，在“引用”选项卡的“目录”选项组中单击“目录”下拉按钮，从中选择“自定义目录”选项，打开“目录”对话框，在此，用户可以对目录的显示级别及前导符等选项进行设置，如图6-12所示。一般情况下，用户只需设置“格式”和“显示级别”这两个选项就可以了，其他选项设为默认值就好。

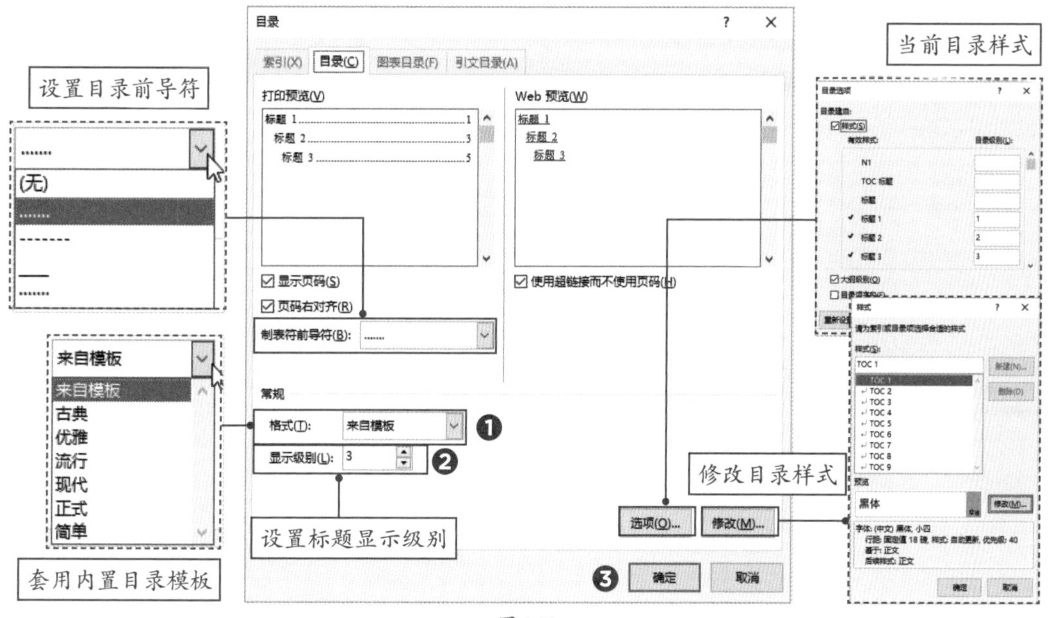


图6-12

设置完成后，用户可以在“打印预览”界面查看最终的设置效果，确认无误后，单击“确定”按钮即可在光标处插入该文档的目录，3级目录样式的设置结果如图6-13所示，2级目录样式的设置结果如图6-14所示。

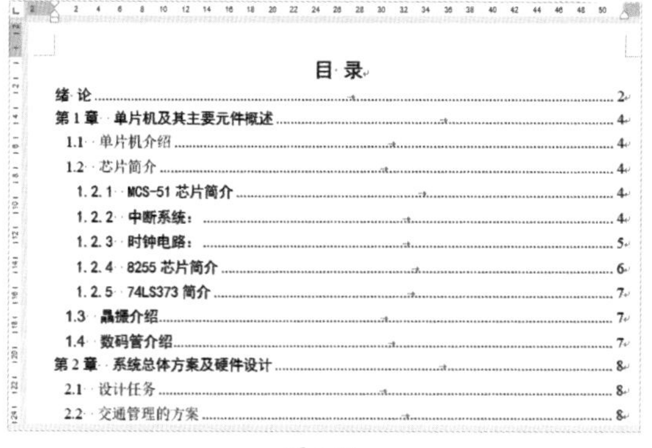

目 录

绪 论 ........ 2
第 1 章　单片机及其主要元件概述 ........ 4
1.1　单片机介绍 ........ 4
1.2　芯片简介 ........ 4
1.2.1　MCS-51 芯片简介 ........ 4
1.2.2　中断系统： ........ 4
1.2.3　时钟电路： ........ 5
1.2.4　8255 芯片简介 ........ 6
1.2.5　74LS373 简介 ........ 7
1.3　晶振介绍 ........ 7
1.4　数码管介绍 ........ 7
第 2 章　系统总体方案及硬件设计 ........ 8
2.1　设计任务 ........ 8
2.2　交通管理的方案 ........ 8

图6-13

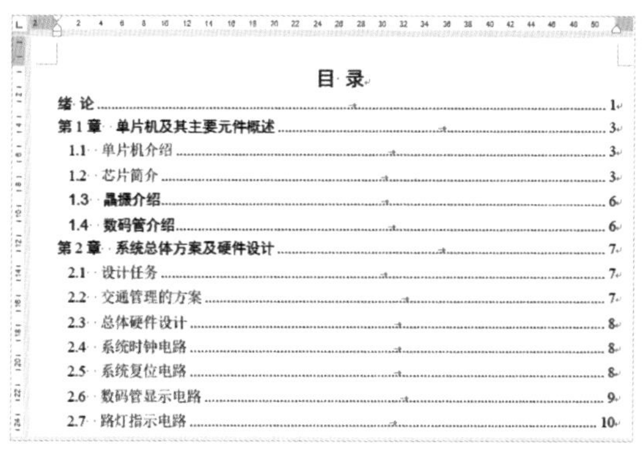

目 录

绪 论 ........ 1
第 1 章　单片机及其主要元件概述 ........ 3
1.1　单片机介绍 ........ 3
1.2　芯片简介 ........ 3
1.3　晶振介绍 ........ 6
1.4　数码管介绍 ........ 6
第 2 章　系统总体方案及硬件设计 ........ 7
2.1　设计任务 ........ 7
2.2　交通管理的方案 ........ 7
2.3　总体硬件设计 ........ 8
2.4　系统时钟电路 ........ 8
2.5　系统复位电路 ........ 8
2.6　数码管显示电路 ........ 9
2.7　路灯指示电路 ........ 10

图6-14

● **新手误区：**有时很多人会遇到无法插入目录的情况，这是因为文档中的标题没有设置内置的标题样式导致的。用户只需为标题设置标题样式就可以解决这个问题了。

## ■6.2.2 管理文档目录

文档目录创建完成后，用户还可以对目录内容进行调整，如修改目录样式、更新目录内容、删除目录等。

### 1. 修改目录样式

如果用户想要对当前的目录样式进行修改，可以打开“目录”对话框，单击“修改”按钮，在打开的“样式”对话框中选择相应的目录级别，单击“修改”按钮，随即会打开“修改样式”对话框，在该对话框中做出相应的修改即可，如图6-15所示。

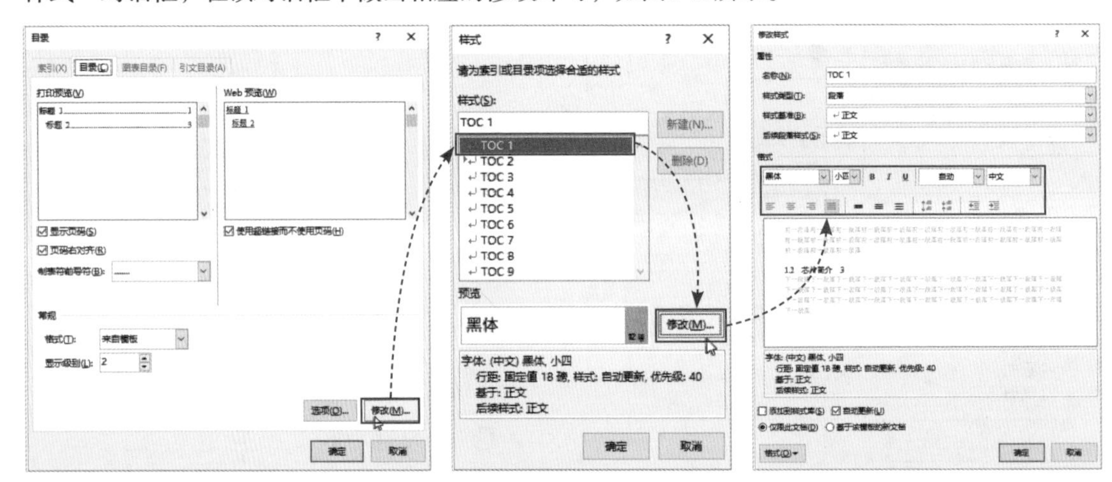


图6-15

### 2. 更新目录内容

插入目录后，如果正文中的标题或相应的页码发生了改变，那么用户可以对目录进行更新，以保证目录内容的正确性。

右击目录内容，在快捷列表中选择“更新域”选项，在打开的“更新目录”对话框中根据需要选择“只更新页码”或“更新整个目录”单选按钮即可，如图6-16所示。

张姐，也就是说，如果是文档的页码发生了变化，那么只需选择“只更新页码”选项；如果是标题内容发生了变化，那么就选择“更新整个目录”选项，是吗？

对，就是这个意思。因为目录本身是无法进行修改的，只能通过更新目录的方法来修改目录内容。

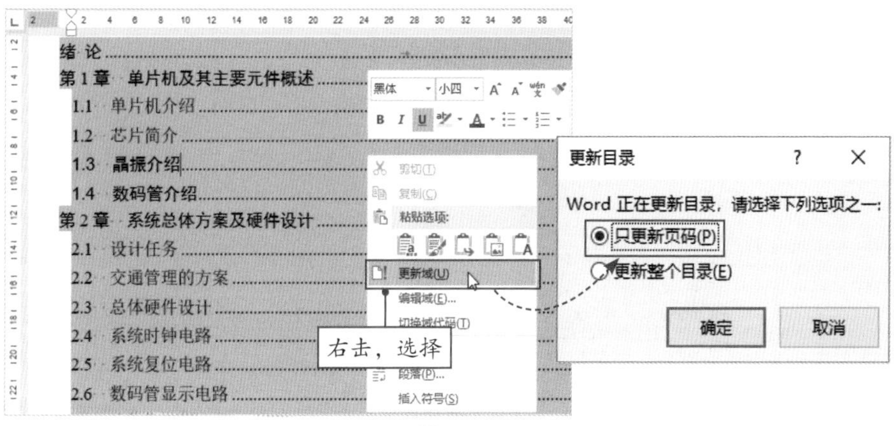


图6-16

### 3. 删除目录

如果不需要目录了，那么用户可以将其删除。选中整个目录，按Delete键就可以删除目录内容。

## 6.2.3　创建文档索引

在文档中选择要标记的索引内容，在“引用”选项卡的“索引”选项组中单击“标记条目”按钮，打开“标记索引项”对话框，此时在“主索引项”中会显示被选中的内容，单击“标记全部”按钮即可将该内容全部标记出来，如图6-17所示。

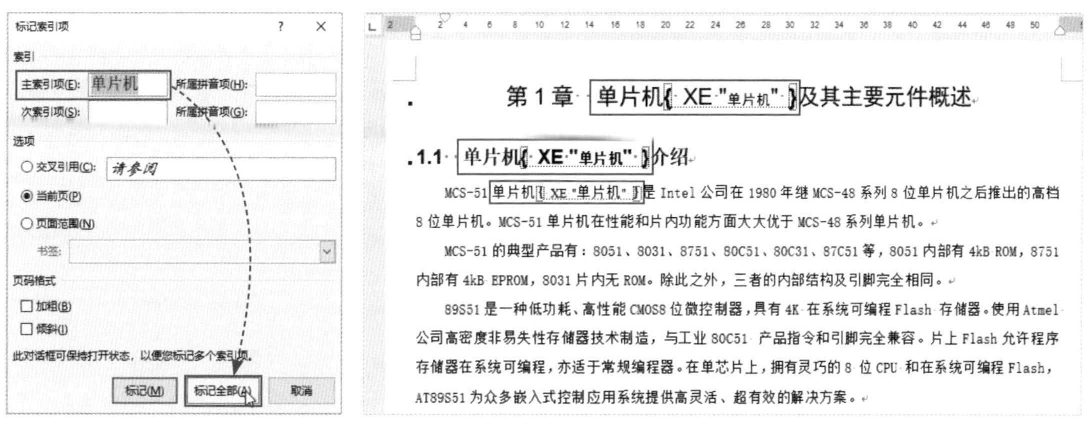


图6-17

按照上述方法可以添加多个索引项，同时用户可以将索引项通过目录的方式展示出来，从而能够了解这些索引项在文档中的具体位置。

将光标定位至要插入索引目录的位置，在“引用”选项卡的“索引”选项组中单击“插入索引”按钮，在打开的“索引”对话框中，用户可以对索引目录的格式进行设置，当然也可以保持默认设置，单击“确定”按钮即可完成索引目录的添加操作，如图6-18所示。

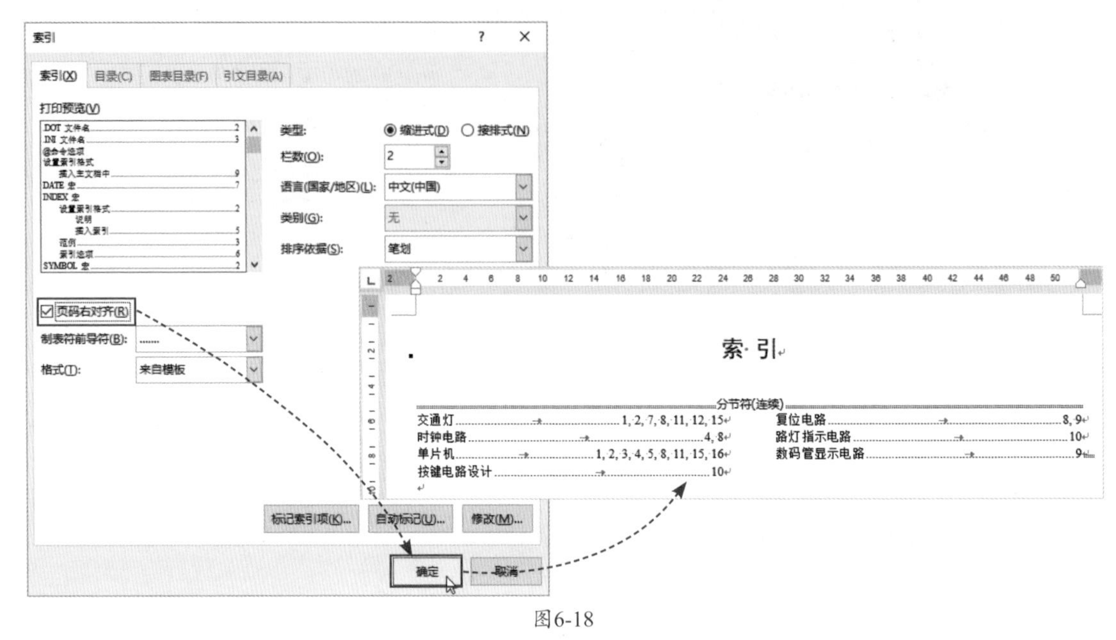


图6-18

索引内容创建完成后，用户可以对其进行管理操作，如设置索引的格式、更新索引及删除索引等。由于这些操作与管理目录的操作相同，这里就不再重复介绍了。

## 6.3 题注、脚注及尾注功能的应用

无论是对文档内容还是对图片进行注释时，都需要使用到“题注”“脚注”和“尾注”这三项功能。下面将分别对这三项功能的使用方法进行简单介绍。

### ■6.3.1 使用文档题注

当文档中存在大量的图片或表格内容，并需要对这些内容进行编号（如“图1”或“表1”）时，该如何操作呢？相信绝大多数人会一个个手动输入。如果后期对图片或表格进行了调整，如删除部分图片或表格，那么相应的编号岂不是又要重新输入一遍？其实，遇到这样的问题，使用“题注”功能就能够轻松解决。

选中所需图片，在“引用”选项卡的“题注”选项组中单击“插入题注”按钮，在打开的“题注”对话框中单击“标签”下拉按钮，选择“图”选项。在“题注”文本框中则会显示“图1”，如图6-19所示，单击“确定”按钮即可。此时，被选中的图片下方就会显示“图1”这一题注信息，如图6-20所示。

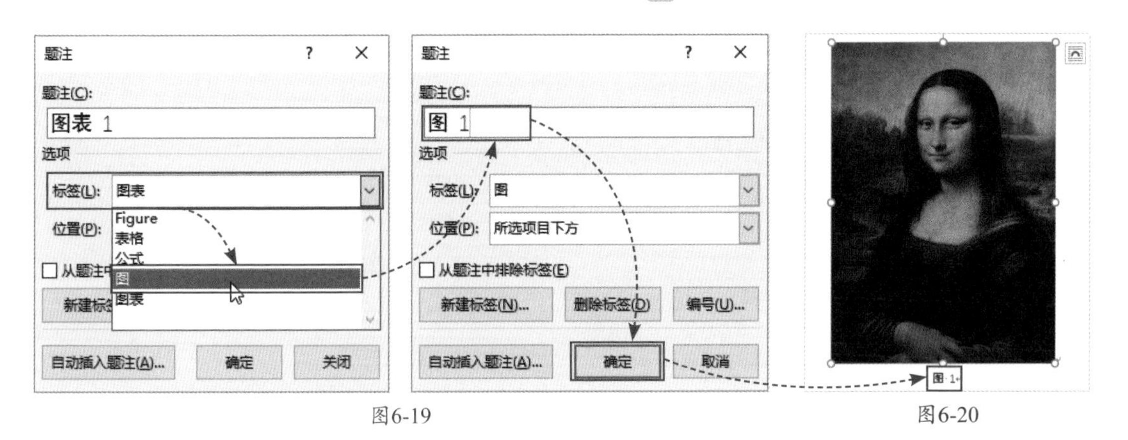


图6-19　　　　图6-20

以上讲解的是简单题注的添加方法，即先选中图片，再添加题注。该方法适用于图片较少的文档。如果文档中存在大量的图片，就需要使用“自动插入题注”功能了。该方法非常实用，用户只需设置好题注信息，系统就会自动添加相应的题注内容。

打开“题注”对话框，设置好标签内容，如选择“表格”标签，单击“自动插入题注”按钮，再在同名对话框的“插入时添加题注”列表中勾选需要设置的对象，这里选择“Microsoft Word 表格”选项，单击“确定”按钮即可，如图6-21所示。

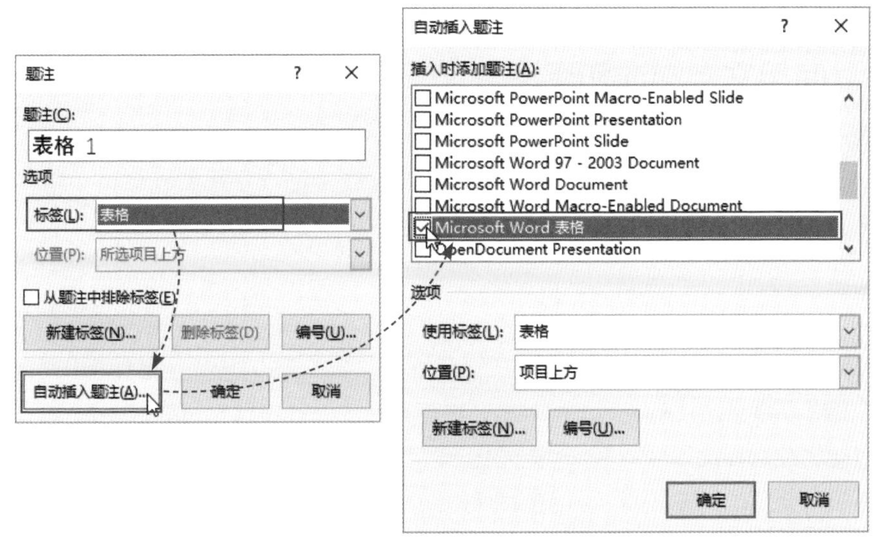


图6-21

当在文档中插入第1个空白表格后，表格上方就会自动添加题注内容“表格1”；插入第2个表格后，同样在表格上方会显示“表格2”；依此类推，如图6-22所示。

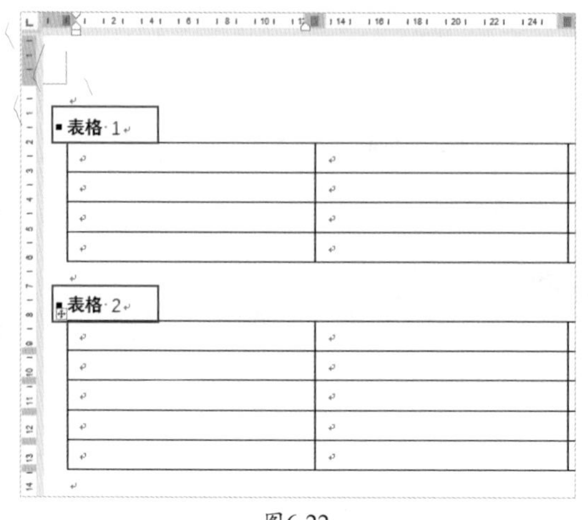


图6-22

**知识拓展**

使用“自动插入题注”功能后，如果插入的图片或表格发生了变化，如新增或删减图片或表格，那么相应的题注内容也会随之更改。

## 6.3.2 使用文档脚注和尾注

如果用户想对文档中的某些内容进行解释说明，可以利用脚注和尾注来实现。

将光标定位到所要注释的内容后，在“引用”选项卡的“脚注”选项组中单击“插入脚注”按钮，此时会在该内容的右上方显示“1”，同时系统会自动跳转到当前页面的底端，在此输入要注释的内容。输入完成后，将光标移动到脚注插入点，就会显示相应的注释内容，如图6-23所示。

尾注的添加方法与脚注相似，指定好所需注释的位置，在“引用”选项卡中单击“插入尾注”按钮，此时系统会自动跳转到文档末尾，再输入尾注内容即可，如图6-24所示。

如果想要删除脚注或尾注的话，只需在正文中删除相应的标记即可。删除方法与删除文字内容是一样的，使用Backspace键进行删除即可。

如何区别脚注和尾注呢?

脚注显示在当前页的页尾，而尾注显示在整篇文档的末尾，它们就这一个区别。

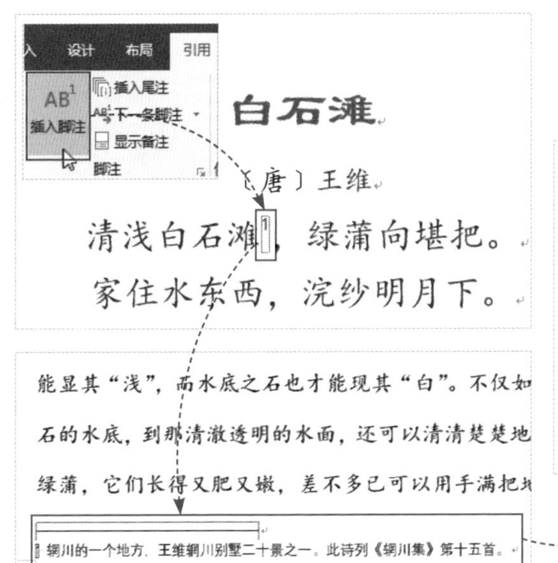


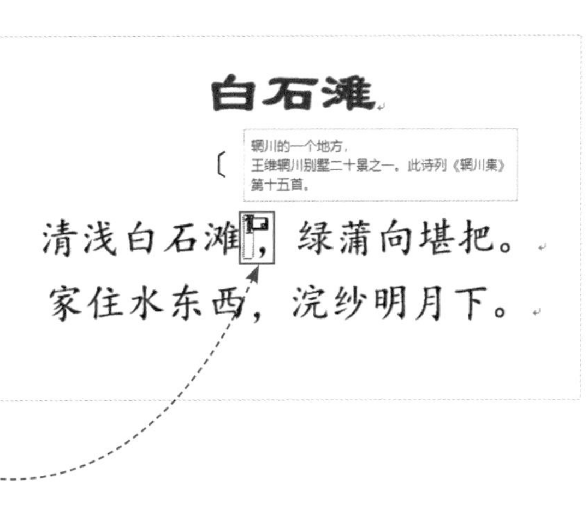


能显其“浅”，而水底之石也才能现其“白”。不仅如

石的水底，到那清澈透明的水面，还可以清清楚楚地

绿蒲，它们长得又肥又嫩，差不多已可以用手满把地

辋川的一个地方，王维辋川别墅二十景之一。此诗列《辋川集》第十五首。

图6-23

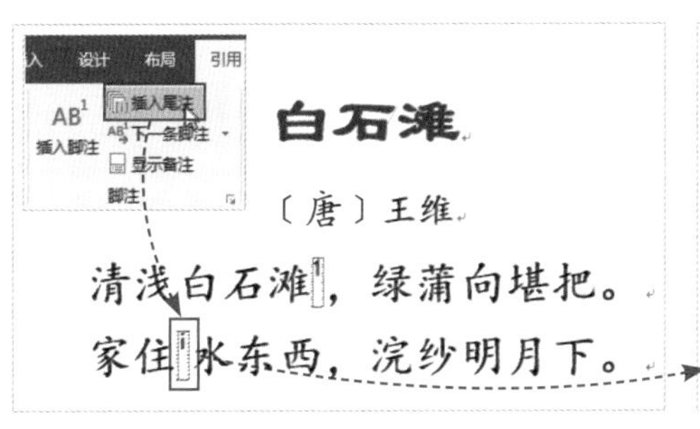


正是这皎洁的明月，才把她们吸引过来的。这就又借人物的活动中再衬明月一笔。由于这群浣纱少女的出现，幽静明媚的白石滩月夜，顿时生出开朗活泼的气氛，也带来了温馨甜美的生活气息，整幅画面都活起来了。这就又通过人物的行动，暗示了月光的明亮。这种写法，跟《鸟鸣涧》中的“月出惊山鸟”以鸟惊来写月明，颇相类似。

家住水东水西的女子，月夜三三两两地出来，在白石滩前洗纱。

图6-24

## 6.4 批量查找与替换

“查找和替换”功能是Word中较为重要的功能之一。它的作用很强大，在编辑文档的过程中使用率也非常高。而绝大多数人只会利用该功能进行简单的文本替换操作，其实它还有更加智能的用法没有被发掘。下面将对“查找和替换”功能进行全面的介绍。

### 6.4.1 查找指定的文本

在文档中查找指定的文本有两种方法：一种是利用导航窗格查找，另一种就是利用“查找和替换”功能查找。第一种方法自不必说，只需打开导航窗格，在其搜索框中输入要查找的文本内容，这时文档中所有与之相同的文本都会被标记出来，如图6-25所示。

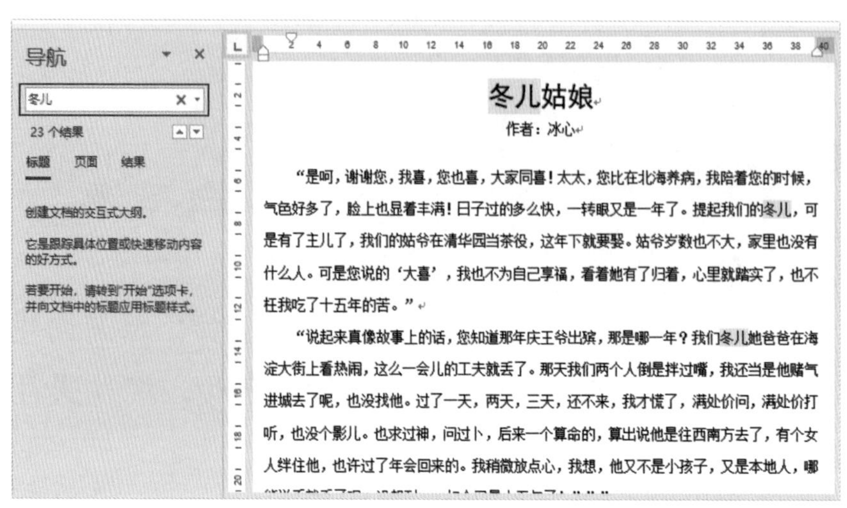

图6-25

而第二种方法也十分简单，按组合键Ctrl+H打开“查找和替换”对话框，在“查找”选项卡的“查找内容”文本框中输入要查找的文本，单击“阅读突出显示”下拉按钮，选择“全部突出显示”选项，随即文档中所有与之相同的文本都会被突出显示出来，如图6-26所示。

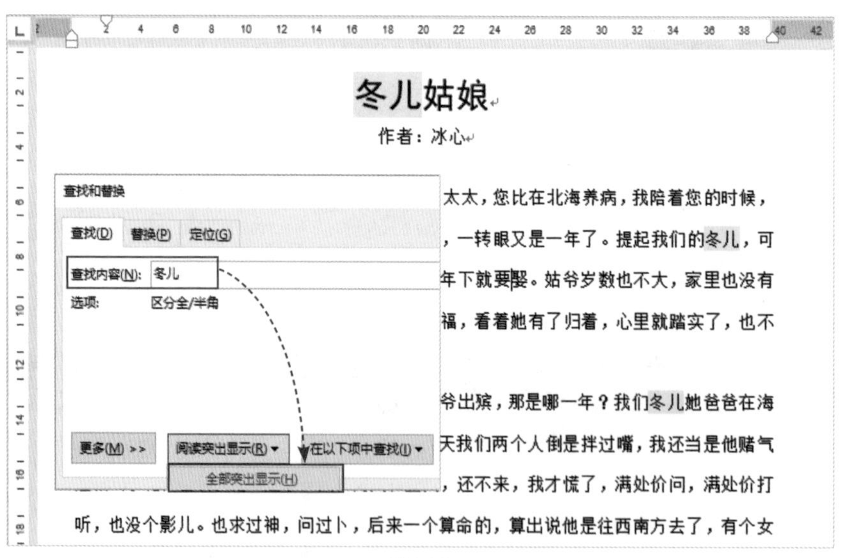

图6-26

## ■6.4.2 批量替换文本格式

扫码观看视频

批量替换文本内容的操作很简单，也是最基础的替换操作。在“查找和替换”对话框中分别输入被替换的文本和替换后的文本，单击“全部替换”按钮即可。而在日常工作中也经常有需要对指定的文本格式进行统一设置的情况，这时利用“查找和替换”功能也能够轻松解决。

打开所需文档，打开“查找和替换”对话框，将光标定位在“查找内容”文本框中并输入要设置格式的文本，如输入“冬儿”。然后将光标定位在“替换为”文本框中，不输入任何文本。单击“更多”按钮，在扩展列表中单击“格式”按钮，从列表中选择“字体”选项，在打开的“替换字体”对话框中设置字体的格式，设置完成后返回到上一层对话框，单击“全部替换”按钮即可，如图6-27所示。

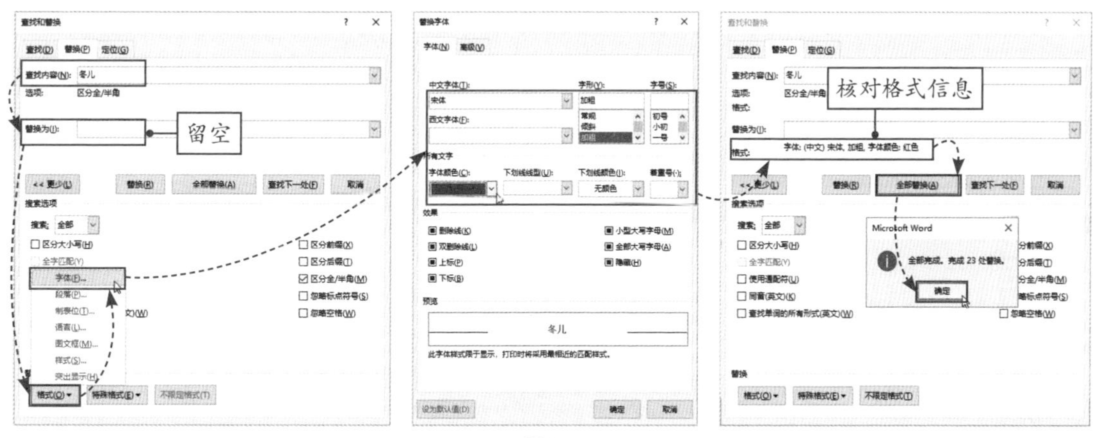


图6-27

这时，文档中所有“冬儿”的文本格式都发生了变化，如图6-28所示。

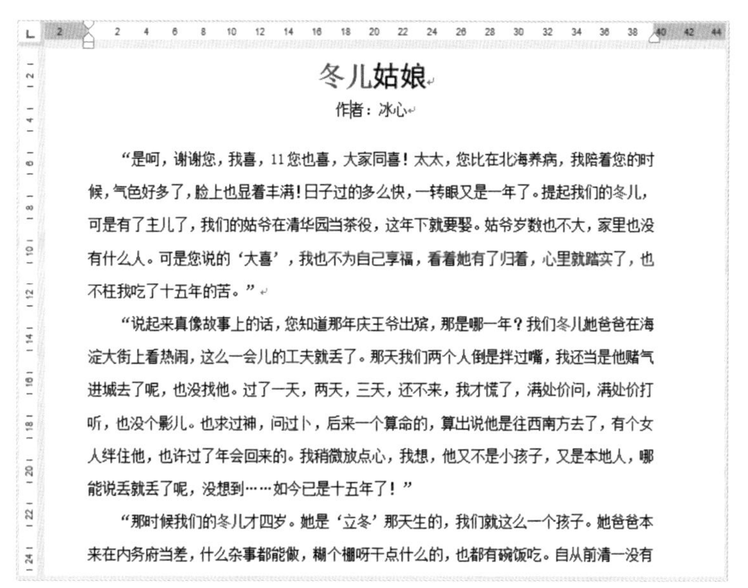
冬儿姑娘

作者：冰心

“是呵，谢谢您，我喜，11您也喜，大家同喜！太太，您比在北海养病，我陪着您的时候，气色好多了，脸上也显着丰满！日子过的多么快，一转眼又是一年了。提起我们的冬儿，可是有了主儿了，我们的姑爷在清华园当茶役，这年下就要娶。姑爷岁数也不大，家里也没有什么人。可是您说的‘大喜’，我也不为自己享福，看着她有了归着，心里就踏实了，也不枉我吃了十五年的苦。”

“说起来真像故事上的话，您知道那年庆王爷出殡，那是哪一年？我们冬儿她爸爸在海淀大街上看热闹，这么一会儿的工夫就丢了。那天我们两个人倒是拌过嘴，我还当是他赌气进城去了呢，也没找他。过了一天，两天，三天，还不来，我才慌了，满处价问，满处价打听，也没个影儿。也求过神，问过卜，后来一个算命的，算出说他是往西南方去了，有个女人绊住他，也许过了年会回来的。我稍微放点心，我想，他又不是小孩子，又是本地人，哪能说丢就丢了呢，没想到……如今已是十五年了！”

“那时候我们的冬儿才四岁。她是‘立冬’那天生的，我们就这么一个孩子。她爸爸本来在内务府当差，什么杂事都能做，糊个棚呀干点什么的，也都有碗饭吃。自从前清一没有

图6-28

## 知识拓展

在对文档进行编辑时，还可以将某种字体格式批量替换成另一种字体格式。将“查找内容”文本框留空，并设置好原文本格式，再将“替换为”文本框留空，设置好新的文本格式，单击“全部替换”按钮即可。

## ■6.4.3 图片的批量替换

利用“查找和替换”功能不仅可以对文本进行批量替换操作，还可以在文本与图片之间来回替换，甚至可以完成批量删除图片等操作。

### 1. 将文字替换为图片

想要将文档中的某些文字替换为相应的图片，需要先将图片插入至文档中，按组合键Ctrl+X对图片进行剪切，然后打开“查找和替换”对话框，在“查找内容”文本框中输入要替换的文字，如“（1）”，再将光标定位至“替换为”文本框中，单击“特殊格式”按钮，从中选择““剪贴板”内容”选项，此时“替换为”文本框中会显示字符“^C”，最后单击“全部替换”按钮即可，如图6-29所示。

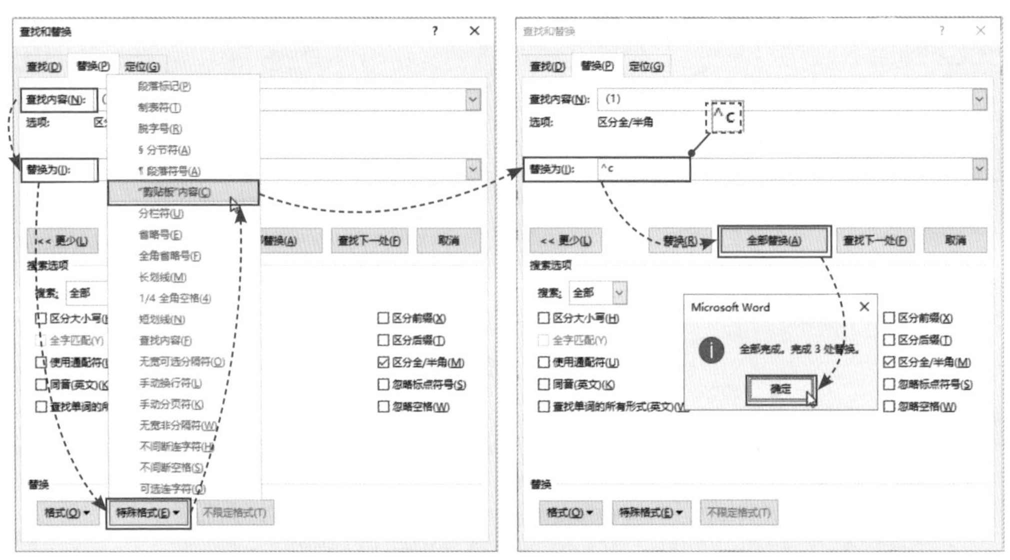


图6-29

设置完成后，文档中所有的“（1）”均已替换为图片了。按照同样的方法，可以将其他的编号也替换为相应的图片，如图6-30所示。

图6-30

## 2. 批量删除文档中的图片

如果想要一次性地删除文档中的所有图片，使用“查找和替换”功能就能够轻松实现。打开所需文档，同时打开“查找和替换”对话框，将光标定位至“查找内容”文本框中，单击“特殊格式”按钮，从中选择“图形”选项，然后在“替换为”文本框中添加一个空格键，单击“全部替换”按钮即可，如图6-31所示。

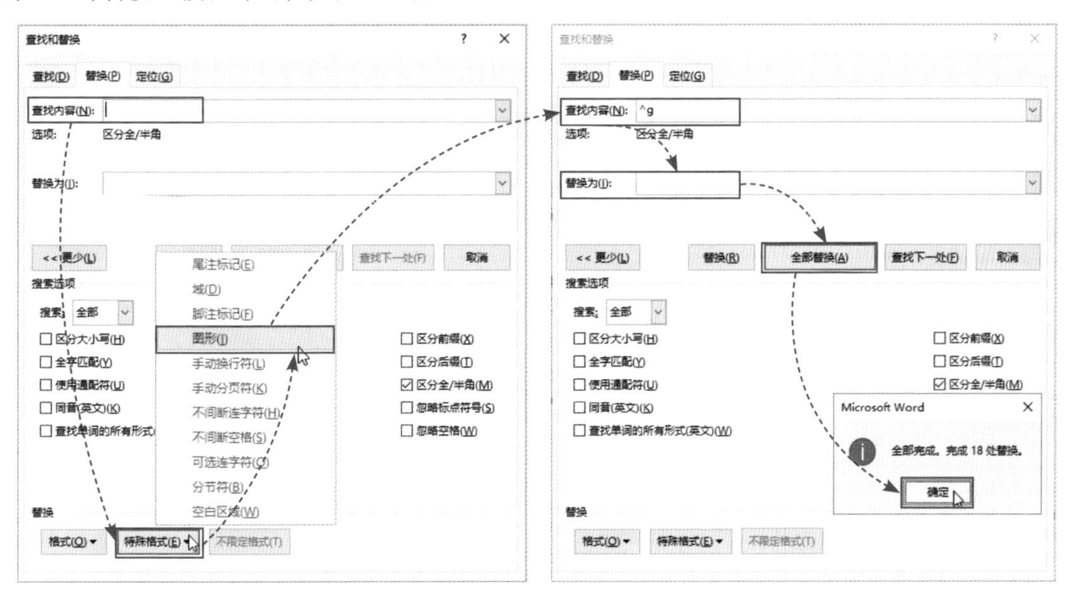


图6-31

设置完成后，文档中的所有图片均已删除，如图6-32所示。

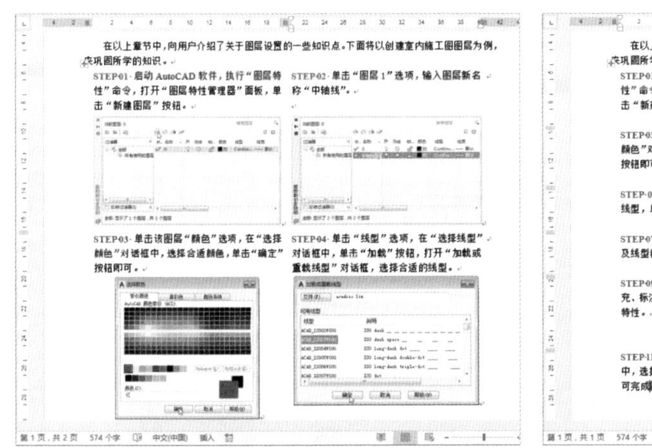
在以上章节中，向用户介绍了关于图层设置的一些知识点。下面将以创建室内施工图图层为例，来巩固所学的知识。

STEP01 启动 AutoCAD 软件，执行“图层特性”命令，打开“图层特性管理器”面板，单击“新建图层”按钮。

STEP02 单击“图层 1”选项，输入图层新名称“中轴线”。

STEP03 单击该图层“颜色”选项，在“选择颜色”对话框中，选择合适颜色，单击“确定”按钮即可。

STEP04 单击“线型”选项，在“选择线型”对话框中，单击“加载”按钮，打开“加载或重载线型”对话框，选择合适的线型。

第 1 页，共 2 页 574 个字 中文(中国) 插入

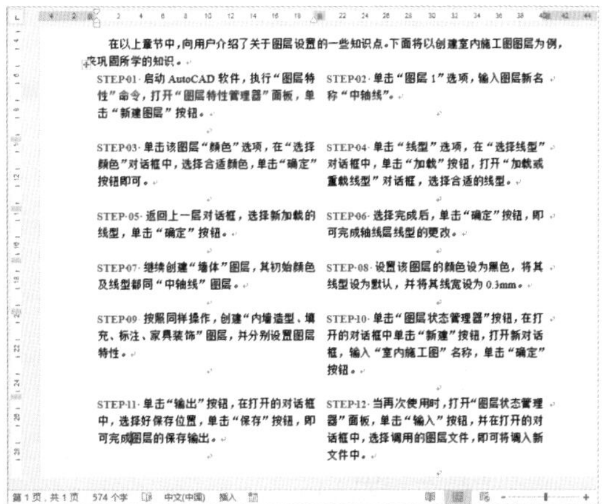
在以上章节中，向用户介绍了关于图层设置的一些知识点。下面将以创建室内施工图图层为例，来巩固所学的知识。

STEP01 启动 AutoCAD 软件，执行“图层特性”命令，打开“图层特性管理器”面板，单击“新建图层”按钮。

STEP02 单击“图层 1”选项，输入图层新名称“中轴线”。

STEP03 单击该图层“颜色”选项，在“选择颜色”对话框中，选择合适颜色，单击“确定”按钮即可。

STEP04 单击“线型”选项，在“选择线型”对话框中，单击“加载”按钮，打开“加载或重载线型”对话框，选择合适的线型。

STEP05 返回上一层对话框，选择新加载的线型，单击“确定”按钮。

STEP06 选择完成后，单击“确定”按钮，即可完成轴线层线型的更改。

STEP07 继续创建“墙体”图层，其初始颜色及线型都同“中轴线”图层。

STEP08 设置该图层的颜色设为黑色，将其线型设为默认，并将其线宽设为 0.3mm。

STEP09 按照同样操作，创建“内墙造型、填充、标注、家具装饰”图层，并分别设置图层特性。

STEP10 单击“图层状态管理器”按钮，在打开的对话框中单击“新建”按钮，打开新对话框，输入“室内施工图”名称，单击“确定”按钮。

STEP11 单击“输出”按钮，在打开的对话框中，选择好保存位置，单击“保存”按钮，即可完成图层的保存输出。

STEP12 当再次使用时，打开“图层状态管理器”面板，单击“输入”按钮，并在打开的对话框中，选择调用的图层文件，即可将调入新文件中。

第 1 页，共 1 页 574 个字 中文(中国) 插入

图6-32

**新手误区：** 这里所说的图片是指文档中嵌入的图片，以其他方式排列的图片不包含在内。也就是说，以其他方式排列的图片是无法通过“查找和替换”功能删除的。

### 3. 将图片居中对齐

使用“替换”功能还可以批量设置图片的对齐方式。打开“查找和替换”对话框，将光标定位在“查找内容”文本框中，并单击“特殊格式”按钮，从打开的列表中选择“图形”选项。然后将光标定位至“替换为”文本框中，单击“格式”按钮，选择“段落”选项，在打开的“段落”对话框中将“对齐方式”设为“居中”，返回到上一层对话框，单击“全部替换”按钮即可，如图6-33所示。

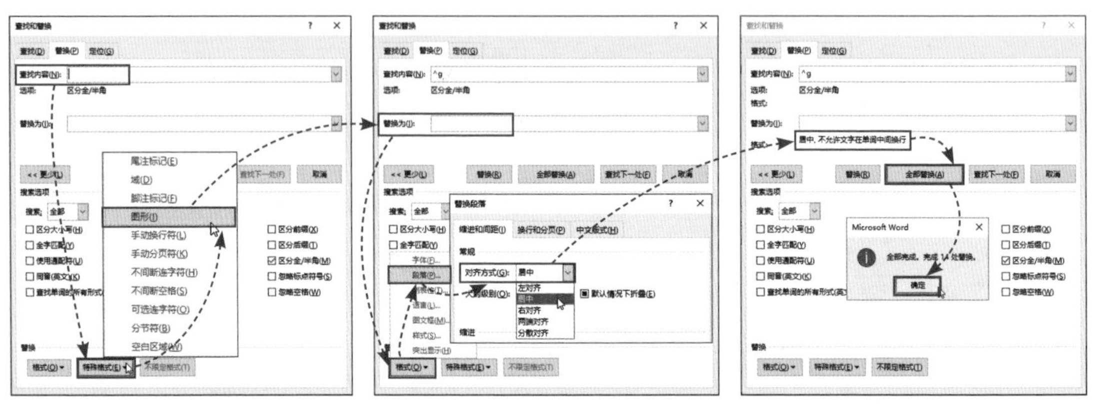

图6-33

## ■6.4.4 使用通配符进行替换

在日常工作中，经常会遇到一些“马大哈”将别人的名字写错，如将“陈月茹”写成了“陈日茹”或“陈目茹”等，如图6-34所示。像这样的情况，该如何进行统一地替换操作呢？答案是使用通配符来进行替换。

打开“查找和替换”对话框，先勾选“使用通配符”复选框，然后在“查找内容”文本框中输入“陈*茹”，在“替换为”文本框中输入正确的名字“陈月茹”，单击“全部替换”按钮即可，如图6-35所示。

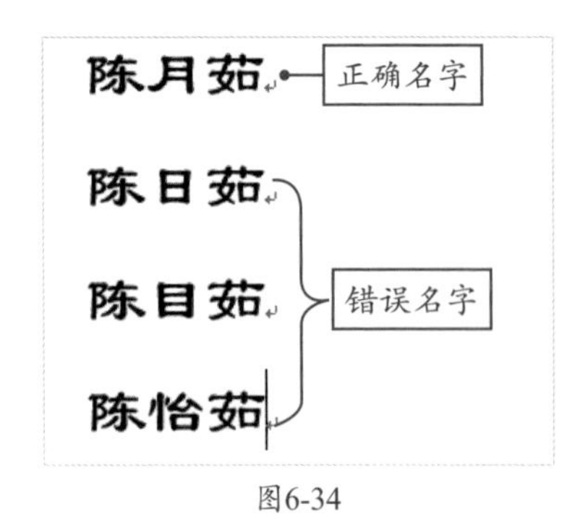


图6-34

图6-35

通配符是一些特殊的字符，它用来代表一类内容，而不是某个具体的内容。这个案例中的“*”字符就是通配符。“*”代表任意字符串，可以是0个或多个字符。所以在模糊查找时，如果已经确定了前后两个字符，中间的字符不确定，就可以用“*”来代表中间的字符。常见的几类通配符见表6-1。

表6-1

| 通配符 | 含义 | 通配符 | 含义 |
| --- | --- | --- | --- |
| ? | 任意单个字符 | {n} | *n* 个重复的前一字符或表达式 |
| * | 任意数量的字符 | {n,} | 至少 *n* 个前一字符或表达式 |
| < | 单词的开头 | {n,m} | *n* ~ *m* 个前一字符或表达式 |
| > | 单词的结尾 | @ | 一个或一个以上的前一字符或表达式 |
| [ ] | 指定字符之一 | (n) | 表达式 |
| [-] | 指定范围内的任意单个字符 | [!x-z] | 中括号内指定字符范围以外的任意单个字符 |

在使用通配符时，使用“( )”括起来的内容成为表达式。表达式主要用于对内容进行分组，以便在替换时以组为单位进行灵活操作。例如，“(234)(678)”则表示“234”是一组，“678”是另一组。在替换时，使用“\1”表示第1组表达式，“\2”表示第2组表达式。如果想要将“234678”替换为“678234”，那么用户在“查找内容”文本框中输入“(234)(678)”，在“替换为”文本框中输入“\2\1”即可。

**新手误区：** 表达式一共只有9级，不允许相互嵌套使用。在输入通配符时，一定要在英文状态下输入，否则视为无效。

以上介绍的是通配符的表达式，下面再来简单介绍一下代码。代码是用于表示一个或多个特殊格式的符号，通常以“^”开始。用户可以在“查找和替换”对话框的“替换”选项卡中单击“特殊格式”下拉按钮，在打开的列表中选择所需的代码选项，此时系统会自动显示带有“^”开头的代码符号，如图6-36所示的是“段落标记”的代码。当然，用户也可以手动输入相应的代码，其效果是一样的。在使用代码时，是否勾选“使用通配符”复选框所对应的“特殊格式”列表是不一样的，在取消勾选“使用通配符”复选框的情况下，代码选项如图6-37所示；在勾选“使用通配符”复选框的情况下，代码选项如图6-38所示。

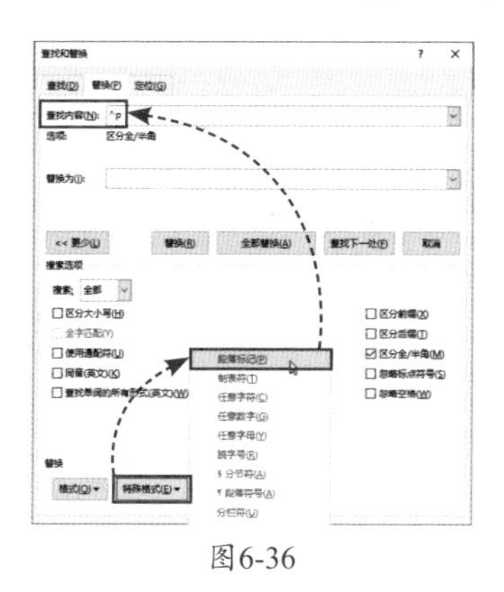

图6-36

图6-37

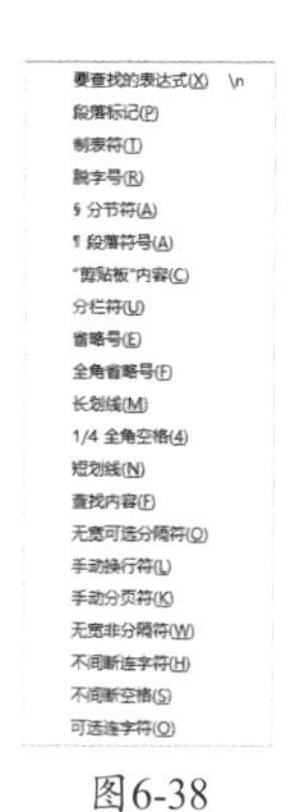

图6-38

# 综合实战

## 6.5 编排产品使用说明书

产品说明书是向人们介绍某产品具体使用步骤和注意事项的一份文档。像这类文档，少则3～5页，多则10～20页，而对于这种长文档的编排，用户需要掌握一些操作方法，才能够顺利完成。下面以编排“家具产品使用说明书”为例，来介绍长文档的编辑技巧。

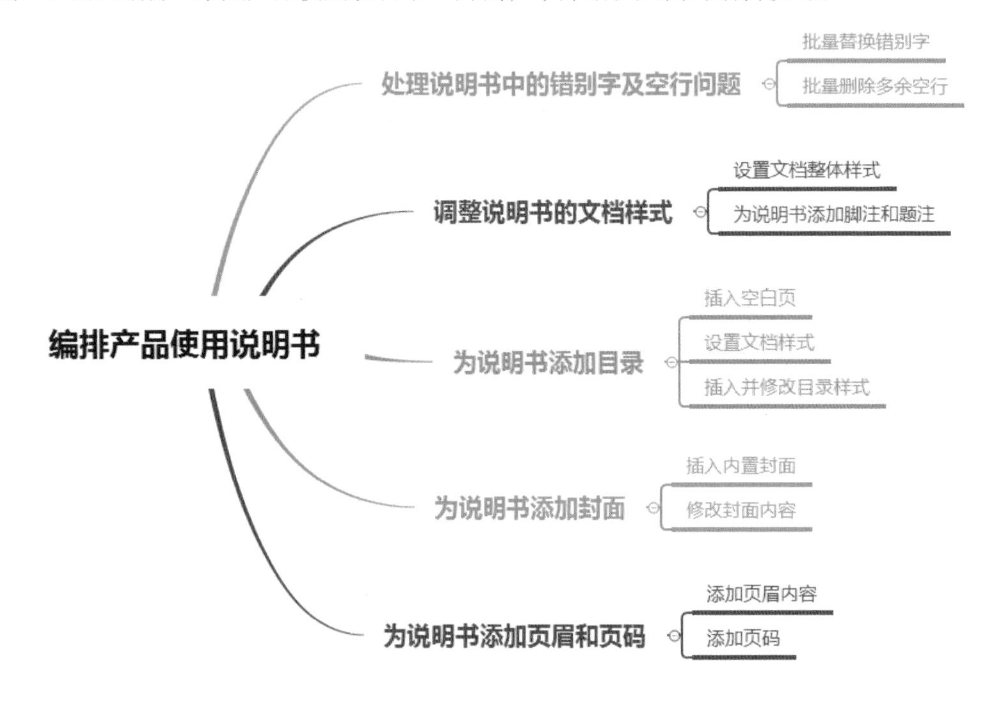


### ■6.5.1 处理说明书中的错别字及空行

扫码观看视频

在本案例中，原作者将“家具”输成了“家居”，同时误操作添加了许多空行。当遇到这类问题时，使用“替换”功能就能够轻松地解决。

**Step 01 调出“查找和替换”对话框。**将光标放置在文档的页首位置，按组合键Ctrl+H打开“查找和替换”对话框，如图6-39所示。

图6-39

**Step 02 替换“家居”错别字。**将光标放置在“查找内容”文本框中并输入文本“家居”，再将光标放置在“替换为”文本框中并输入文本“家具”，单击“全部替换”按钮即可，如图6-40所示。

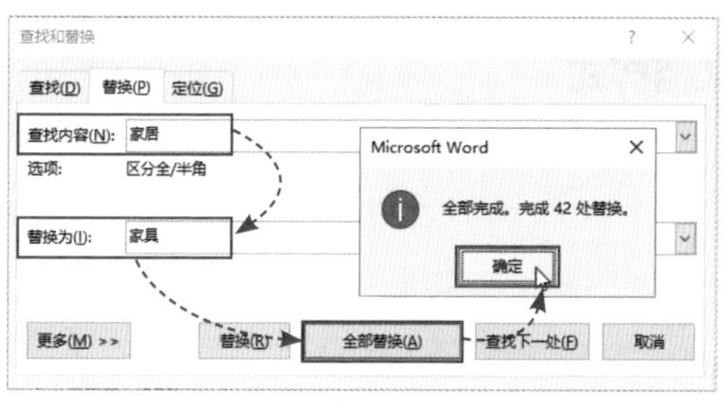


图6-40

**Step 03 插入两个段落标记字符。**在“查找和替换”对话框中删除“查找内容”文本框中的文本，单击“更多”按钮，在展开的面板中单击“特殊格式”按钮，选择“段落标记”选项，此时在“查找内容”文本框中会显示相应的字符，按照同样的操作，再添加一个段落标记，一共两个，如图6-41所示。

**Step 04 批量删除多余空行。**在“替换为”文本框中插入一个段落标记，单击“全部替换”按钮即可删除说明书中的所有空行，如图6-42所示。

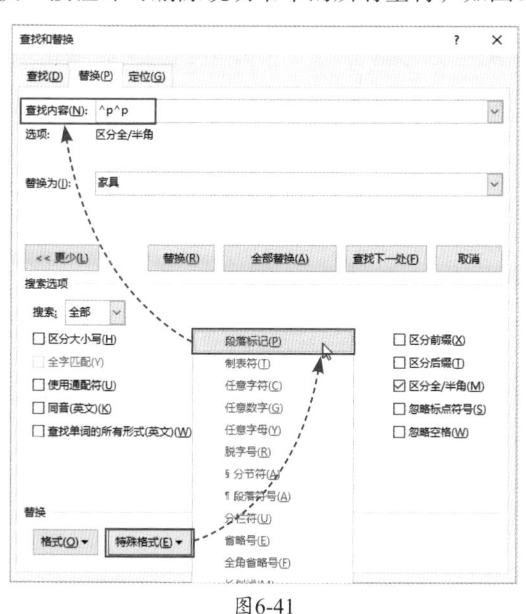
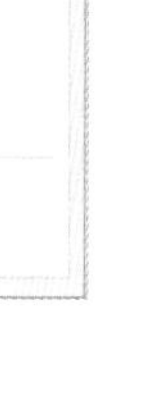


图6-41

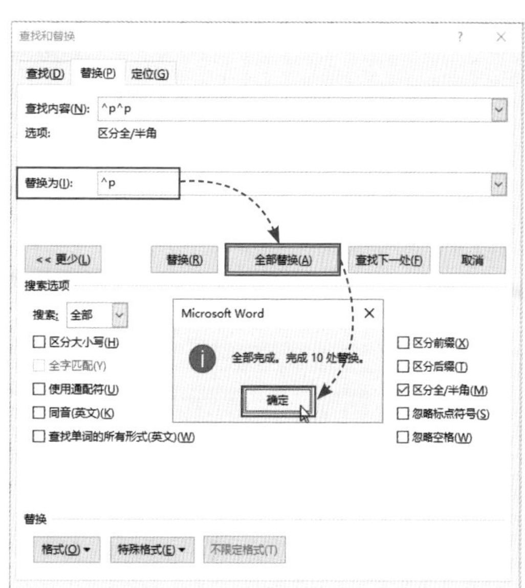


图6-42

## 6.5.2　调整说明书的文档样式

扫码观看视频

原始的说明书文档是以默认的文档样式来显示的。为了提高文档的阅读性、减少阅读障碍，就必须对文档的整体样式进行调整，如调整标题样式、正文样式、表格样式等。

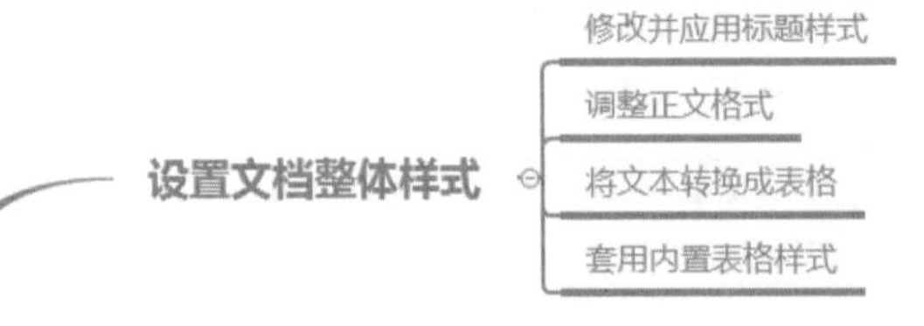


## 1. 设置文档整体样式

在本案例中设置的文档样式包括设置标题样式、添加项目符号、文本和表格互换、设置表格样式等。

**Step 01 修改“标题2”样式。**将光标放置在“一、产品概述”文本后，在“样式”列表中右击“标题2”样式，选择“修改”选项，在打开的“修改样式”对话框中对该标题样式进行修改，如图6-43所示。

**Step 02 应用“标题2”样式。**将说明书中所有的二级标题都应用修改后的“标题2”样式，如图6-44所示。

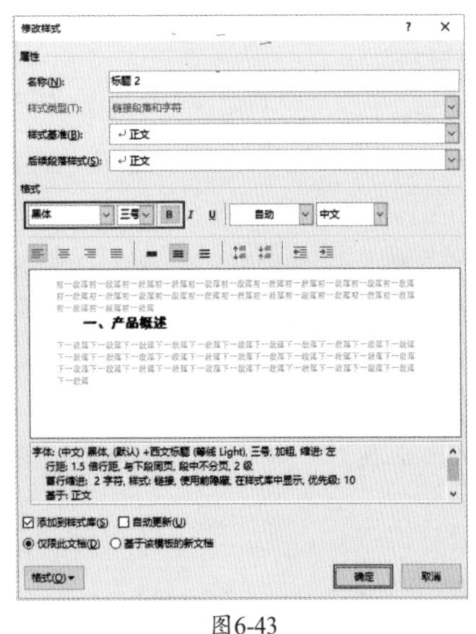

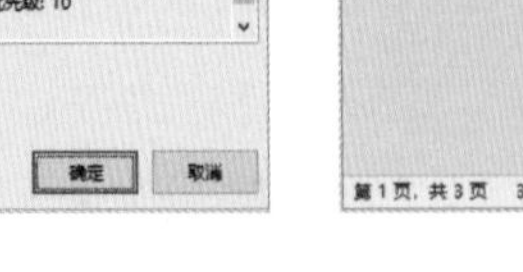

图6-43

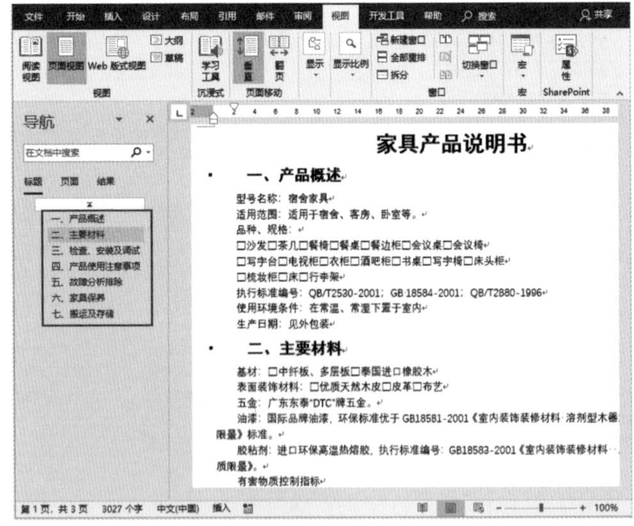


图6-44

**Step 03 修改“标题3”样式并应用。**在样式列表中右击“标题3”样式，选择“修改”选项，对该样式进行修改，并将其应用至文档所有的三级标题，如图6-45所示。

**Step 04 添加项目符号。**在文档中选中所需的内容，单击“项目符号”按钮，在打开的列表中选择满意的符号样式即可，如图6-46所示。按照同样的操作方法为其他内容添加项目符号。

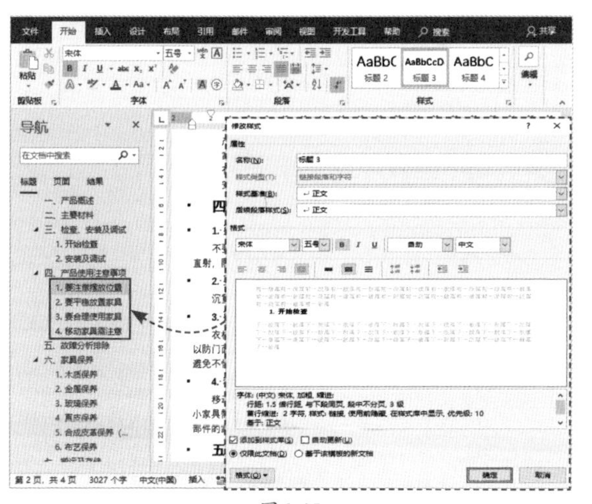

图6-45

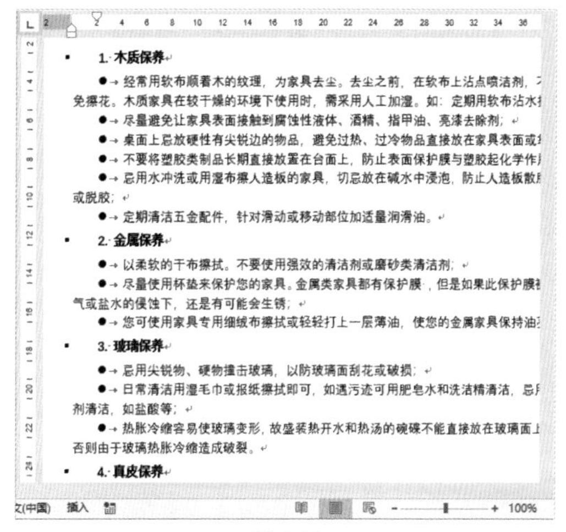

图6-46

**Step 05 调整正文格式。**将正文字体设为“宋体”，将段落“行距”设为“1.5倍”，对所需字体进行加粗显示，同时使用Tab键调整文本的间距，如图6-47所示。

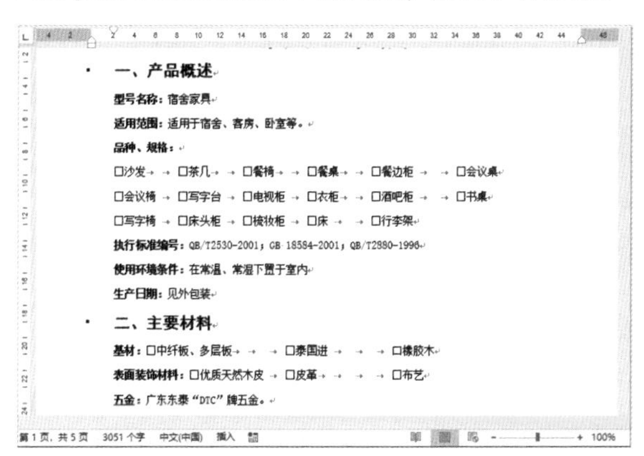

图6-47

**Step 06 文本转换成表格。**选中所需文本，在“插入”选项卡中单击“表格”下拉按钮，选择“文本转换成表格”选项，在打开的对话框中确认表格的“列数”及“文字分隔位置”，单击“确定”按钮即可完成表格的转换，如图6-48所示。

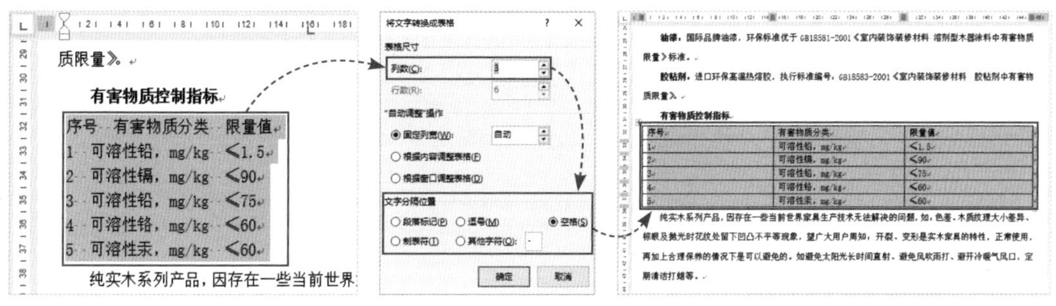

图6-48

**Step 07** **套用内置的表格样式。**选中转换的表格，在“表格工具—设计”选项卡的“表格样式”选项组中选择一种满意的表格样式美化该表格。同时设置好内容的格式，包括字体、字号、对齐方式等，如图6-49所示。

**Step 08** **设置其他表格样式。**选择文档中“五、故障分析排除”的表格内容，套用相同的表格样式，同时也设置好文本内容的格式，如图6-50所示。

**胶粘剂**：进口环保高温热熔胶，执行标准编号：GB18583-2001《室内装饰装修材料 胶粘剂中有害物质限量》。

**有害物质控制指标**（见表格 1）

| 序号 | 有害物质分类 | 限量值 |
|---|---|---|
| 1 | 可溶性铅，mg/kg | <1.5 |
| 2 | 可溶性镉，mg/kg | <90 |
| 3 | 可溶性铅，mg/kg | <75 |
| 4 | 可溶性铬，mg/kg | <60 |
| 5 | 可溶性汞，mg/kg | <60 |

纯实木系列产品，因存在一些当前世界家具生产技术无法解决的问题，如：色差、木质纹理大小差异、棕眼及抛光时花纹处留下凹凸不平等现象，望广大用户周知；开裂、变形是实木家具的特性，正常使用，再加上合理保养的情况下是可以避免的。如避免太阳光长时间直射、避免风吹雨打、避开冷暖气风口，定期清洁打蜡等。

图6-49

**五、故障分析排除**（见表格 2）

| 序号 | 故障现象 | 原因分析 | 排除方法 |
|---|---|---|---|
| 1 | 门缝隙偏差，开关不顺 | 地面不平 | 找准位置，用硬纸片垫好或调解好 |
| 2 | 柜门板下坠、碰到底板 | 固定门铰的螺丝松脱 | 调整门板，并锁紧螺丝 |
| 3 | 油漆表面轻度刮伤 | 使用过程刮伤 | 使用修色笔给划痕处上色 |
| 4 | 封边带翘起或脱层 | 热胀冷缩，胶未粘牢 | 采用电烫斗加热，旋转于封边脱落处2~3分钟，即可粘合 |
| 5 | 射灯不亮 | 电路不通或灯坏 | 检查线路或换灯泡 |
| 6 | 抽屉开启不灵活 | 载荷过重，导轨缺少润滑油或导轨松动 | 减轻重量，导轨适当加润滑油，调整导轨和拧紧固定导轨的螺丝 |
| 7 | 拆装产品结构松动 | 拆装螺丝未拧紧 | 拧紧拆装螺丝 |

图6-50

### 2. 为说明书内容添加脚注和题注

有时需要对长文档中一些专业性比较强的词语进行解释，这就需要用到“脚注”功能。而如果要为图片或标题添加注释，就可以利用“题注”功能来操作，非常方便快捷。

**Step 01** **添加脚注。**选中“宿舍家具”文本，在“引用”选项卡中单击“插入脚注”按钮，此时在被选中的文本右上方会显示“1”，再在当前页下方输入注释内容即可，如图6-51所示。

图6-51

**Step 02** **添加其他脚注内容。**选中“中纤板、多层板”文本内容，单击“插入脚注”按钮，此时会在该文本上方显示“2”，再在当前页下方输入脚注内容，结果如图6-52所示。

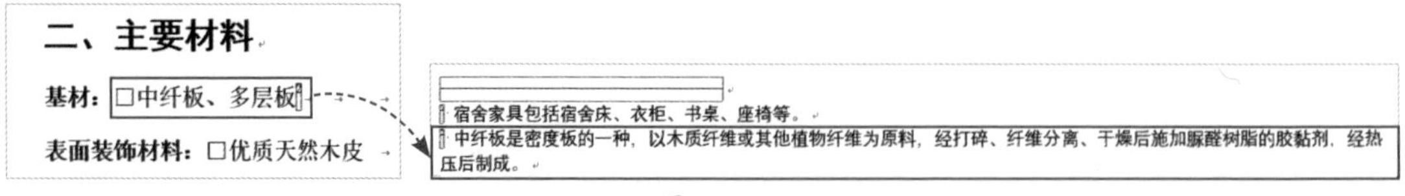


图6-52

**Step 03** **添加题注。**选中文档中第1个表格内容“有害物质控制指标”，在“引用”选项卡中单击“插入题注”按钮，在打开的“题注”对话框中，系统已自动显示了相关题注信息，确认无误之后单击“确定”按钮即可，如图6-53所示。

图6-53

**Step 04** **调整题注的对齐方式。**选中添加的题注，将其居中对齐显示，如图6-54所示。

**Step 05** **添加其他题注内容。**按照上述操作方法，为第2张表格添加题注，并设置好对齐方式，如图6-55所示。

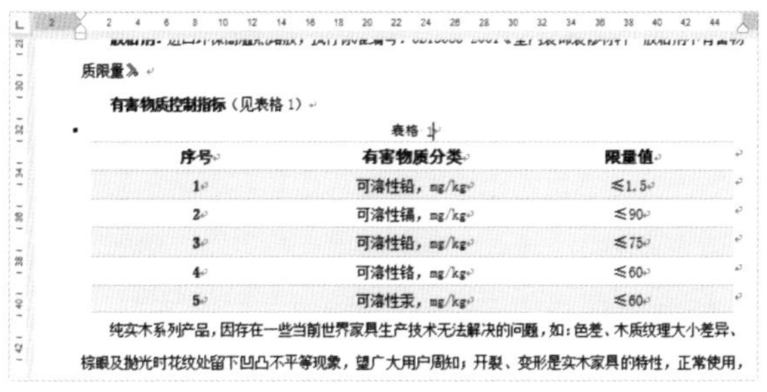

质限量》

有害物质控制指标（见表格 1）

表格 1

| 序号 | 有害物质分类 | 限量值 |
|---|---|---|
| 1 | 可溶性铅，mg/kg | ≤1.5 |
| 2 | 可溶性镉，mg/kg | ≤90 |
| 3 | 可溶性铬，mg/kg | ≤75 |
| 4 | 可溶性铬，mg/kg | ≤60 |
| 5 | 可溶性汞，mg/kg | ≤60 |

纯实木系列产品，因存在一些当前世界家具生产技术无法解决的问题，如：色差、木质纹理大小差异、棕眼及抛光时花纹处留下凹凸不平等现象，望广大用户周知；开裂、变形是实木家具的特性，正常使用，

图6-54

五、故障分析排除（见表格 2）

表格 2

| 序号 | 故障现象 | 原因分析 | 排除方法 |
|---|---|---|---|
| 1 | 门缝隙偏差，开关不顺 | 地面不平 | 找准位置，用硬纸片垫好或调解好 |
| 2 | 柜门板下坠、碰到底板 | 固定门铰的螺丝松脱 | 调整门板，并锁紧螺丝 |
| 3 | 油漆表面轻度刮伤 | 使用过程刮伤 | 使用修色笔给划痕处上色 |
| 4 | 封边带翘起或脱层 | 热胀冷缩，胶未粘牢 | 采用电烫斗加热，旋转于封边脱落处2~3分钟，即可粘合 |
| 5 | 射灯不亮 | 电路不通或灯坏 | 检查线路或换灯泡 |
| 6 | 抽屉开启不灵活 | 载荷过重，导轨缺少润滑油或导轨松动 | 减轻重量，导轨适当加润滑油，调整导轨和拧紧固定导轨的螺丝 |
| 7 | 拆装产品结构松动 | 拆装螺丝未拧紧 | 拧紧拆装螺丝 |

图6-55

## 6.5.3　为说明书添加目录

为长文档添加目录，可以方便用户快速了解文档内容，并通过链接查看相关内容。下面将介绍添加目录的具体操作方法。

**Step 01** **插入空白页。**将光标放置在文档的页首位置，在“插入”选项卡的“页面”选项组中单击“空白页”选项。此时系统会插入一张空白页，在此空白页中输入“目录”标题名称，并设置标题的文本格式，如图6-56所示。

**Step 02** **设置二级目录样式。**在“引用”选项卡中单击“目录”下拉按钮，从中选择“自定义目录”选项，在“目录”对话框中单击“修改”按钮，在弹出的“样式”对话框中选中标题“TOC 2”，并单击“修改”按钮，在弹出的“修改样式”对话框中设置该目录的样式，如

图6-57所示。

图6-56

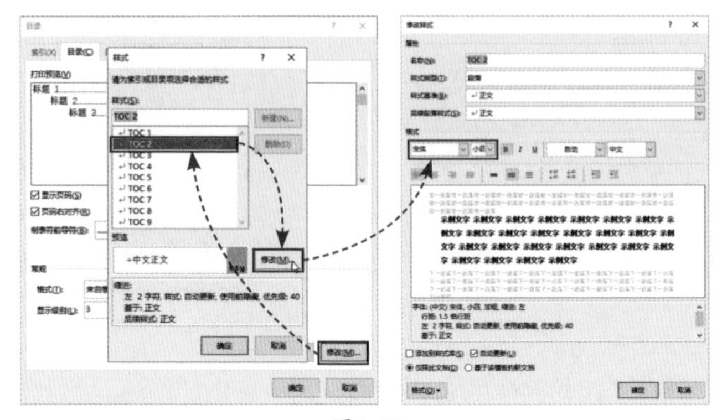

图6-57

**Step 03 设置三级目录样式。**二级目录样式设置完成后，单击“确定”按钮，返回到“样式”对话框，再选中“TOC 3”，按照上述步骤的操作方法，单击“修改”按钮后在“修改样式”对话框中设置三级目录样式，如图6-58所示。

**Step 04 完成目录插入。**按上述步骤设置完成后，依次单击“确定”按钮，关闭对话框，此时光标处已经插入了目录内容，如图6-59所示。

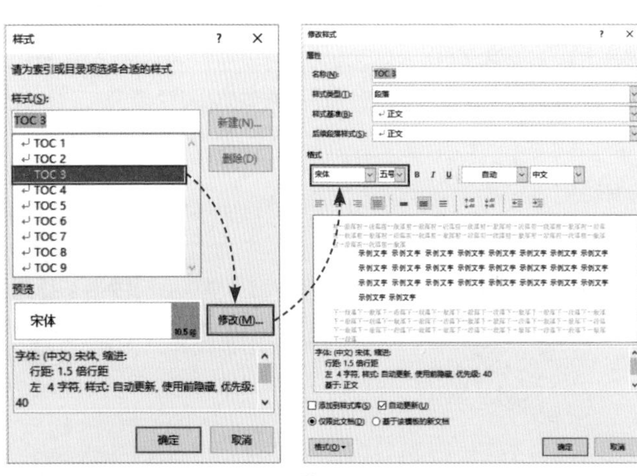


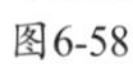

图6-58

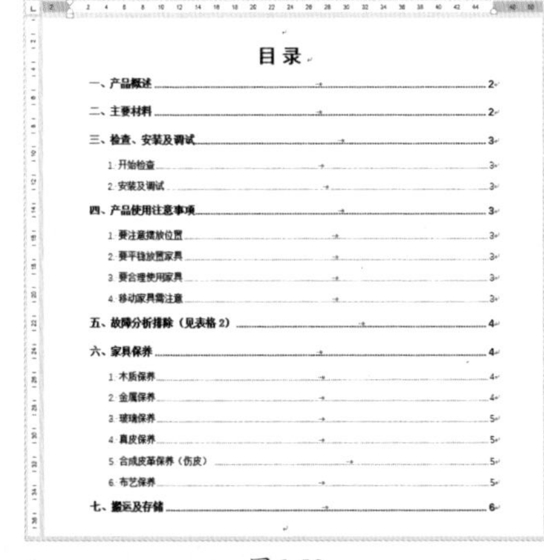


图6-59

## 知识拓展

目录创建完成后，将光标插入目录中的任意位置，目录会自动显示灰色的域底纹，如果用户确定目录内容为最终内容，可以将目录转换成普通的文本形式。方法是全选目录后按组合键Ctrl+Shift+F9。

## ■6.5.4　为说明书添加封面

扫码观看视频

通常说明书都会有封面页，而在Word中，用户可以直接套用内置的封面页，节省了自行设计封面的时间。下面介绍为说明书添加封面页的操作方法。

**Step 01 插入内置封面。**将光标放置在目录页的起始位置，在“插入”选项卡中单击“封面”下拉按钮，从中选择一种满意的封面样式，如图6-60所示。

**Step 02 插入封面图片。**选中封面页中的大矩形，在“绘图工具—格式”选项卡中单击“形状填充”下拉按钮，选择“图片”选项，在打开的对话框中选择封面图片，如图6-61所示。

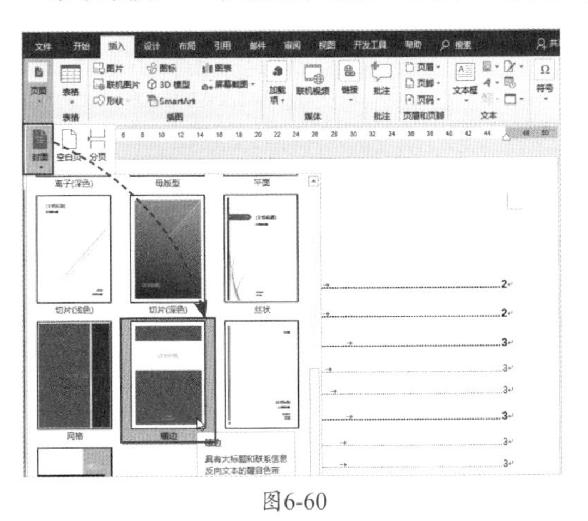

图6-60

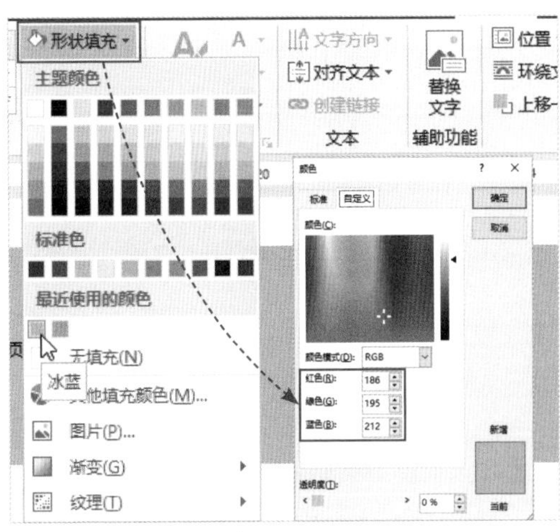

图6-61

**Step 03 查看效果。**选择好封面图片后，单击“插入”按钮即可将图片填充到被选中的大矩形中，效果如图6-62所示。

**Step 04 更改小矩形的颜色。**选中封面页顶部的小矩形，同样单击“形状填充”按钮，选择一种满意的颜色填充即可。该颜色最好与图片色调相协调，如图6-63所示。

图6-62

图6-63

**Step 05 输入并设置封面标题。**在封面页的“文档标题”控件中输入标题内容，并设置其文本格式，如图6-64所示。

**Step 06 输入并设置副标题。**在小矩形右下角的合适位置插入文本框并输入副标题，同时设置其文本格式，最后删除多余的控件，如图6-65所示。

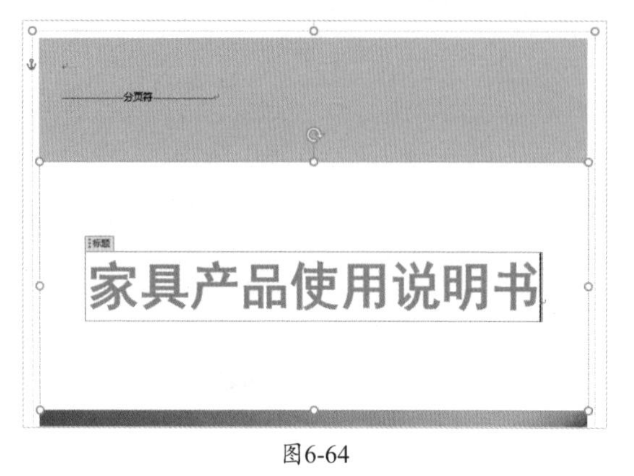

图6-64

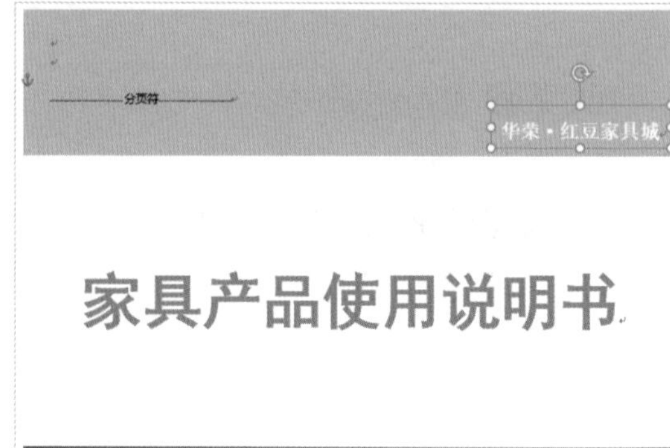

图6-65

张姐，控件是什么？

控件是Word中的高级功能之一，控件分文本框控件、组合框窗体控件、单选按钮控件、复选框控件等。当只允许他人进行选择或填空等操作、不允许他人对文档的其他内容进行编辑时，就可以使用控件功能来实现。例如，我们常见的试卷、调查问卷等文档都可以利用控件来制作。

**知识拓展**

如果用户想要在文档中插入控件，如文本框控件，那么可以在“开发工具”选项卡的“控件”选项组中单击“旧式工具”按钮，从中选择“文本框（ActiveX控件）”选项abl即可在光标处插入一个文本框控件。右击文本框控件，从快捷菜单中选择“属性”选项，在打开的同名对话框中，用户就可以对文本框的高度、宽度进行设置了。

## 6.5.5 为说明书添加页眉和页码

对于长文档来说，文档页码是必须要有的，而页眉可以根据需要来添加。下面介绍为说明书添加页眉和页码的具体操作方法。

**Step 01 插入页眉内容。**在“插入”选项卡中单击“页眉”下拉按钮，选择一种满意的页眉样式，并输入页眉内容，如图6-66所示。

**Step 02 隐藏封面页页眉。**在“页眉和页脚工具—设计”选项卡中取消勾选“首页不同”复选框，即可隐藏封面页页眉，如图6-67所示。

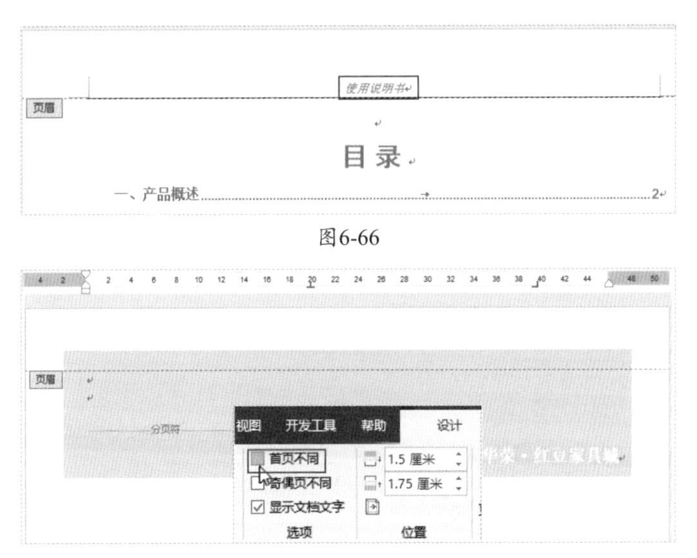


图6-66

图6-67

**Step 03** **插入分节符。**将光标放置在正文的首字前，切换到“布局”选项卡，单击“分隔符”下拉按钮，在弹出的列表中选择“下一页”选项，此时在“目录”页中就会插入一个分节符，如图6-68所示。

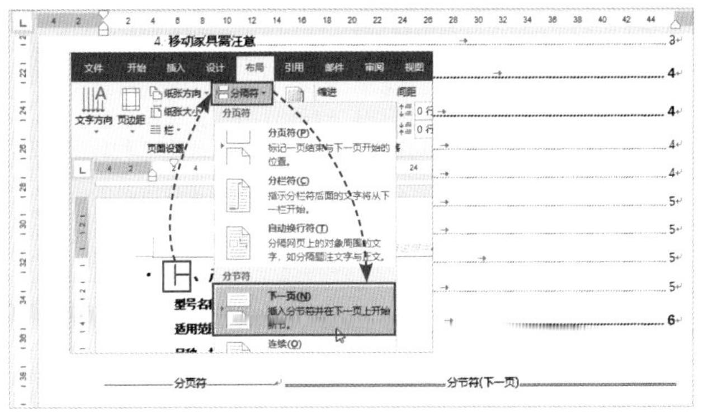


图6-68

**Step 04** **取消上一条页眉链接。**双击正文页的页眉，进入页眉编辑状态，单击“链接到前一节”按钮，然后单击“转至页脚”按钮，将光标定位至页脚区域。再单击“链接到前一节”按钮，取消与上一页的页眉链接，如图6-69所示。

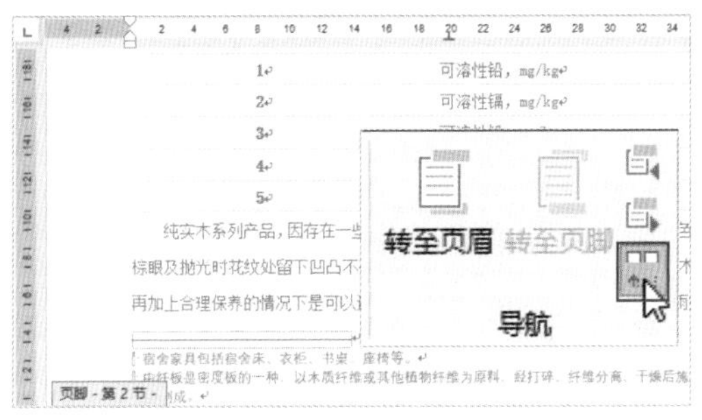


图6-69

**Step 05 设置页码格式。**在“页眉和页脚”选项组中单击“页码”下拉按钮，从中选择“设置页码格式”选项，在打开的对话框中将“起始页码”设为“1”，如图6-70所示。

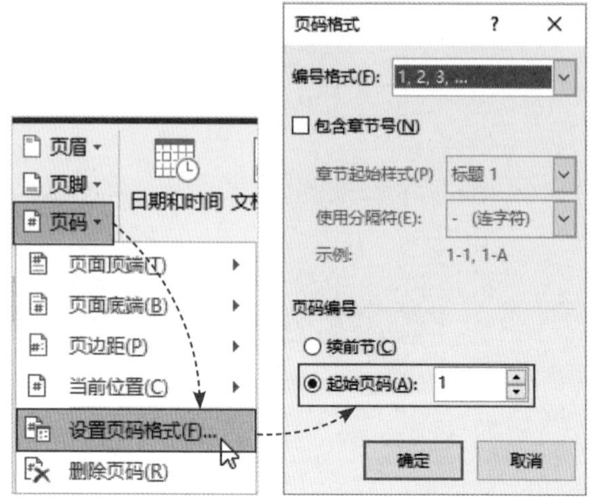


图6-70

**Step 06 插入页码。**再次单击“页码”下拉按钮，从列表中选择“页面底端”选项，并选择一种满意的页码样式，如图6-71所示。

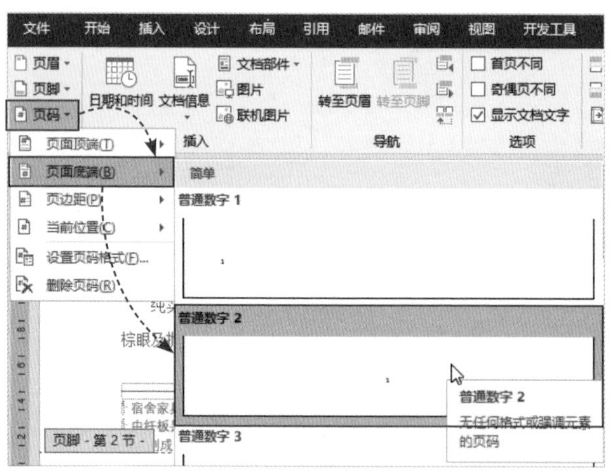


图6-71

**Step 07 完成页码插入操作。**再次设置完成后，页码会在文档的第3页开始显示。单击“关闭页眉和页脚”按钮，退出编辑状态。

**Step 08 确认目录页码。**页码设置完成后，用户需要查看一下目录的页码是否正确。如有错误，可以选中目录，在“引用”选项卡中单击“更新目录”按钮，在打开的同名对话框中选择“只更新页码”单选按钮，单击“确定”按钮即可更新目录，如图6-72所示。用户也可以直接右击目录，在快捷列表中选择“更新域”选项，打开“更新目录”对话框进行更新操作，如图6-73所示。至此，“家具产品使用说明书”文档就编排完成了，最终结果如图6-74所示。

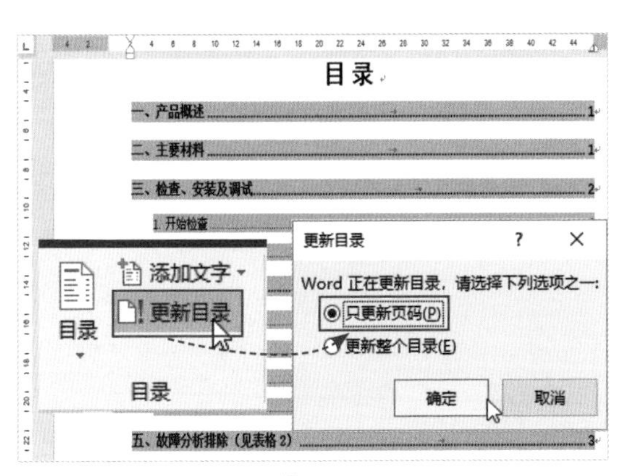


图6-72

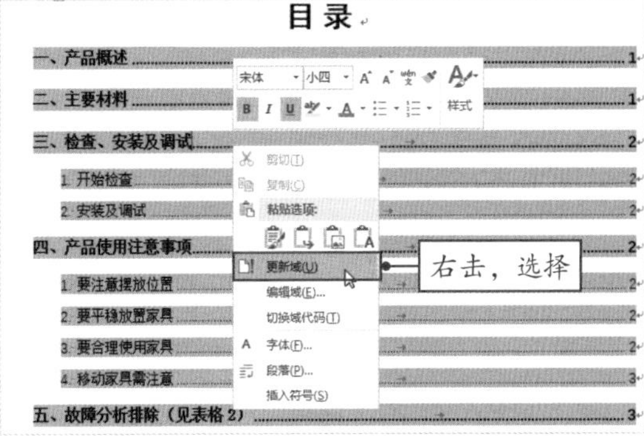

图6-73

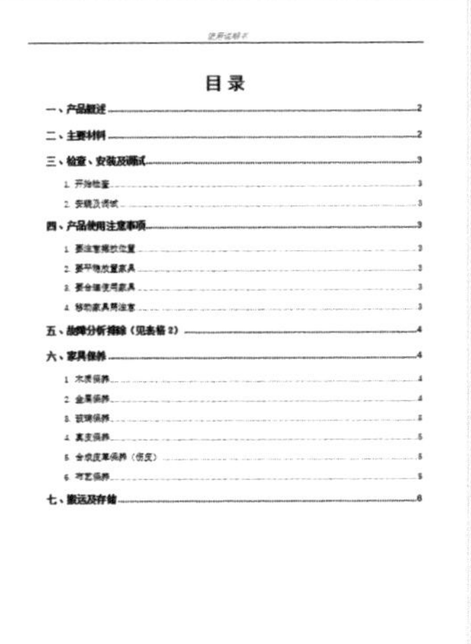


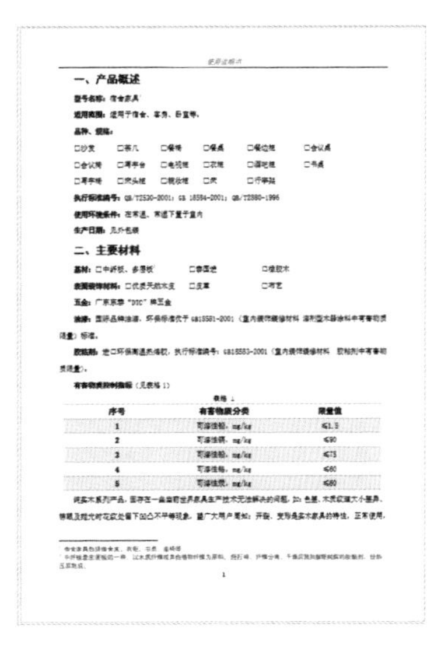


图6-74

## 知识拓展

一般情况下，目录创建好后，目录会自带链接功能。单击其中所需的目录标题，系统则会自动跳转到相关的内容页。如果用户不需要目录链接，只需选中目录，按组合键Ctrl+Shift+F9即可取消链接操作。除此之外，用户还可以使用“复制”功能取消目录链接。先将目录进行复制，然后指定好新的位置，右击，选择“只保留文本”粘贴选项即可，如图6-75所示。

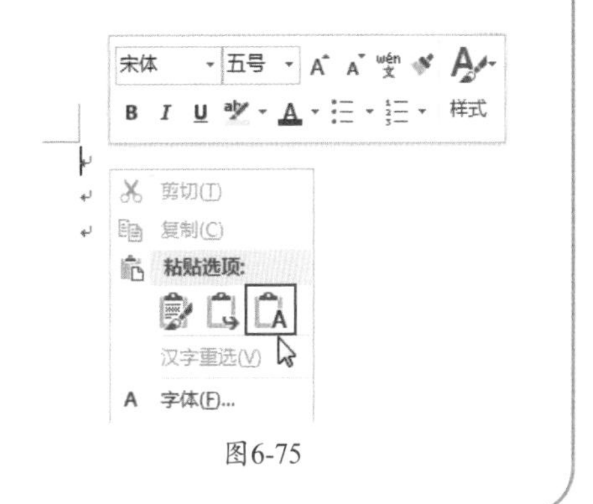


图6-75

# 课后作业

通过对本章内容的学习，相信大家应该对长文档的编排有了一定的了解。为了巩固本章所学的知识，大家可以根据以下的思维导图为一份电子文档进行编排设计。

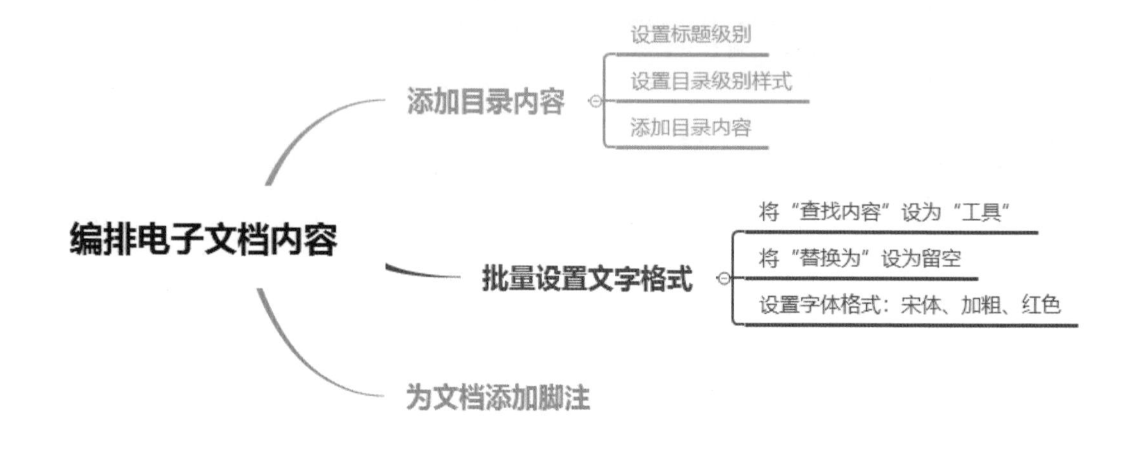


NOTE

Tips

大家在学习的过程中如有疑问，可以加入学习交流群（QQ群号：737179838）进行交流。

Word

# 第7章 审阅、保护文档很重要

我第一次听说Word还能进行文档的审阅操作，这是真的吗？

是的，“审阅”功能不仅可以对文档进行修改，同时还能够保留修改前的文档，让使用者了解所有的修改过程。

哦，是不是就像学校里老师批改我们的作文一样？

对。这两者的区别就是，一个是纸质修订版，一个是电子修订版。使用Word的“修订”功能，除了可以实现基本的修订外，还可以让使用者选择是否接受修订结果。

除此之外，Word还可以对修订或批注的内容进行保护，防止他人随意修改修订的内容。这个功能非常智能、实用。

那这个功能该怎么操作？

这个用一两句话是解释不清楚的，你可以看看这一章的讲解内容，一定能够帮助到你。

## 思维导图

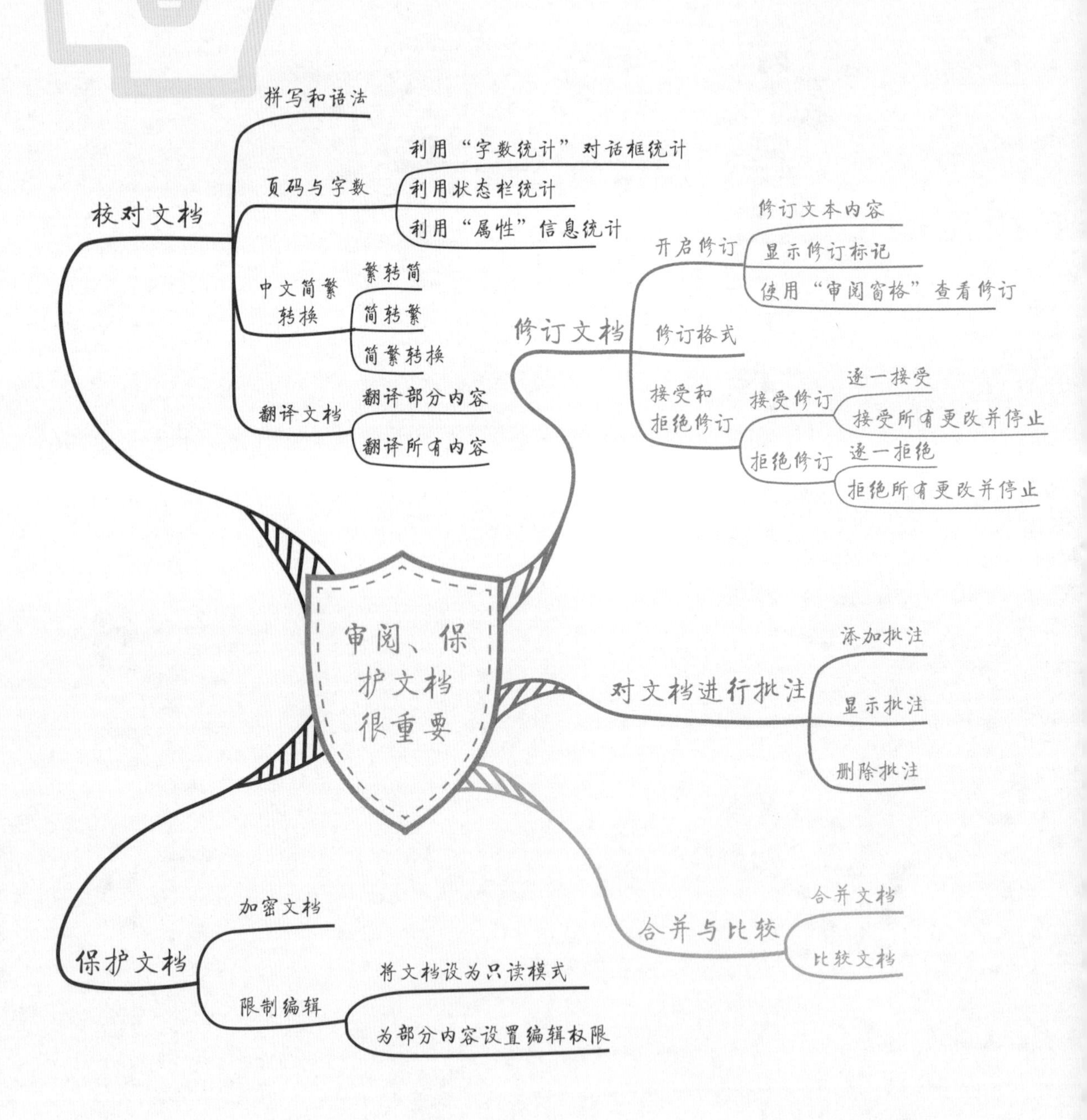

审阅、保护文档很重要
校对文档
拼写和语法
页码与字数
利用“字数统计”对话框统计
利用状态栏统计
利用“属性”信息统计
中文简繁转换
繁转简
简转繁
简繁转换
翻译文档
翻译部分内容
翻译所有内容
修订文档
开启修订
修订文本内容
显示修订标记
使用“审阅窗格”查看修订
修订格式
接受和拒绝修订
接受修订
逐一接受
接受所有更改并停止
拒绝修订
逐一拒绝
拒绝所有更改并停止
对文档进行批注
添加批注
显示批注
删除批注
合并与比较
合并文档
比较文档
保护文档
加密文档
限制编辑
将文档设为只读模式
为部分内容设置编辑权限

# 知识速记

## 7.1 校对文档内容

文档编辑完成后，用户可以对文档进行校对操作，以便保证文档的正确性。校对操作包含检查文档的拼写和语法、文档的页码与字数统计等。

### 7.1.1 文档的拼写和语法

打开文档后，会发现有些文本下方会以红色的波浪线或其他颜色的下划线标识出来，这说明被标识出来的文本存在拼写或语法错误，如图7-1所示。

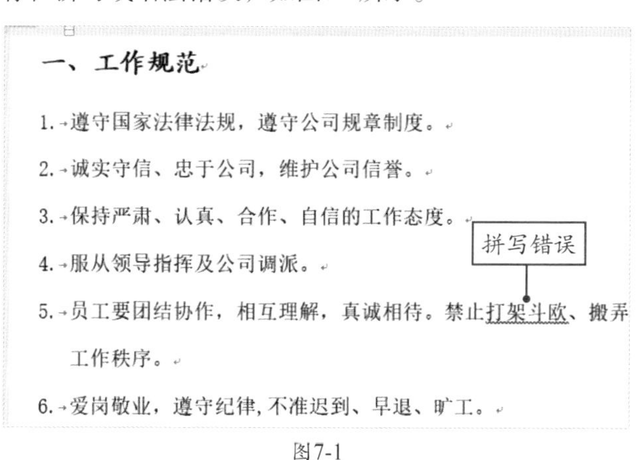


图7-1

文档中出现这种拼写标识时，用户需要再次确认一下内容的正确性。如果确认内容有误，可以直接在文档中进行更改，如图7-2所示；如果确认内容无误，可以右击该内容，在快捷菜单中选择“忽略一次”选项即可，如图7-3所示。

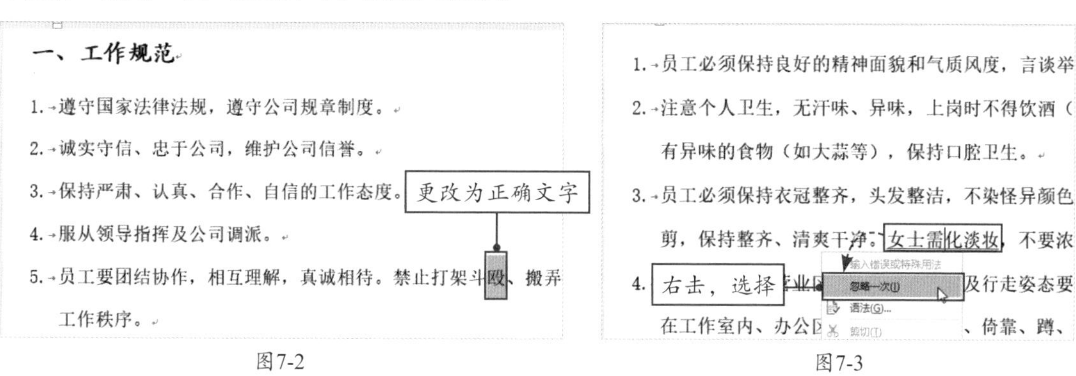


图7-2　　图7-3

用户还可以使用“校对”窗格进行操作。在“审阅”选项卡中单击“拼写和语法”按钮，打开“校对”窗格，在该窗格中会提示被选中的词组存在哪些错误，同时系统还会给出正确的修改建议，如图7-4所示。

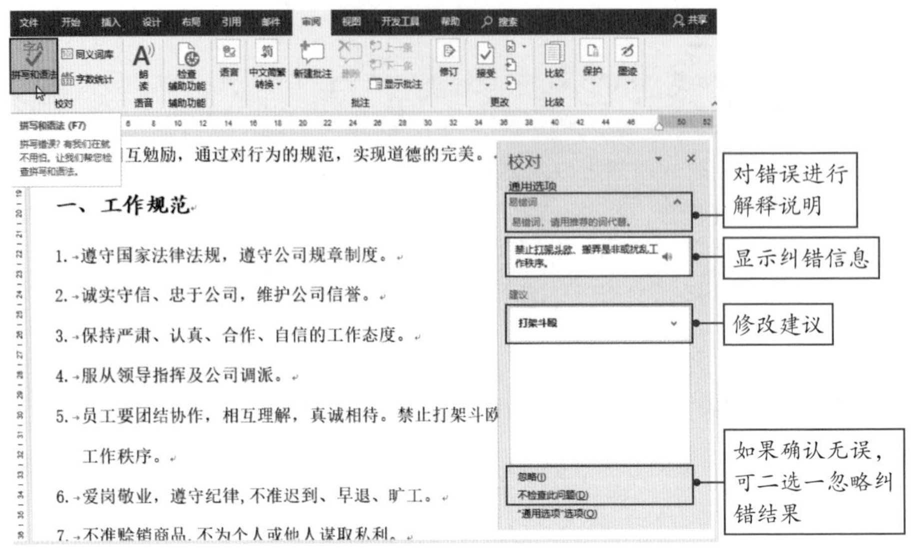


图7-4

由于系统会对一些冷僻的词组进行纠错，而给用户带来一些麻烦，那么用户就可以将纠错功能关闭。打开“Word 选项”对话框，选择“校对”选项，并在“在Word中更正拼写和语法时”选项下取消所有选项的勾选即可，如图7-5所示。

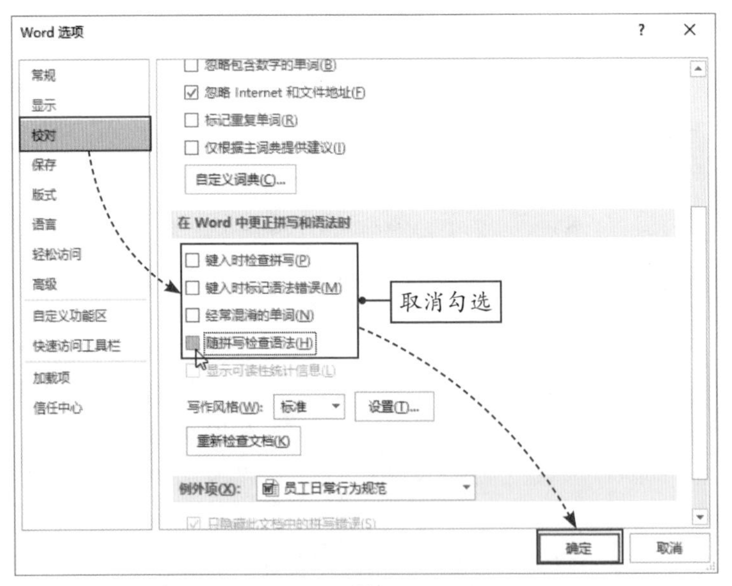


图7-5

## ■7.1.2 统计文档的页码与字数

文档编辑完成后，如果想要快速了解该文档的一些信息，如文档的页码、字数等，可以使用以下两种方法来操作。

### 1. 利用“校对”功能了解

在“审阅”选项卡的“校对”选项组中单击“字数统计”按钮，在打开的同名对话框中，用户即可查看到相应的统计信息，如页数、字数、字符数、段落数、行数等，如图7-6所示。

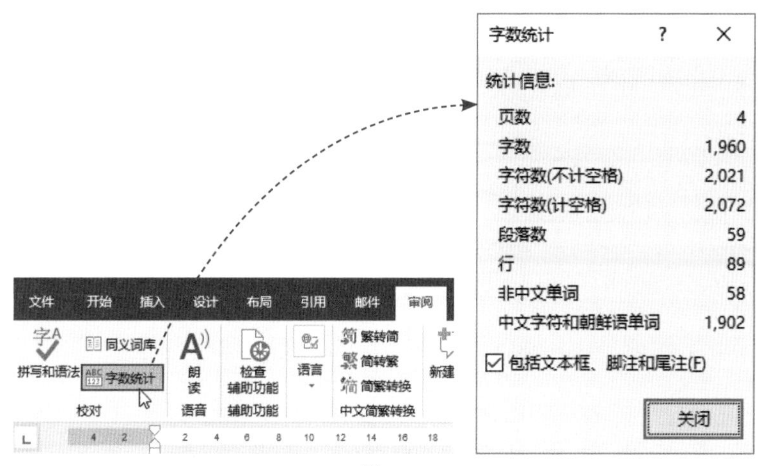


图7-6

### 2. 利用状态栏了解

打开文档，在Word界面底端的状态栏中会显示当前文档的页码和字数信息，如图7-7所示。

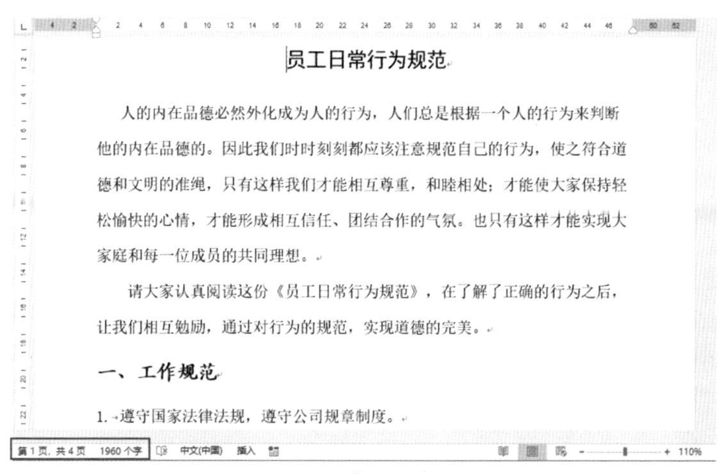


图7-7

**知识拓展**

除了以上两种方法外，用户还可以通过查看文档的属性来获取文档的一些相关信息。单击“文件”选项卡，在“信息”界面右侧的“属性”列表中即可查看当前文档的详细信息。

## ■7.1.3　文字简繁转换

在工作中如果遇到繁体字文档，可以利用“繁转简”功能将文档整体转换为简体字文档。打开所需文档，在“审阅”选项卡的“中文简繁转换”选项组中单击“繁转简”按钮即可，如图7-8所示。

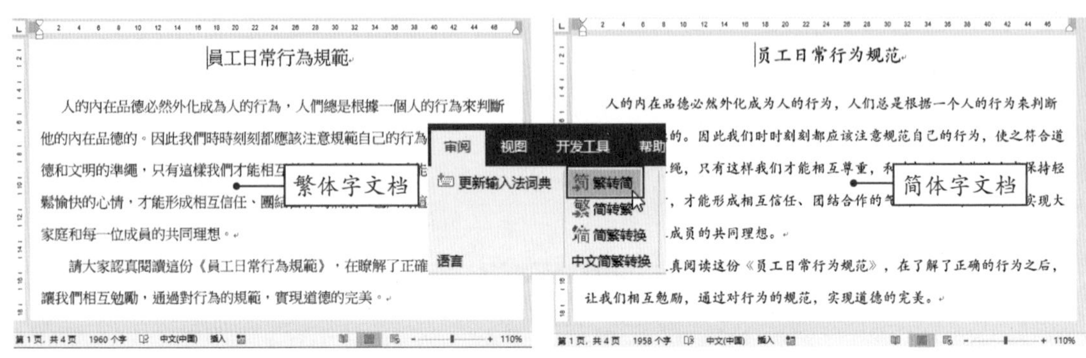


图7-8

# 7.2 修订文档内容

制作演讲稿、发言稿之类的文档时，通常都需要让领导进行审阅，然后再根据领导提供的修改意见对文档进行修改。那么，如何利用Word软件高效地操作呢？下面就来说一说Word的“修订”功能的操作方法。

## ■7.2.1　开启“修订”功能

扫码观看视频

在“审阅”选项卡的“修订”选项组中单击“修订”按钮，即可开启文档修订状态。选中所需文本将其修改，默认情况下，在文档右侧的批注栏中会显示相关的修订信息，同时被修改的内容则会以红色突出显示，如图7-9所示。

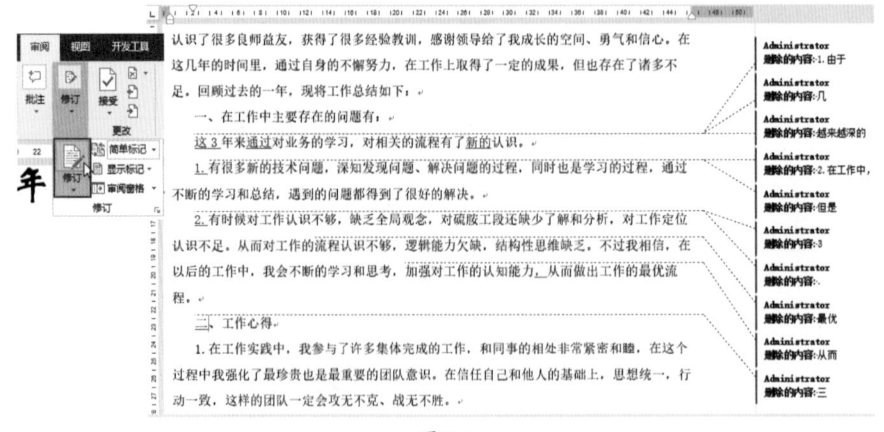


图7-9

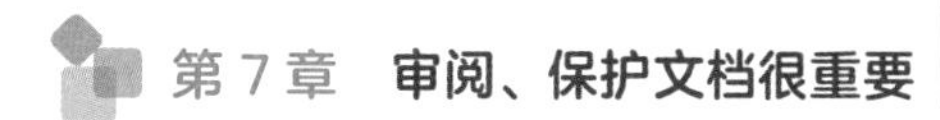

Word中有4种修订显示模式，分别是“简单标记”“所有标记”“无标记”和“原始版本”，其中，“所有标记”为默认显示模式。在“审阅”选项卡的“修订”选项组中单击“显示以供审阅”下拉按钮，从中选择所需模式即可。“简单标记”模式如图7-10所示。

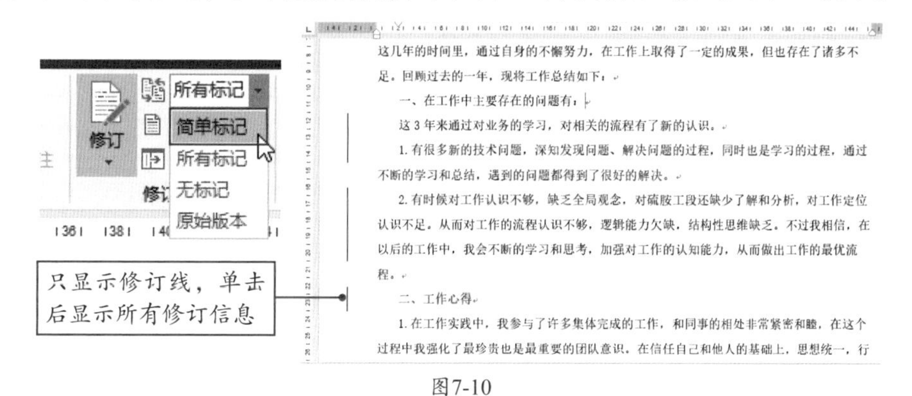


图7-10

## 知识拓展

在“显示以供审阅”列表中，“无标记”模式是以文档的最终结果显示的；而“原始版本”模式是以未改动的文档显示的。这4种显示模式，用户可以按照需求来选择使用。

## ■7.2.2　设置修订格式

在日常实际操作中，用户可以对修订的格式进行自定义操作，如设置删除线的颜色、修订线的颜色等。在“审阅”选项卡的“修订”选项组中单击右侧的小箭头，打开“修订选项”对话框，单击“高级选项”按钮，在“高级修订选项”对话框中可以根据需要选择相应的选项进行设置，如图7-11所示。

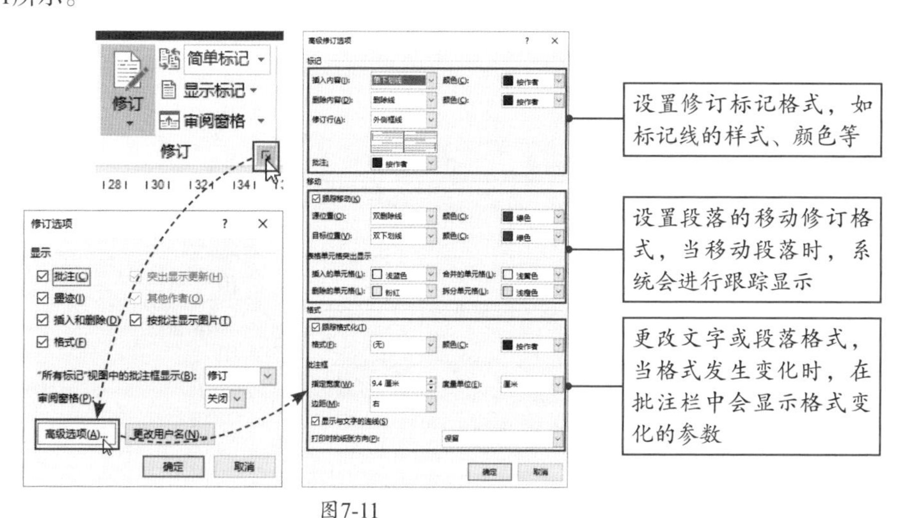


图7-11

## ■7.2.3　接受或拒绝修订

扫码观看视频

文档修订后，原作者可以根据需要接受或拒绝修订的内容。打开修订的文档，在“审阅”选项卡的“更改”选项组中单击“接受”下拉按钮，从中可以选择逐条接受修订，也可以直接一次性接受修订，如图7-12所示。

在“更改”选项组中单击“拒绝”下拉按钮，在打开的列表中，用户同样可以选择逐条拒绝或全部拒绝修订，如图7-13所示。

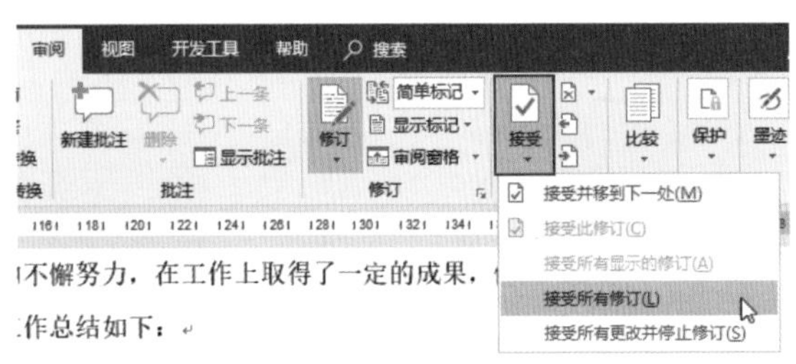



图7-12

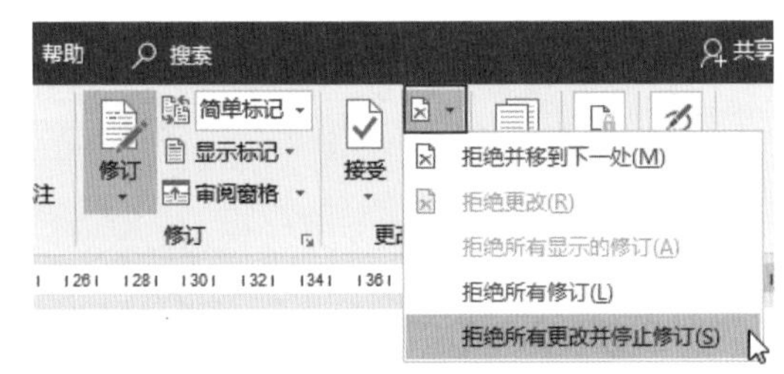



图7-13

如果是接受修订，文档会以最终修订的版本显示，同时取消修订标记；如果是拒绝修订，那么文档就会以原始版本显示。

### 知识拓展

利用“审阅窗格”功能可以快速查看文档中所有的修订信息。在“审阅”选项卡中单击“审阅窗格”下拉按钮，从中选择窗格的显示方式即可打开该窗格，如图7-14所示的是垂直审阅窗格，如图7-15所示的是水平审阅窗格。

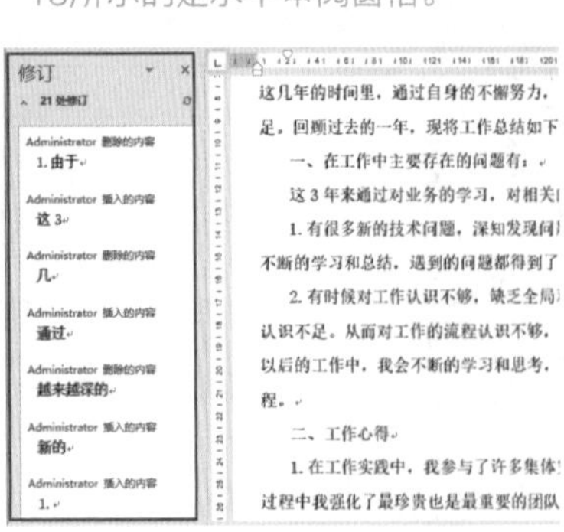

图7-14

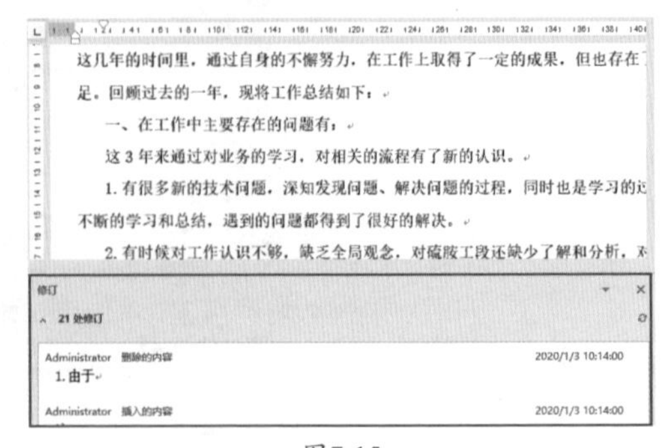

图7-15

# 7.3 对文档进行批注

对文档进行审阅操作时，除了可以使用以上介绍的“修订”功能外，还可以使用“批注”功能。下面介绍“批注”功能的操作方法。

## 7.3.1 添加文档批注

扫码观看视频

在文档中选择所需内容，在“审阅”选项卡的“批注”选项组中单击“新建批注”按钮，此时在文档右侧的批注栏中会显示新建的批注框，在该框中输入批注内容即可，如图7-16所示。

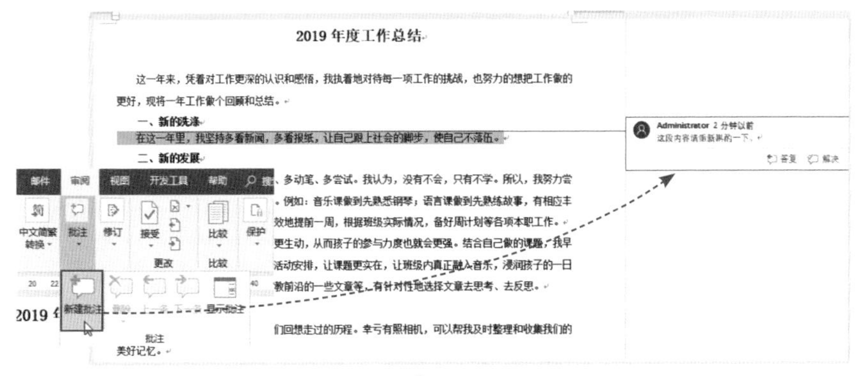


图7-16

上述是批注默认的显示方式。如果用户认为这样的排列方式影响文档的美观，可以将批注隐藏起来。在“审阅”选项卡的“批注”选项组中单击“显示批注”按钮，取消它的选中状态即可，此时原批注内容会以气泡的形式显示，单击该气泡，则会打开批注窗格，从中可以看到相应的批注内容，如图7-17所示。

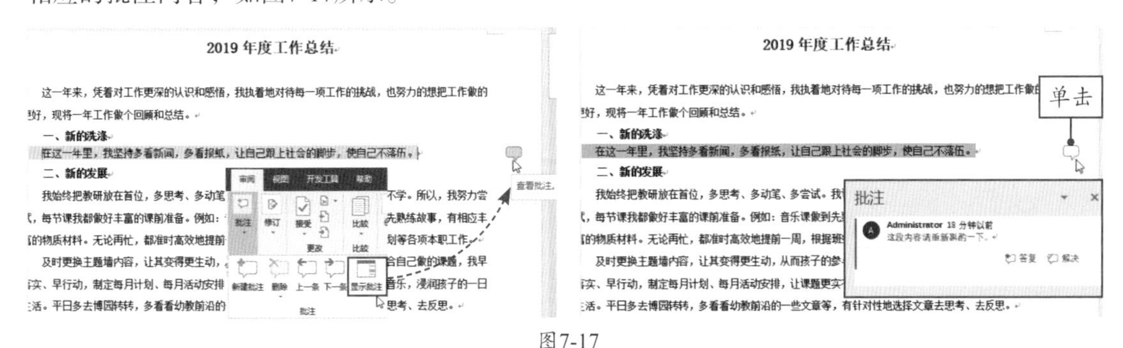


图7-17

### 知识拓展

如果原作者对批注的内容有异议，可以在批注框中单击“答复”按钮，提出自己的意见。

## ■7.3.2 删除批注内容

对批注的内容进行修改后，用户就可以删除相应的批注信息。选中批注框，在“批注”选项组中单击“删除”按钮，或者右击批注框，在快捷列表中选择“删除批注”选项即可删除，如图7-18所示。

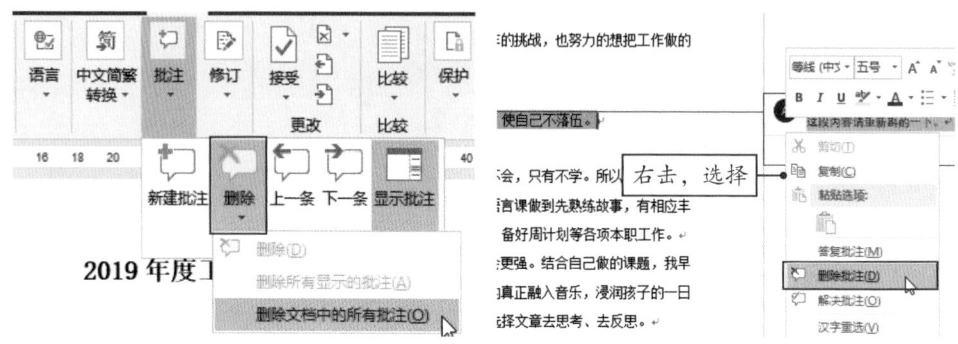


图7-18

张姐，“批注”和“修订”都属于审阅功能。那么，什么情况下用“批注”功能，什么情况下用“修订”功能呢?

这么说吧，一份文档中可以同时使用“批注”和“修订”两种功能，这个不冲突。一般来说，对文档内容提出一些修改建议的话，使用“批注”功能比较合适；如果是对文档的某个字或词进行更改，那就使用“修订”功能。

# 7.4 合并与比较文档

利用“合并”和“比较”功能可以将多个修订后的文档合并成一个文档，并校对出文档所有的不同之处，非常方便快捷。下面将向用户介绍“合并”和“比较”功能的具体操作。

## ■7.4.1 合并文档

扫码观看视频

这里所说的合并文档，不是将几个不同的文档进行合并，而是将多个修订的文档进行合并操作。打开原始文档，在“审阅”选项卡的“比较”选项组中单击“比较”下拉按钮，选择“合并”选项，如图7-19所示。

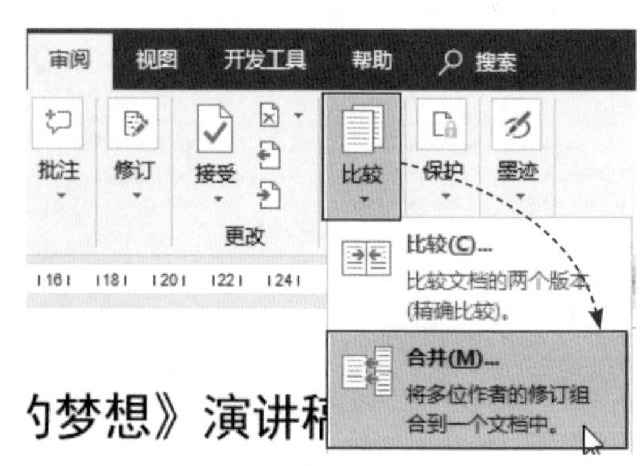


图7-19

在“合并文档”对话框中的“原文档”一栏中，单击“文件”按钮，打开“打开”对话框，这里选择“修订文档1”。返回到上一层对话框，然后按照同样的操作，在“修订的文档”一栏中选择“修订文档2”文档，如图7-20所示。

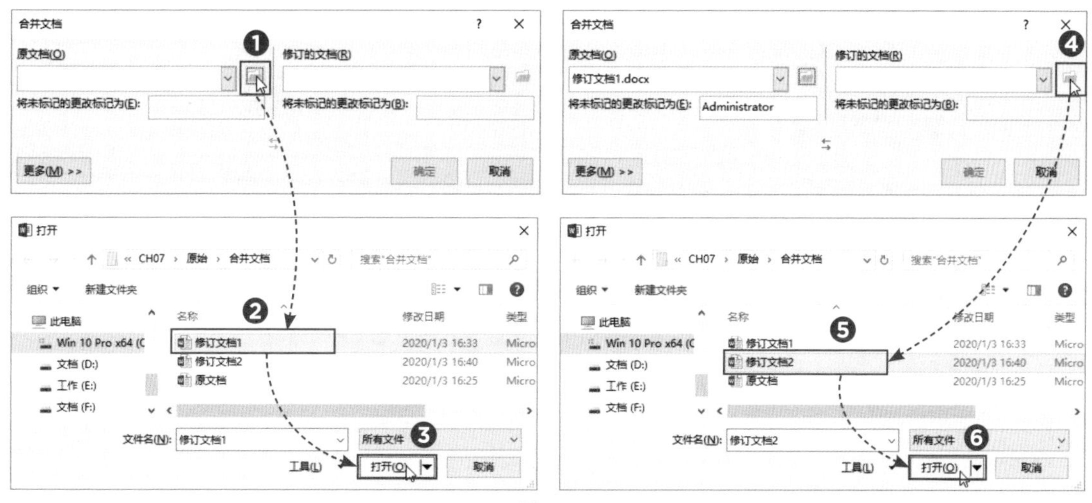

图7-20

单击“更多”按钮，展开更多选项，在此选择“修订的显示位置”下方的“新文档”单选按钮，单击“确定”按钮，再在弹出的对话框中选择“其他文档”选项，单击“继续合并”按钮，如图7-21所示。设置完成后，Word会将两份修订的文档合二为一，并在“合并的文档”窗口中显示合并效果，如图7-22所示。

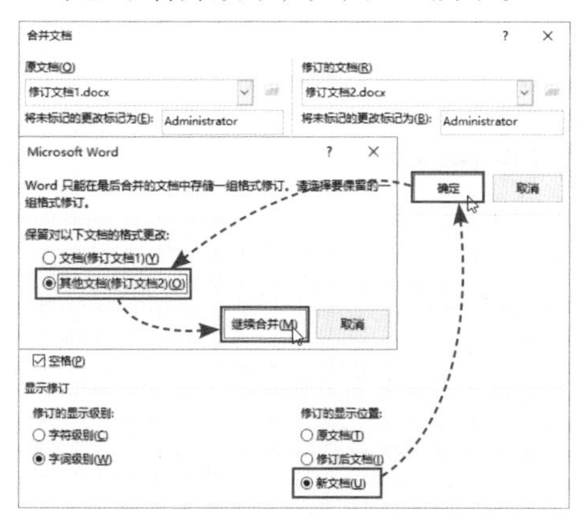

图7-21

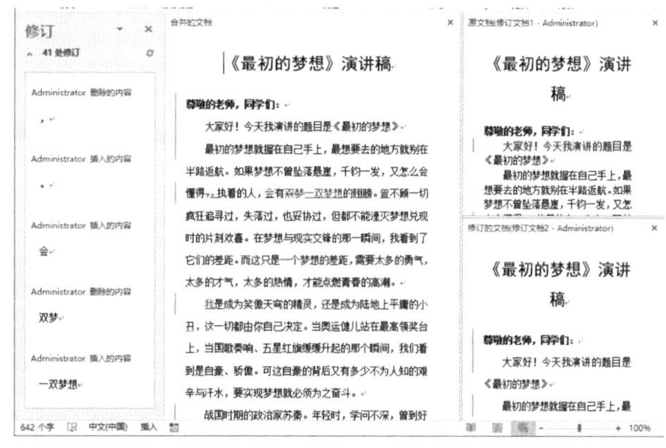

图7-22

张姐，在“合并文档”对话框中只能合并两个修订文档，那如果有多个修订文档需要合并，该怎么办?

那就一个个合并呗。例如，合并完两个文档后，保存合并后的文档，然后通过以上操作再合并第3个修订文档就可以了。如果文档格式发生了变化，只需根据需要选择保留格式的文档就好，就如同图7-21所示。

## 7.4.2 比较文档

扫码观看视频

比较文档的操作其实与合并文档相似，只不过比较文档主要是针对没有开启修订功能的文档进行比较，从而自动生成一个修订文档，以方便作者与审阅者之间进行很好的沟通交流。

在“审阅”选项卡的“比较”选项组中单击“比较”下拉按钮，选择“比较”选项，如图7-23所示。

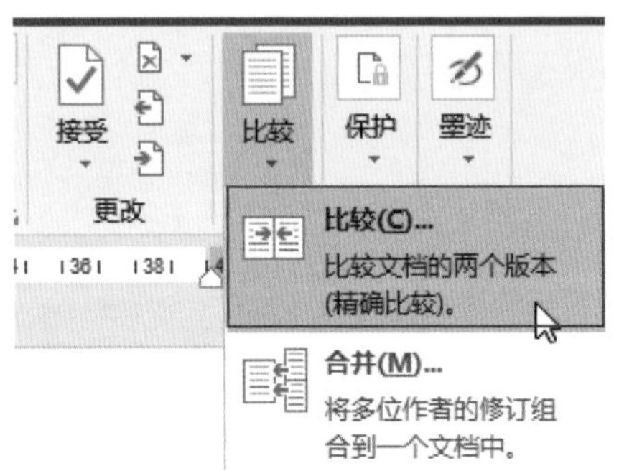

图7-23

在“比较文档”对话框中，可以按照图7-20所示的操作，将“原文档”设为“原始文档”，将“修订文档”设为“最终文档”，再在“修订的显示位置”下方单击“新文档”单选按钮，单击“确定”按钮，如图7-24所示。此时，Word会自动新建一个空白文档，并在“比较的文档”窗口中显示修订结果，如图7-25所示。

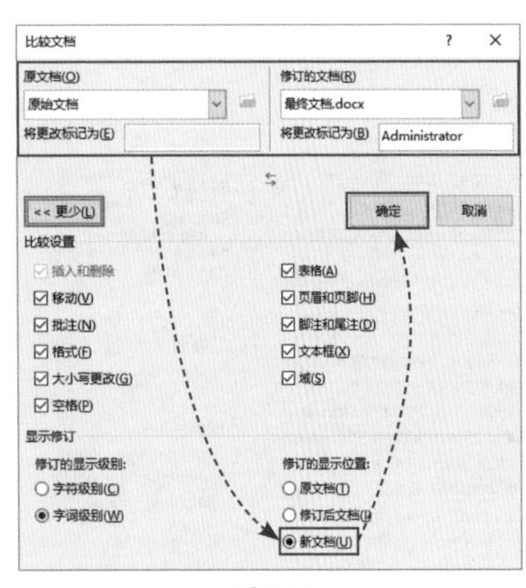

图7-24

图7-25

# 7.5 对文档进行保护

为了防止别人查看或篡改一些重要的文档内容，用户可以为这些文档设置相应的保护措施，如设置查看密码、设置编辑权限等。下面将介绍保护文档的具体操作。

## ■7.5.1　对文档加密

扫码观看视频

如果不想让其他人查看文档内容，可以为该文档设置加密保护。这样一来，只有知道密码的人才能够打开文档。

打开所需文档，在“文件”选项卡的“信息”界面中单击“保护文档”下拉按钮，选择“用密码进行加密”选项，在打开的“加密文档”对话框中输入密码（此处密码设为“123”），并在“确认密码”对话框中重新输入密码，单击“确定”按钮即可完成文档的加密操作，如图7-26所示。

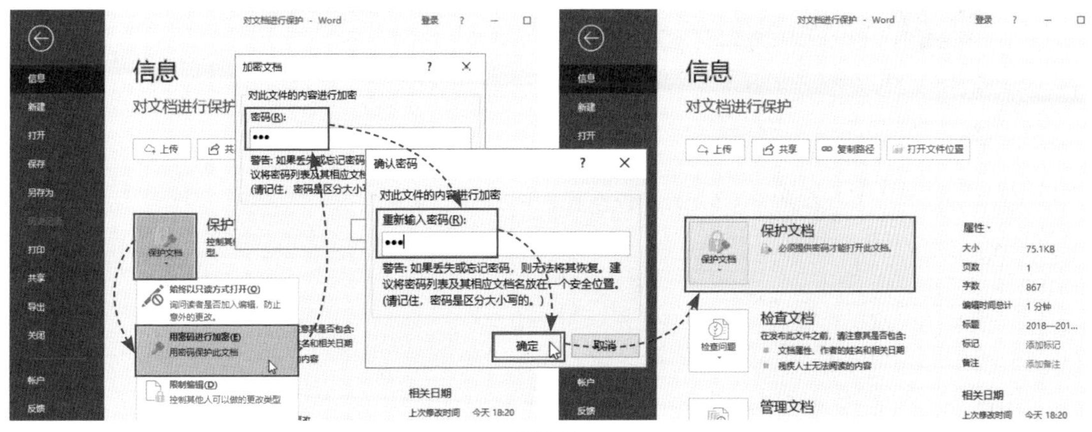

图7-26

设置完成后，将该文档进行保存操作。下次打开该文档时，系统就会要求输入密码，只有输入正确的密码后才可以打开文档，如图7-27所示。

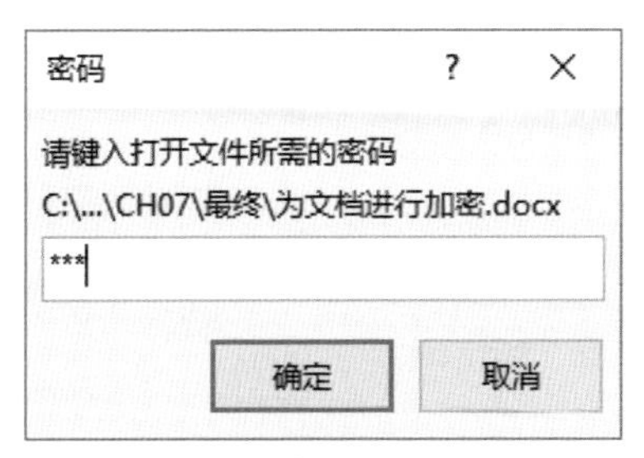

图7-27

如果想要取消文档的加密操作，需要先使用密码打开文档，再单击“文件”选项卡，切换到“信息”界面，再次单击“保护文档”下拉按钮，选择“用密码进行加密”选项，在打开的对话框中删除密码即可，如图7-28所示。

**新手误区：**无论用户是设置加密还是取消加密，一定要记得保存文档之后才能生效。

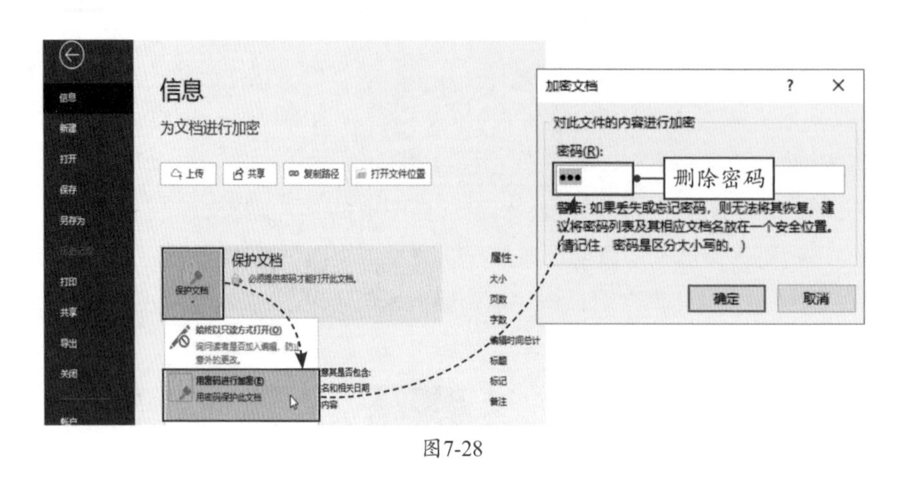


图7-28

## ■7.5.2 文档的限制编辑

上述讲解的操作内容是为了防止他人查看文档，而在实际工作中会遇到这样的情况：文档可以打开并浏览，但不能编辑，这是怎么回事呢？这说明作者为当前文档设置了编辑权限。

### 1. 将文档设为只读模式

打开文档，在“审阅”选项卡的“保护”选项组中单击“限制编辑”按钮，打开“限制编辑”窗格。在“2. 编辑限制”选项下勾选“仅允许在文档中进行此类型的编辑”复选框，并在下方单击“是，启动强制保护”按钮，在打开的“启动强制保护”对话框中输入并确认密码（此处密码设为“123”），然后单击“确定”按钮即可，如图7-29所示。

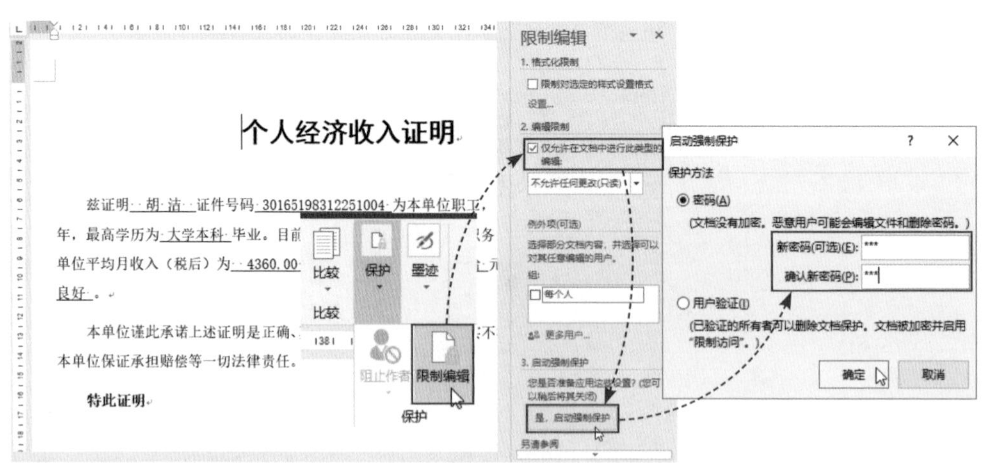


图7-29

设置完成后，同样需要对文档进行保存操作。当再次打开该文档时，文档就只能浏览，而不能进行任何更改操作了。如果想要撤销保护操作，只需在“限制编辑”窗格中单击“停止保护”按钮，并在“取消保护文档”对话框中输入设置的密码后单击“确定”按钮即可，如图7-30所示。

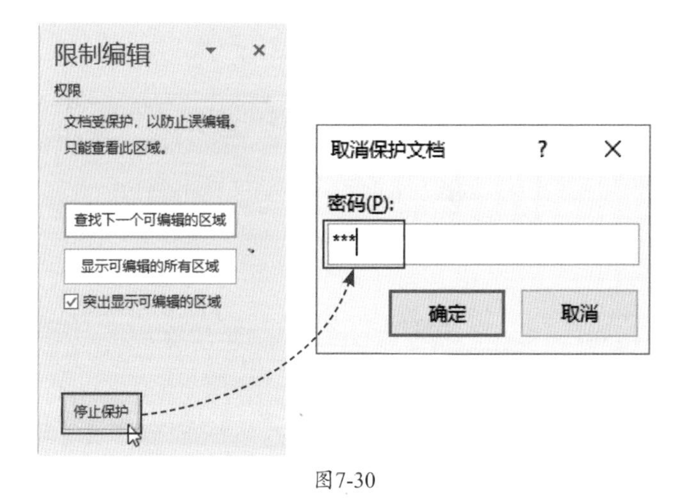


图7-30

## 2. 为文档内容设置编辑权限

如果用户不想让他人乱改文档内容，除了使用以上的"只读"方法外，还可以对文档内容设置编辑权限。也就是说，当前的文档可以进行修改编辑，但所有的修改只能以修订的状态显示。

打开修订的文档，并打开"限制编辑"窗格，同样勾选"仅允许在文档中进行此类型的编辑"复选框，并在其下拉列表中选择"修订"选项，单击"是，启动强制保护"按钮，然后在打开的对话框中设置密码即可，如图7-31所示。

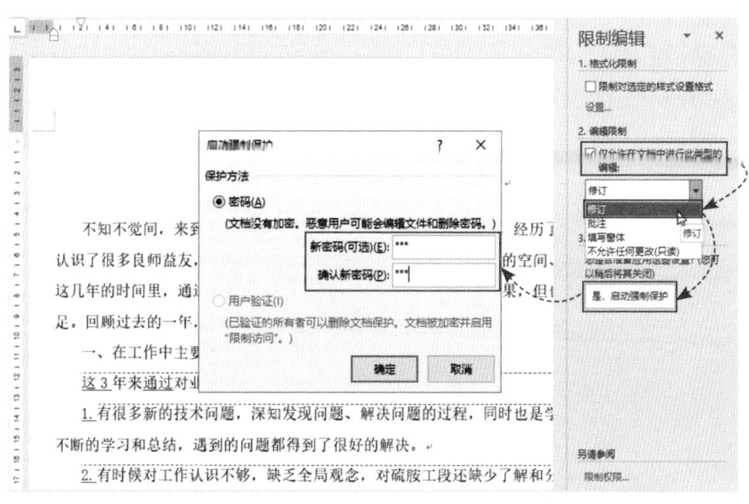


图7-31

设置完成后，将文档进行另存为操作。当再次打开该文档时，所做的任何修改都会以修订的形式显示。

# 综合实战

## 7.6 修订房屋租赁协议

本案例将以修订房屋租赁协议为例，来向用户介绍文档审阅功能在实际工作中的应用，其中包括文本的校对、内容的修订、文档的保护等。下面将介绍具体的操作方法。

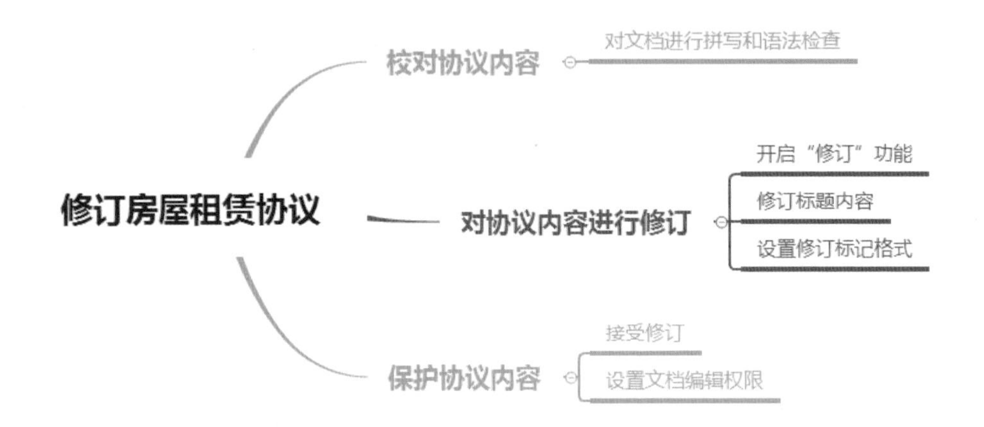


### 7.6.1 校对协议内容

打开原始文档后，用户会发现系统将自动对整个协议内容进行了校对。那么，如何处理校对后的文档内容呢？具体操作如下。

**Step 01 忽略校对内容。**将光标放置在校对后显示波浪线的内容上，右击并选择“忽略一次”选项，如图7-32所示。

**Step 02 查看效果。**设置完成后，文字下方的波浪线将被隐藏，如图7-33所示。

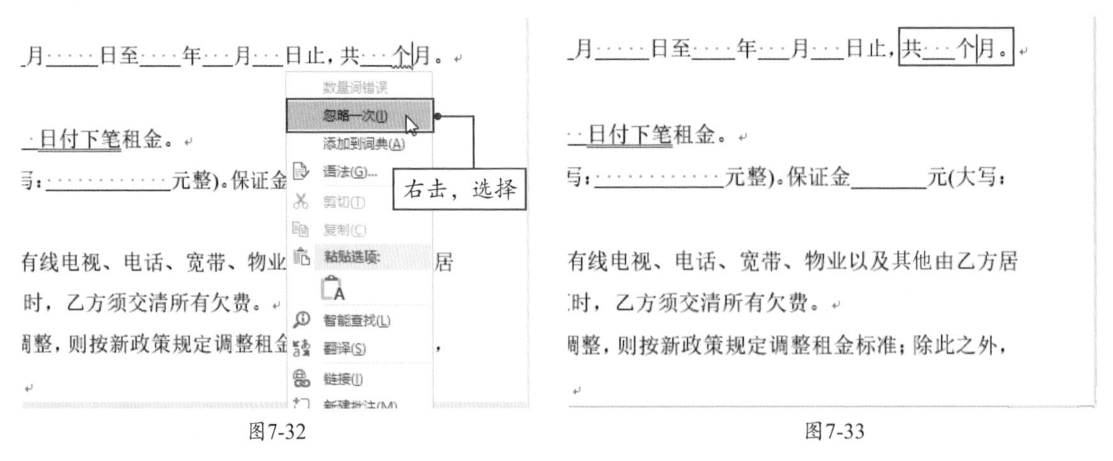


图7-32　　图7-33

**Step 03 纠正其他校对内容。**将光标放置在其他需要纠正的内容上，先确认一下是否有误，确认有误后，修改其内容即可，如图7-34所示。

三、租金及租赁期间相关费用

1.租金按________支付，提前______日付下笔租金。

2.租金每月人民币__________元(大写：____________整)。

3.乙方租赁期间，水、电、燃气、有线电视、电话、而产生的费用由乙方承担。租赁结束时，乙方须交清

4.租赁期间，如遇到国家有关政策调整，则按新政策

三、租金及租赁期间相关费用

1.租金按________支付，提前______日支付下期租金。

2.租金每月人民币__________元(大写：____________元整)。

3.乙方租赁期间，水、电、燃气、有线电视、电话、宽而产生的费用由乙方承担。租赁结束时，乙方须交清所有

4.租赁期间，如遇到国家有关政策调整，则按新政策规定

图7-34

张姐，为什么校对后的文本下方的标记线还有所不同？

嗯，它们是有区别的。文本下方出现红色的波浪线，说明该文本为拼写错误；出现绿色或蓝色的下划线，则说明该文本为语法错误。

## ■ 7.6.2　对协议内容进行修订

扫码观看视频

制作关于合同、协议之类的文档时，可以请一些专业人士进行修订，以保证内容的准确性。那么，如何能在保留原始文档的状态下进行修改呢？在此，用户可以使用Word中的“修订”功能来操作。

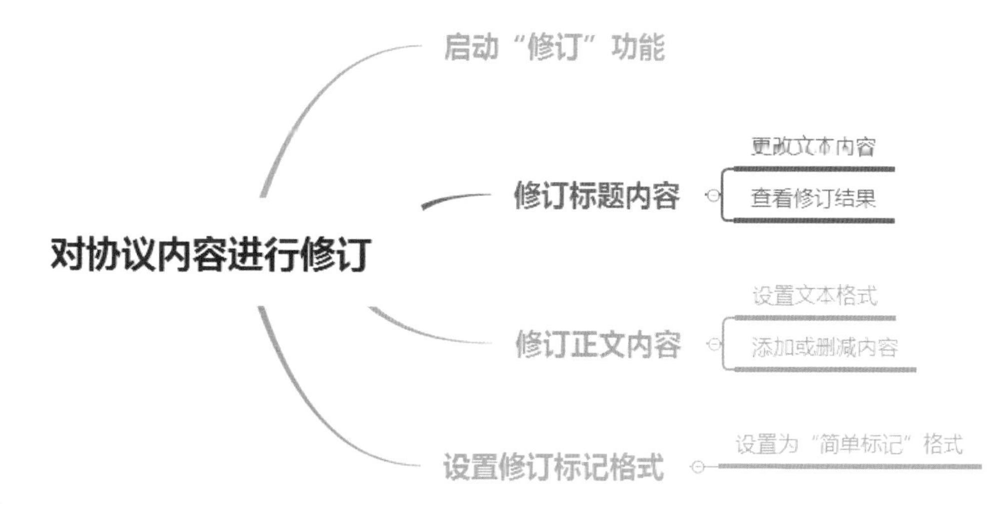


**Step 01 启动“修订”功能。** 在“审阅”选项卡中单击“修订”按钮，可以开启该功能，进入文档修订状态，如图7-35所示。

**Step 02 修订标题内容。** 选中文档标题文本“出租”，将该文本修改为“房屋租赁”，如图7-36所示。

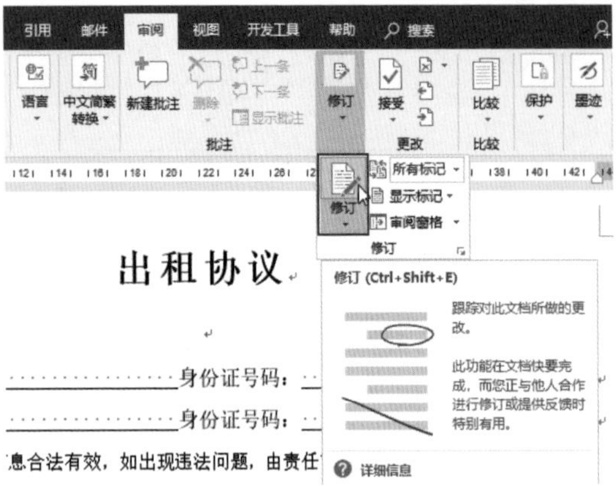

图7-35

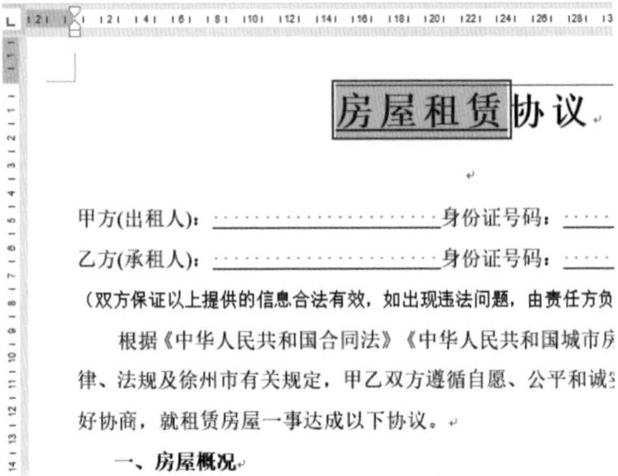

图7-36

**Step 03** **查看修订结果。**此时，修订后的“房屋租赁”文本会以红色加下划线的方式突出显示，同时在该文档右侧会标识出修订的详细信息，如图7-37所示。

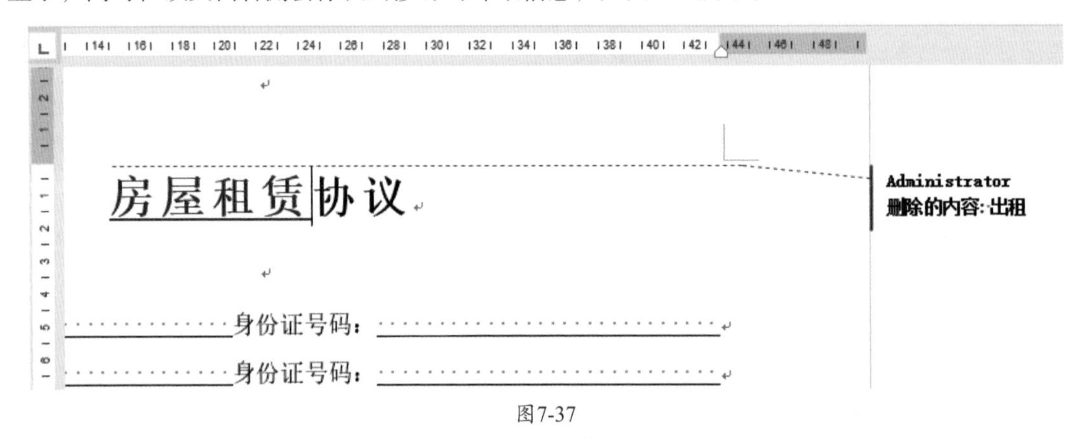


图7-37

**Step 04** **加粗修订文本。**选择文档中要加粗的文本内容，直接单击“加粗”按钮，将其加粗显示。与此同时，在文档右侧也会显示相应的修订信息，如图7-38所示。

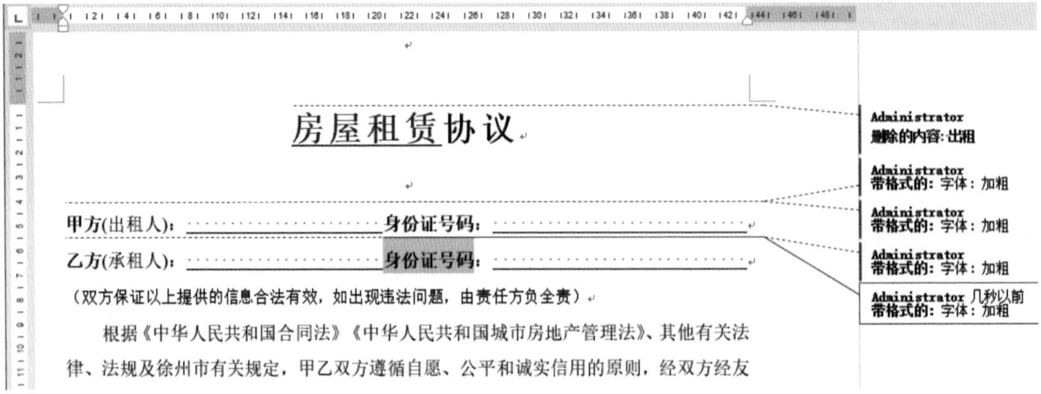

图7-38

**Step 05 修订其他内容。**按照上述步骤的操作方法，对协议中的其他内容进行修订，如图7-39所示。

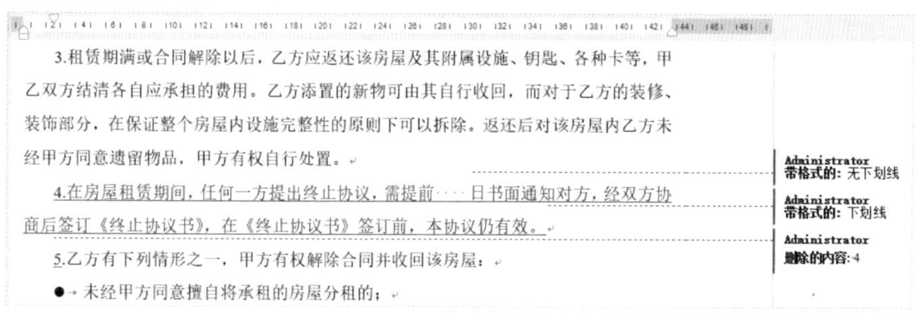

3.租赁期满或合同解除以后，乙方应返还该房屋及其附属设施、钥匙、各种卡等，甲乙双方结清各自应承担的费用。乙方添置的新物可由其自行收回，而对于乙方的装修、装饰部分，在保证整个房屋内设施完整性的原则下可以拆除。返还后对该房屋内乙方未经甲方同意遗留物品，甲方有权自行处置。

4.在房屋租赁期间，任何一方提出终止协议，需提前 日书面通知对方，经双方协商后签订《终止协议书》，在《终止协议书》签订前，本协议仍有效。

5.乙方有下列情形之一，甲方有权解除合同并收回该房屋：

● 未经甲方同意擅自将承租的房屋分租的；



图7-39

**Step 06 设置为“简单标记”模式。**默认情况下，对文档进行修订后，文档右侧会显示相应的修订信息，这样会导致文档整体不太美观，用户就可以通过更改修订方式来隐藏修订信息。在“审阅”选项卡的“修订”选项组中单击“显示以供审阅”下拉按钮，从中选择“简单标记”选项即可，如图7-40所示。

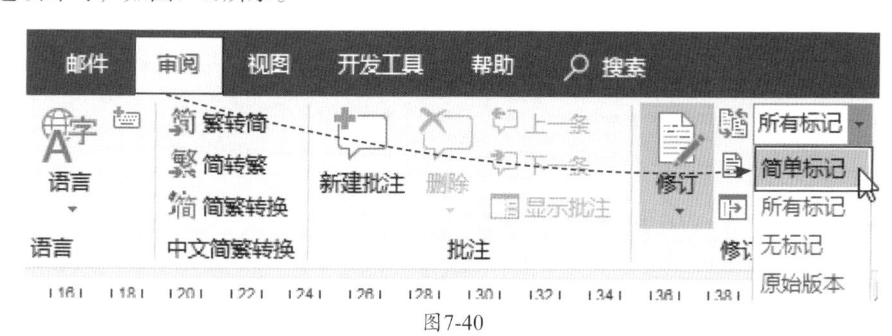


图7-40

**Step 07 查看设置结果。**设置“简单标记”后，文档中所有的修订信息都将被隐藏，同时会在相应的修订内容左侧的空白区域显示修订线，并以红色突出显示，如图7-41所示。单击修订线则会显示相应的修订信息，此时修订线会以灰色显示，如图7-42所示。

房屋租赁协议

甲方(出租人)：…………身份证号码：…………

乙方(承租人)：…………身份证号码：…………

（双方保证以上提供的信息合法有效，如出现违法问题，由责任方负全责）

图7-41

单击

房屋租赁协议

甲方(出租人)：……………………身份证号码：……………………

乙方(承租人)：……………………身份证号码：……………………

（双方保证以上提供的信息合法有效，如出现违法问题，由责任方负全责）

根据《中华人民共和国合同法》、《中华人民共和国城市房地产管理法》、其他有关法

Administrator 48 分钟
删除的内容：出租

Administrator
带格式的：字体：加粗

Administrator
带格式的：字体：加粗

Administrator
带格式的：字体：加粗

Administrator
带格式的：字体：加粗

图7-42

## 知识拓展

默认情况下，文档会显示所有人在文档中做的批注或修订标记。如果有多个人对同一份文档进行了批注和修订，那么在“显示标记”列表中的“特定人员”选项中可以选择查看某个人对文档所做的标记，如图7-43所示。

图7-43

## 7.6.3 保护协议内容

协议内容修订完成后，使用者可以通过“接受”或“拒绝”命令来确认协议内容。同时为了防止别人恶意修改协议，可以为该协议文档设置保护措施。

扫码观看视频

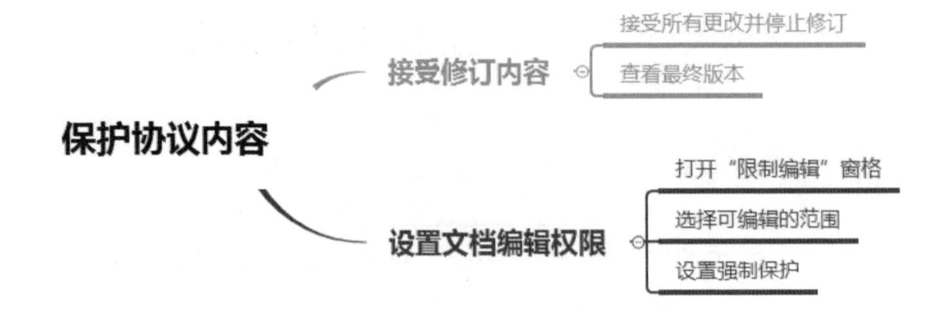

**Step 01 接受修订。**文档修订完成后，使用者可以根据自身需求对修订的文档进行审阅。确认修订文档无误后，在“审阅”选项卡中单击“接受”下拉按钮，从中选择“接受所有更改并停止修订”选项，如图7-44所示。

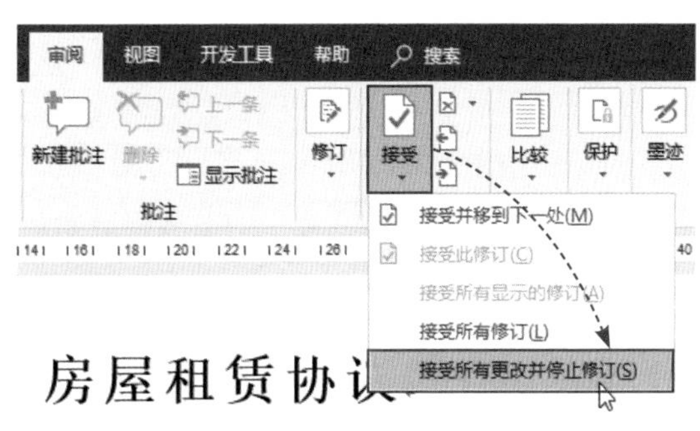


图7-44

**Step 02 查看结果。**此时，文档会以最终修订的内容显示，同时清除了修订线，并且也退出了修订状态，如图7-45所示。

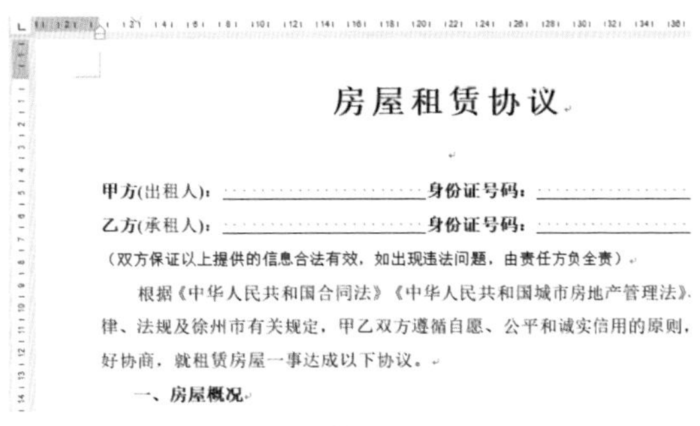


图7-45

**Step 03 开启“限制编辑”窗格。**在“审阅”选项卡的“保护”选项组中单击“限制编辑”按钮，打开“限制编辑”窗格，如图7-46所示。

**Step 04 设置编辑权限。**在“限制编辑”窗格中勾选“仅允许在文档中进行此类型的编辑”复选框，在下拉列表框中保持“不允许任何更改（只读）”的选择状态，如图7-47所示。

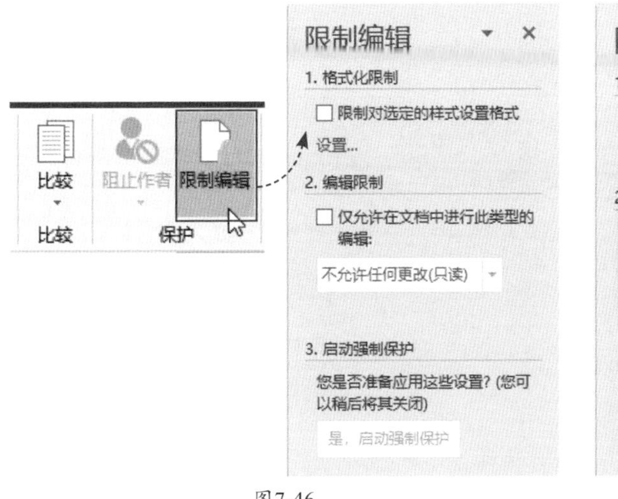


图7-46

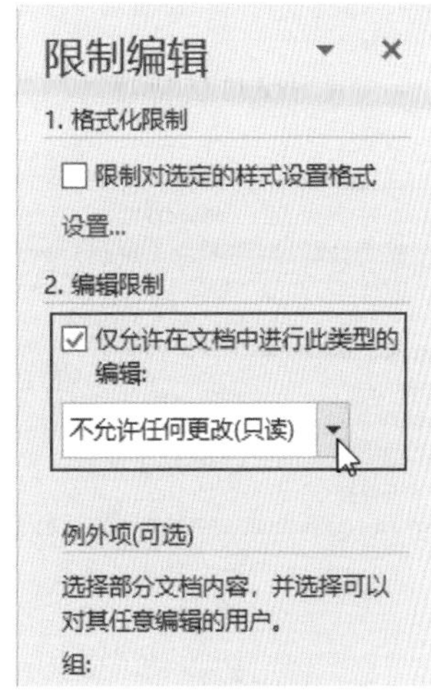


图7-47

**Step 05 选取协议部分可编辑的内容。** 选中协议中所有需要填写的内容区域，在“限制编辑”窗格中勾选“例外项”下方的“每个人”复选框，此时文档被选中的区域将会以灰色突出显示，如图7-48所示。

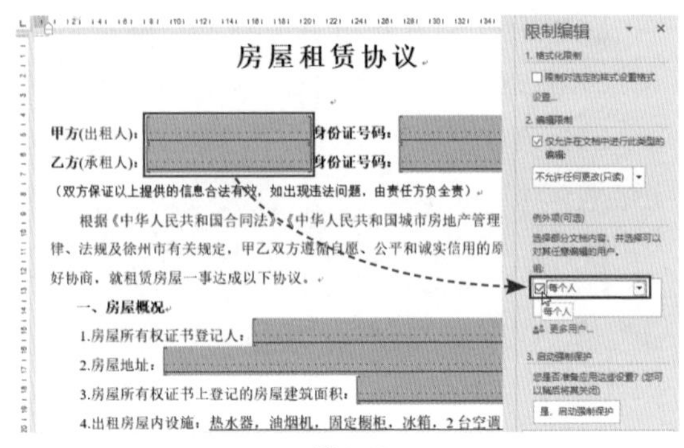


图7-48

**Step 06 设置强制保护。** 在“限制编辑”窗格中单击“是，启动强制保护”按钮，在打开的同名对话框中输入保护密码（此处密码设为“123”），然后确认密码，如图7-49所示。

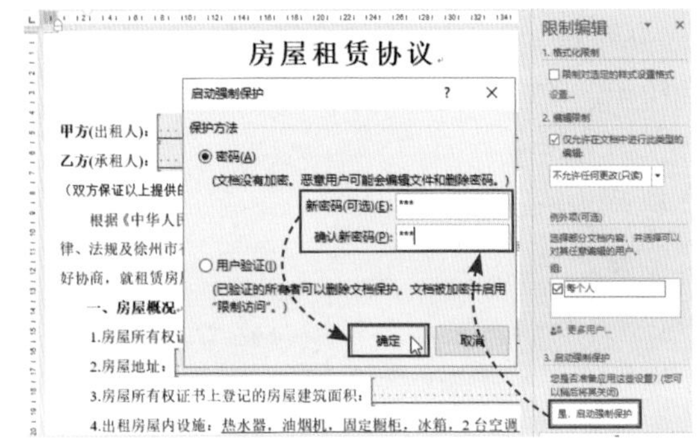


图7-49

**Step 07 查看设置效果。** 设置完成后，文档显示效果如图7-50所示。保存好该文档，当下次打开该协议文档后，使用者只能对黄色底纹区域的内容进行编辑或修改，对其他区域则无权更改，如图7-51所示。

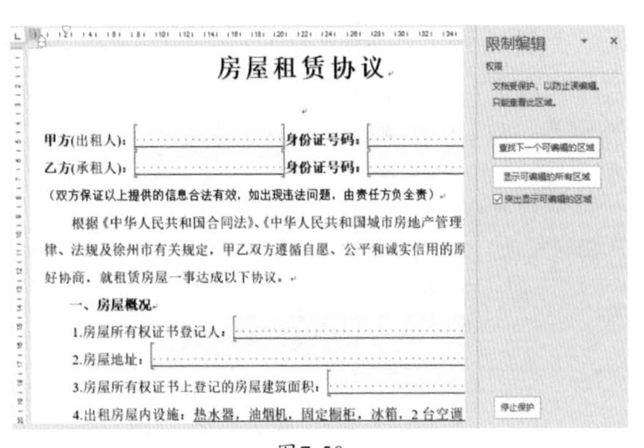


图7-50

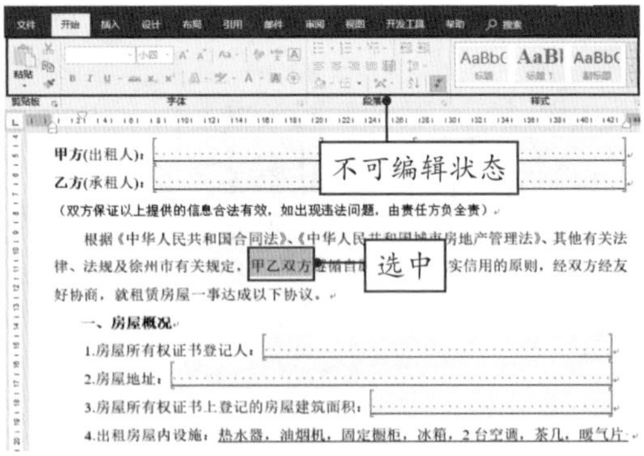

图7-51

至此，房屋租赁协议修订完成，保存该协议文档即可。

## 课后作业

通过对本章内容的学习，相信大家应该对文档的审阅与保护操作有了一定的了解。为了巩固本章所学的知识，大家可以根据以下的思维导图来修订一份优秀员工评选方案文档。

修订优秀员工评选方案

- 开启修订模式
  - 修改文档内容
  - 调整文档的编号样式
- 设置修订标记格式
  - 设为“简单标记”格式

NOTE

Tips

大家在学习的过程中如有疑问，可以加入学习交流群（QQ群号：737179838）进行交流。

Word

# 第8章 文档的查看与输出

张姐，查看文档还用说嘛，打开文档不就可以看了，难不成还有新招啊？

这你就不知道了，查看文档的方法有很多。可以使用各种视图模式查看文档，还可以使用窗口模式查看文档，只有你想不到的，没有它做不到的。

哦，原来还可以这样，真是长见识了！

除此之外，你知道如何快速地将Excel或PPT等相关内容调入Word中吗？

嗯，知道一点儿，直接复制粘贴不就行了。

除了复制粘贴这一招外，还有其他几招，都是非常实用的。

哎呀，张姐，别卖关子了，赶紧给我说说啊……

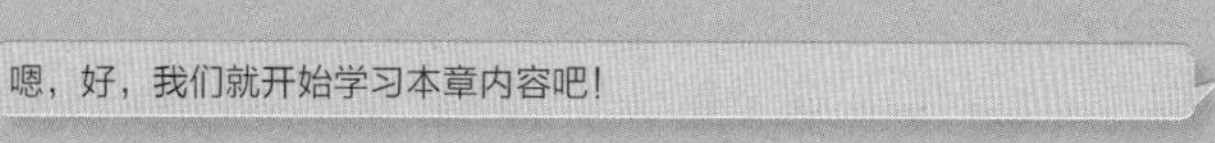

## 思维导图

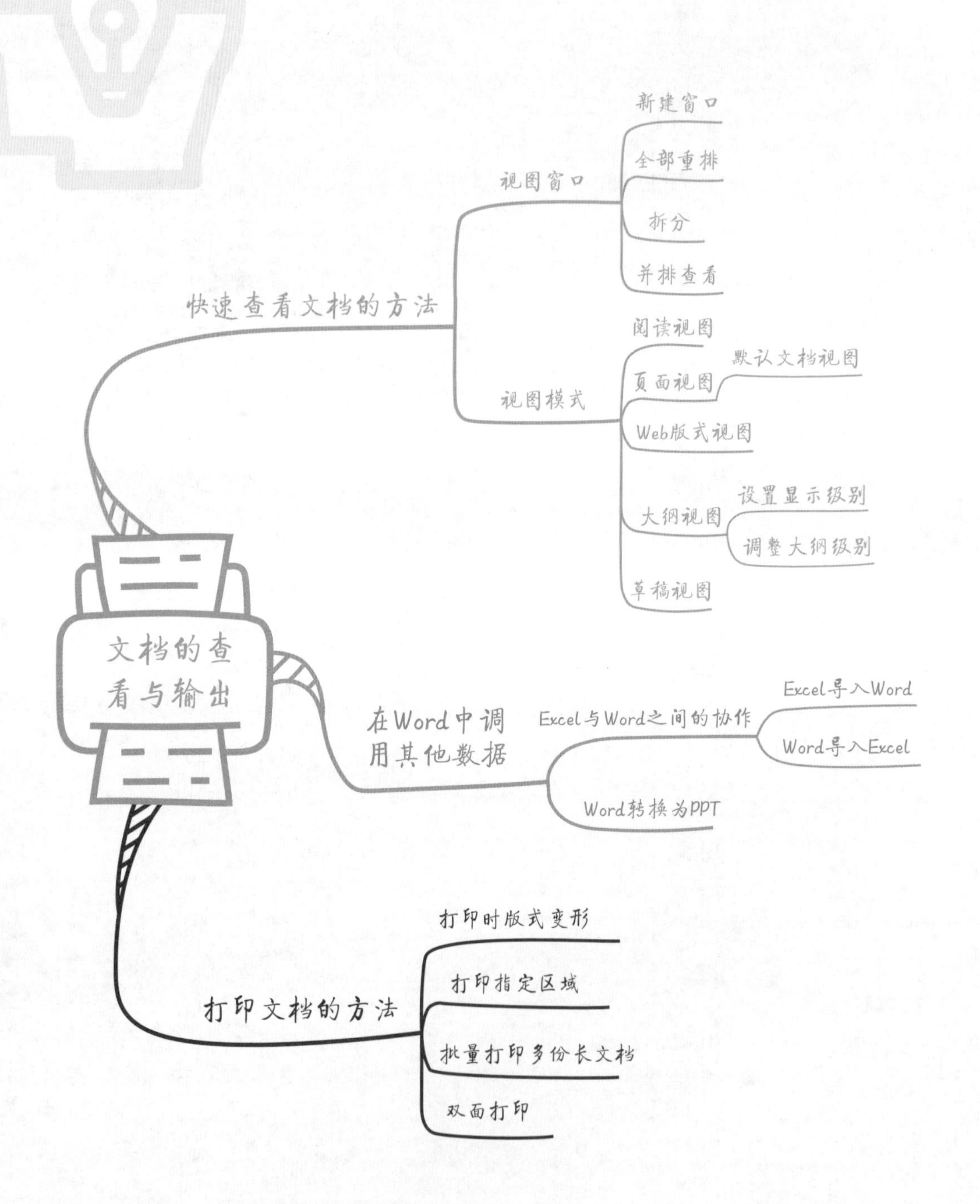

文档的查看与输出
快速查看文档的方法
视图窗口
新建窗口
全部重排
拆分
并排查看
视图模式
阅读视图
页面视图
默认文档视图
Web版式视图
大纲视图
设置显示级别
调整大纲级别
草稿视图
在Word中调用其他数据
Excel与Word之间的协作
Excel导入Word
Word导入Excel
Word转换为PPT
打印文档的方法
打印时版式变形
打印指定区域
批量打印多份长文档
双面打印

# 知识速记

## 8.1 快速查看文档的方法

一般来说，用户会使用鼠标滑轮或上下滑块来浏览文档内容。这对于短文档来说，完全没有问题。但是对于长文档来说，用户可以选用其他更便捷的模式来浏览。下面将介绍两种长文档的查看技巧。

### 8.1.1 利用视图窗口查看文档

在“视图”选项卡的“窗口”选项组中，用户可以选择4种窗口模式来查看文档内容，其中包括新建窗口、全部重排、拆分和并排查看。下面将分别对每种模式进行简单介绍。

#### 1. 新建窗口

打开所需文档，在“视图”选项卡中单击“新建窗口”按钮，此时系统会复制出另一个视图窗口，用户会发现原文档的标题内容后会自动添加“1”“2”字样，如图8-1所示。

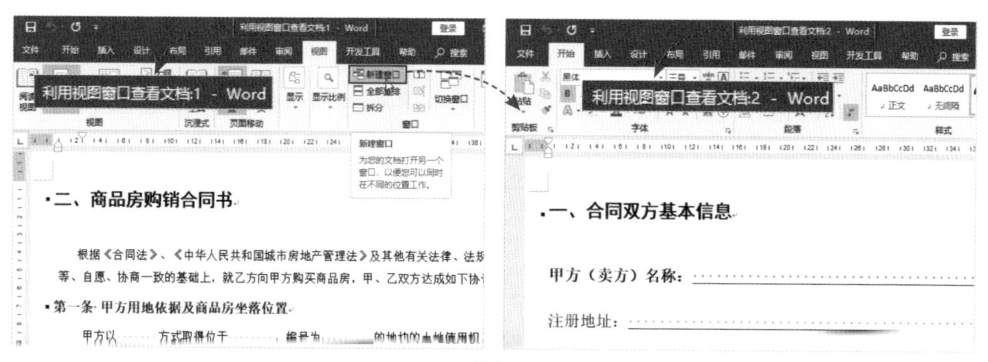


图8-1

这样操作方便用户在两个窗口中同时编辑一份文档。编辑完成后，关闭其中任意一个窗口即可退出窗口编辑状态，其文档标题也会恢复成原始内容。

如果在两个窗口中对内容进行了修改，关闭其中一个窗口，其修改结果会保留吗？

嗯，会的。不管在哪个窗口中进行修改，都会保留最终的结果。

#### 2. 全部重排

有时用户会将几个相关联的文档同时打开，以方便在操作过程中随时查阅。一般情况下，用户会逐一切换窗口来查看文档。其实利用“全部重排”命令，可以一次性查看所有文档的信息，如图8-2所示。

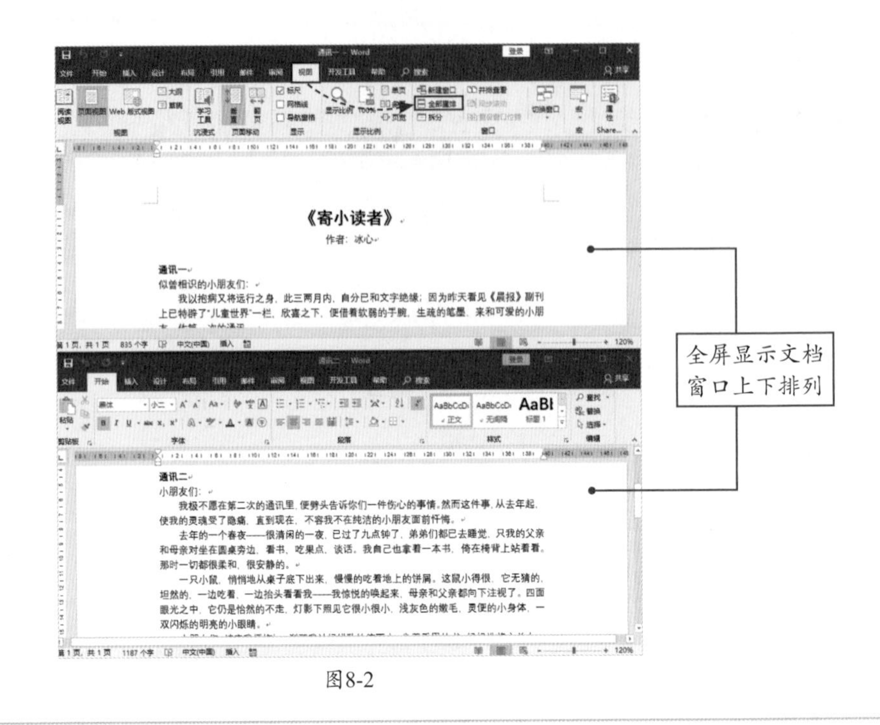


图8-2

● **新手误区：** "全部重排"命令仅能将当前桌面上显示的文档窗口进行重排。如果文档窗口最小化，则不包含在内。

### 3. 拆分

拆分，顾名思义，就是将一个文档窗口拆分成两个，以用户在编辑部分内容时，随时查看其他内容。将光标放置在文档所需位置，在"视图"选项卡中单击"拆分"按钮即可，如图8-3所示。将光标放置在分隔线上，当光标呈上下箭头形状时，拖拽该分隔线至合适位置即可调整窗口范围，如图8-4所示。

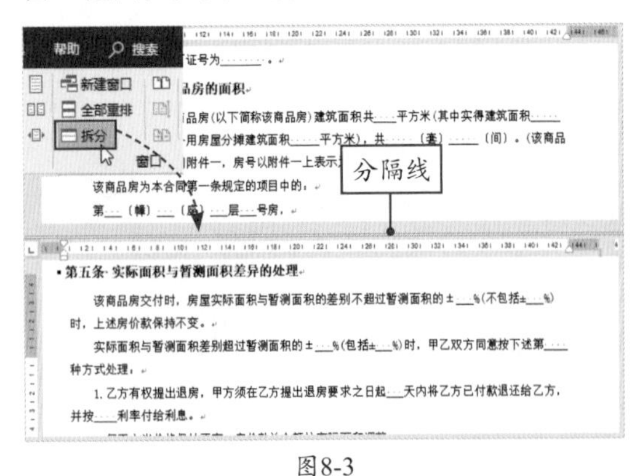


图8-3

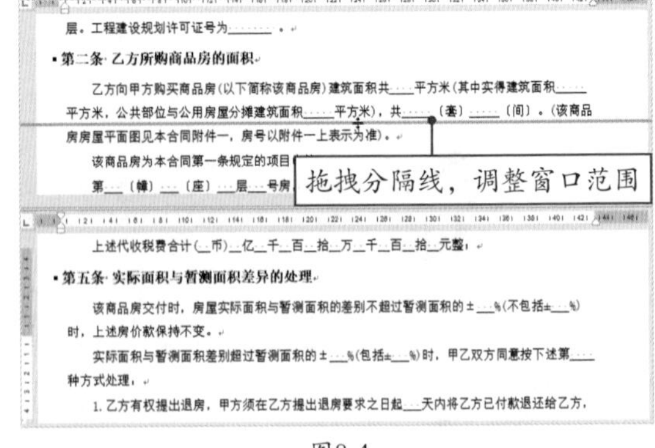


图8-4

如果想要取消拆分操作，可以在"视图"选项卡中单击"取消拆分"按钮，或者将分隔线拖拽出编辑区。

### 4. 并排查看

“并排查看”与“全部重排”相类似。只不过“并排查看”一次只能查看两个文档，而“全部重排”可以一次性查看多个文档。如果需要将两份文档进行比较，如原始文档和修订后的文档，那么使用“并排查看”功能还是比较方便的。

在“视图”选项卡中单击“并排查看”按钮即可，如图8-5所示。

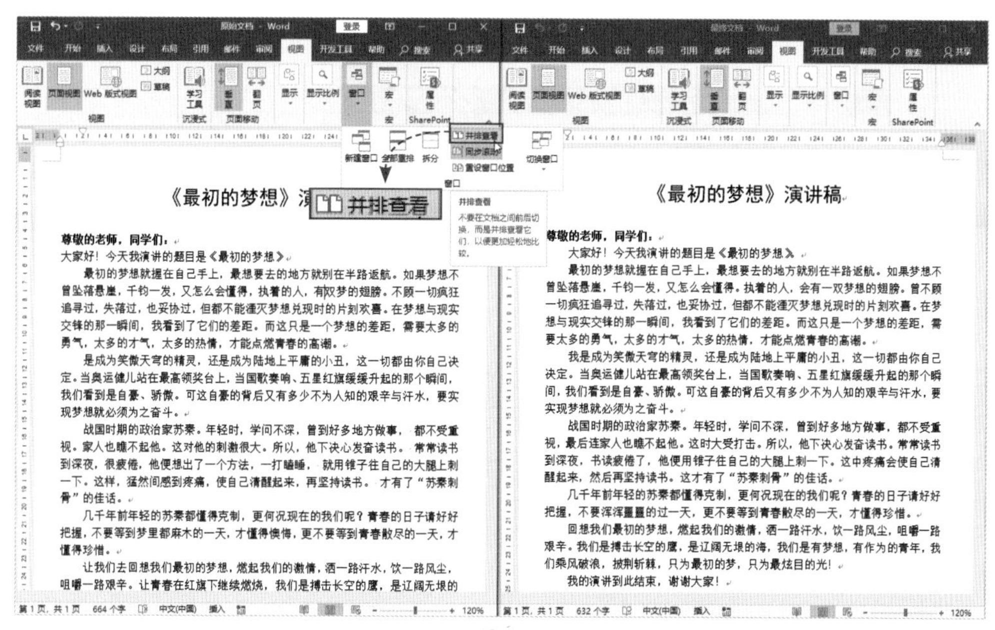


图8-5

开启“并排查看”功能后，系统将自动开启“同步滚动”功能。也就是说，当用户滚动屏幕时，两份文档会实现同步滚动的效果。当然，如果想要取消“同步滚动”效果，只需单击该命令即可，如图8-6所示。

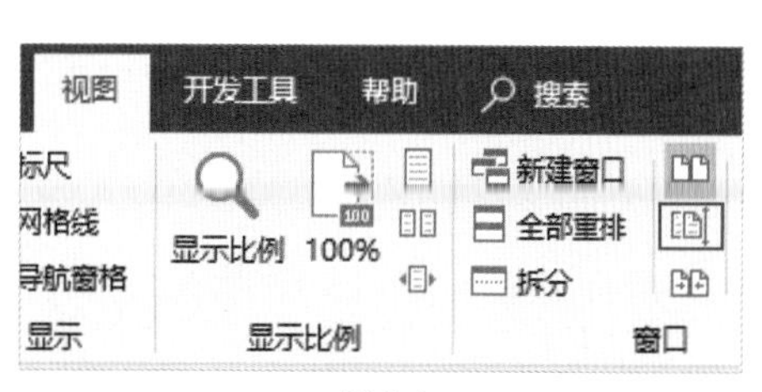


图8-6

如果用户同时打开多个文档，这时想要开启“并排查看”功能的话，系统会打开“并排比较”对话框，在此选择所需查看的文档即可，如图8-7所示。

图8-7

## ■8.1.2 利用大纲视图查看文档

在查看文档时，用户只能看到当前页面上的内容，很难把握到文档的整体结构框架。而大纲视图功能就很好地解决了这个问题。

打开所需文档，在“视图”选项卡的“视图”选项组中单击“大纲”按钮，即可切换到大纲视图界面，如图8-8所示。在该视图界面中，系统省略了一些不必要的文本格式，并提炼出文档的主要结构，让用户一目了然。

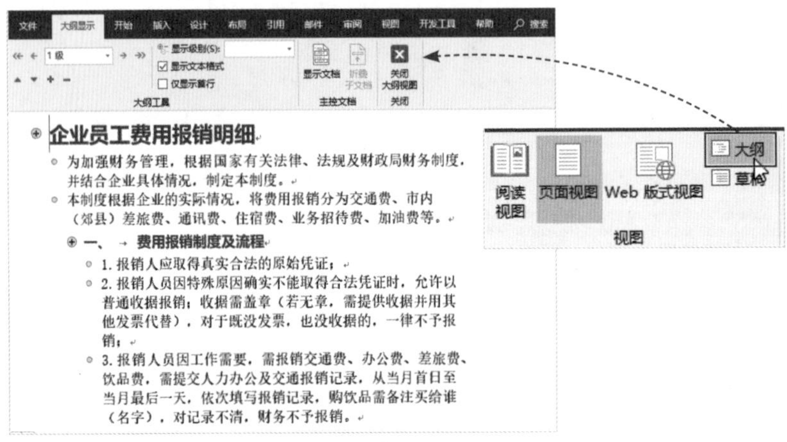


图8-8

在大纲视图中，双击标题前方的⊕按钮，可以折叠该标题所对应的下级内容，折叠后的效果如图8-9所示。而再次双击该按钮，可以展开相应的内容。

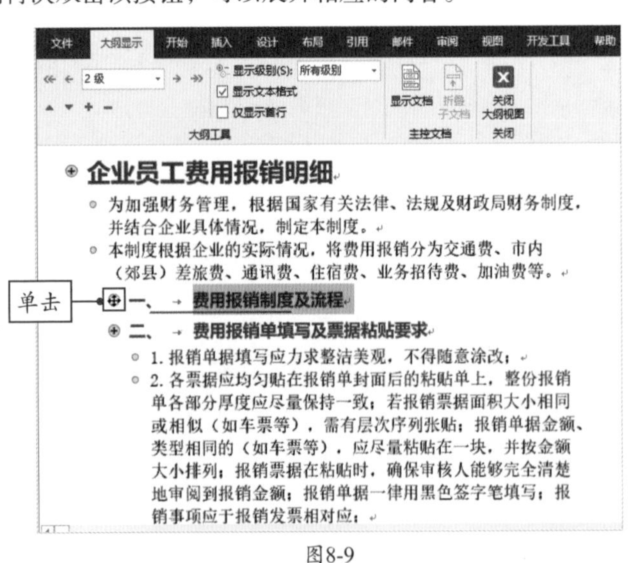


图8-9

在“大纲工具”选项组中单击“显示级别”下拉按钮，可以选择文档的显示级别。如果想只显示“2级”效果则如图8-10所示。

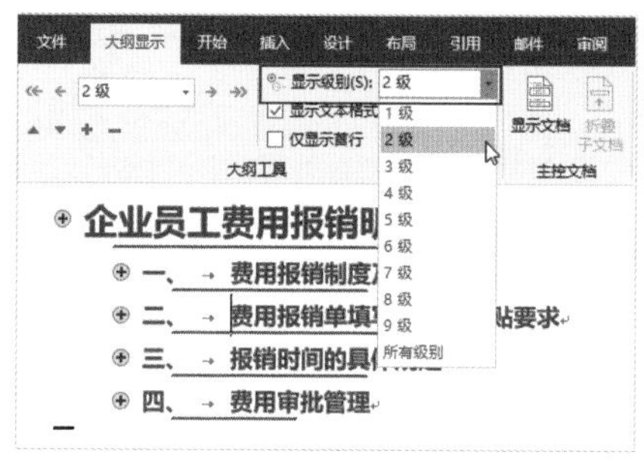

图8-10

为什么我切换到大纲视图后，什么内容都没有呢？

那是因为你没有为文档设置标题样式。只要设置一下标题级别，这个问题就解决了。

在大纲视图中，用户还可以调整文档的结构层次。例如，将2级内容整体调整成1级，只需选中2级标题，在“大纲工具”选项组中单击“大纲级别”下拉按钮，选择“1级”选项，此时所有2级标题的内容已升级为1级，如图8-11所示。单击“关闭大纲视图”按钮，返回到正常视图界面，用户会发现原文档也随之发生了变化。

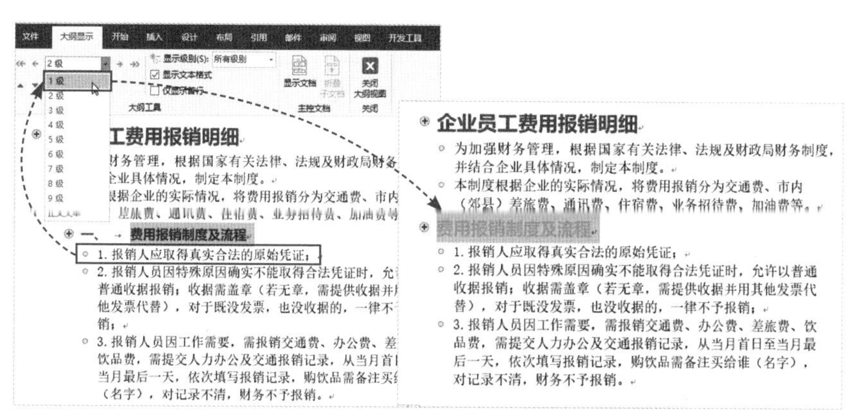

图8-11

默认情况下，文档会以“页面视图”模式显示。在Word中用户还可以使用其他视图来浏览文档，如“阅读视图”“Web版式视图”“大纲”和“草稿”这四种模式。其中，“阅读视图”模式比较常用。

单击“阅读视图”按钮即可切换至该视图界面，如图8-12所示。在该视图模式下，文档只能被浏览，不能进行编辑修改。在标题栏中单击“视图”下拉按钮，用户可以根据需要选择当前视图的显示方式，如显示导航窗格、设置页面颜色、调整界面布局等，如图8-13所示。

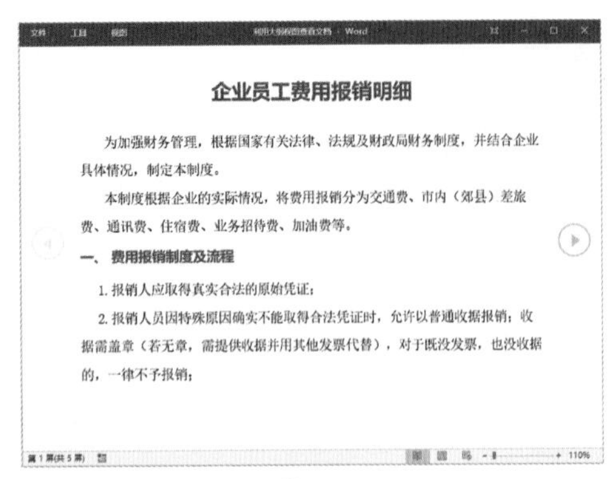
图8-12

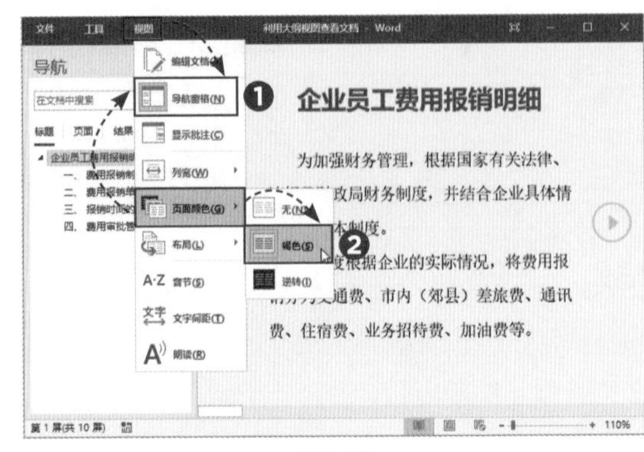
图8-13

**新手误区：**在“视图”列表中选择“编辑文档”选项后，系统会跳转到正常编辑界面（页面视图）。应在此对文档进行编辑，而不是在阅读界面中编辑。

# 8.2 在Word中调用其他数据

在日常工作中，用户经常需要将其他格式的数据信息调入至Word中使用。例如，将Excel表格调入至Word中，或是将Word转换成PPT等。那么，如何才能高效地进行转换操作呢？下面将介绍一些各软件间相互协作的小技巧，以供用户参考使用。

## ■8.2.1 Excel与Word间的协作

扫码观看视频

在Word中调入Excel表格信息，只需先选中Excel表格内容，按组合键Ctrl+C复制，然后在Word文档中指定好表格的插入点，在“开始”选项卡中单击“粘贴”下拉按钮，从中选择“选择性粘贴”选项，在打开的同名对话框中单击“粘贴链接”单选按钮，并选择“Microsoft Excel 工作表对象”选项，最后单击“确定”按钮即可，如图8-14所示。

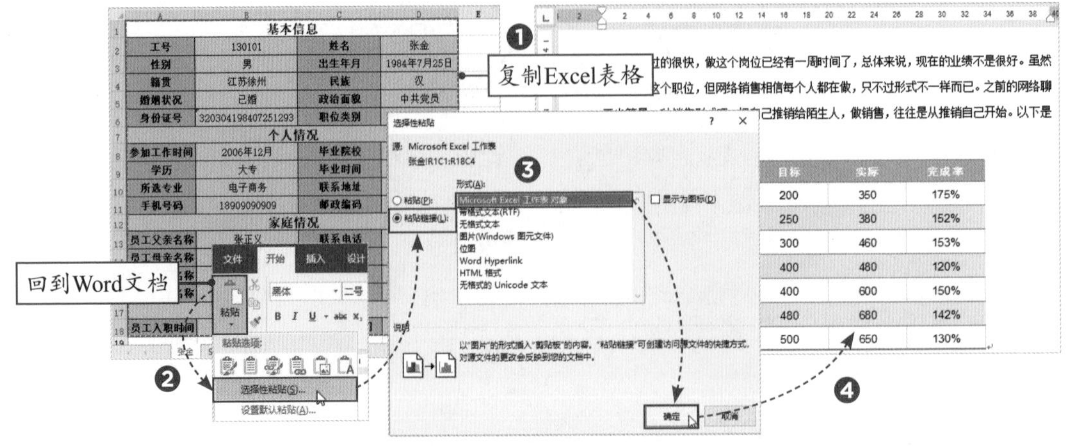

图8-14

经过以上操作，Excel表格被原封不动地复制了下来，如果Excel表格数据有变动，Word表格也会同步更新。数据更新可以参照本书“5.1.2　导入Excel表格内容”进行操作。

当然，除了上述方法外，还有很多方法。例如，本书第5章讲解的如何利用“对象”功能调入，或者使用鼠标右键选择相应的粘贴选项调入数据等。

如果想在Word中对调入的Excel表格数据进行更改，可以直接双击该表格，系统会自动打开Excel软件窗口，在此进行修改即可。

有时也需要将Word表格的数据调入到Excel表格中，经常会出现表格变形的问题。针对这个问题，用户可以通过以下方法来解决。

打开所需Word文档，按F12键打开“另存为”对话框，将文档以“网页”格式保存，如图8-15所示。打开Excel表格，打开“打开”对话框，选择刚保存的网页格式的文件即可，如图8-16所示。

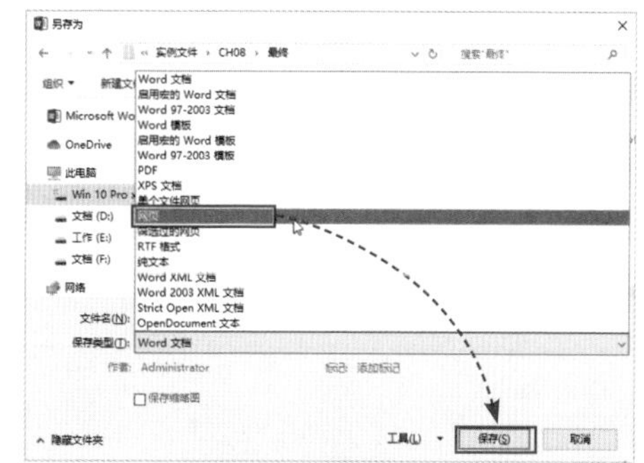


图8-15

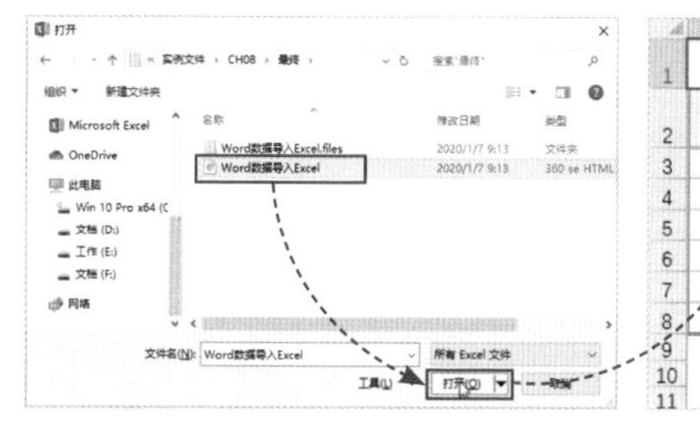


| 客户预定单 | | | | |
|---|---|---|---|---|
| 客户名称 | 预定品项 | 预定件数 | 开单价 | 金额 |
| 幸福食品 | 草莓大福 | 50 | 150 | 7500 |
| | 雪花香芋酥 | 30 | 100 | 3000 |
| | 金丝香芒酥 | 30 | 120 | 3600 |
| | 脆皮香蕉 | 20 | 130 | 2600 |
| | 红糖发糕 | 40 | 90 | 3600 |
| | 果仁甜心 | 30 | 130 | 3900 |

图8-16

**新手误区：**用户在将文档另存为网页格式时，需要将Word表格进行备份，一旦将Word表格设为网页格式的文件，再想设为Word文档格式就不好办了。

## 8.2.2　Word转换成PPT

要将Word文档转换成PPT文稿，可以通过以下两种方法进行操作。

### 1. 更改后缀名

这种方法非常方便，只需将Word的后缀名“.docx”改为PPT的后缀名“.ppt”就可以了，如图8-17所示。

*.ppt格式的文件的版本比较低，支持97-2003版本的PPT。而现在高版本的PPT，其后缀名已改为“.pptx”。需要注意的是，如果使用以上方法转换PPT，只能将后缀名改为低版本（.ppt）格式，否则将无法打开转换后的PPT文件。

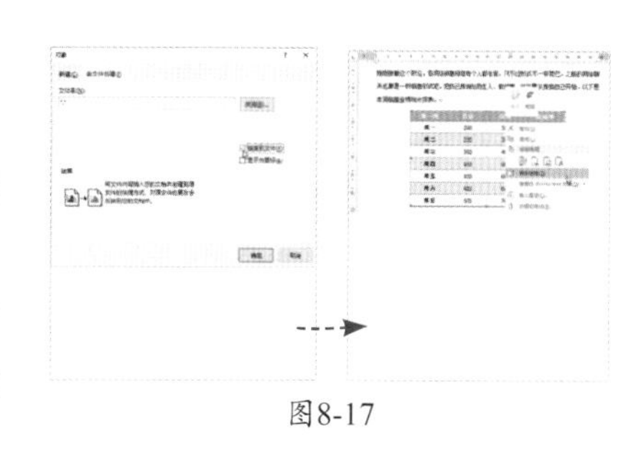

图8-17

### 2. 一键转换

Word系统自带转换命令，默认情况下该命令是不被显示在操作界面中的，需要通过用户手动调出才可以。打开“Word 选项”对话框，选择“快速访问工具栏”选项，在“从下列位置选择命令”列表中选择“所有命令”，并从列表框中选择“发送到Microsoft PowerPoint”选项，单击“添加”按钮，如图8-18所示，此时该命令就会显示在快速访问工具栏中了。

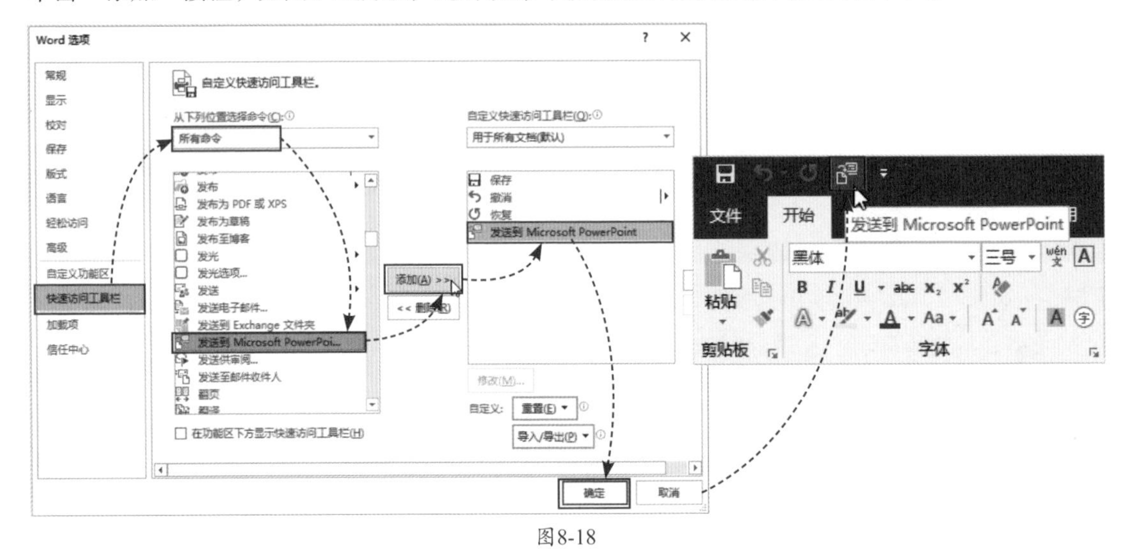


图8-18

命令添加完成后，用户只需在快速访问工具栏中单击“发送到Microsoft PowerPoint”按钮，即可将当前Word文档直接发送到PPT中，如图8-19所示。

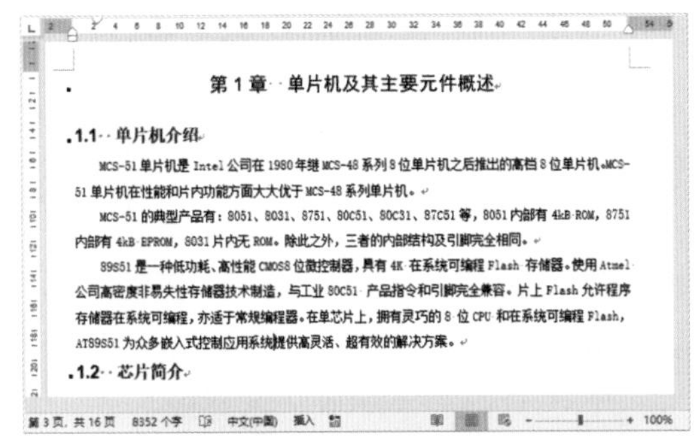
第 1 章 单片机及其主要元件概述

1.1 单片机介绍

MCS-51 单片机是 Intel 公司在 1980 年继 MCS-48 系列 8 位单片机之后推出的高档 8 位单片机。MCS-51 单片机在性能和片内功能方面大大优于 MCS-48 系列单片机。

MCS-51 的典型产品有：8051、8031、8751、80C51、80C31、87C51 等，8051 内部有 4kB ROM，8751 内部有 4kB EPROM，8031 片内无 ROM。除此之外，三者的内部结构及引脚完全相同。

89S51 是一种低功耗、高性能 CMOS 8 位微控制器，具有 4K 在系统可编程 Flash 存储器。使用 Atmel 公司高密度非易失性存储器技术制造，与工业 80C51 产品指令和引脚完全兼容。片上 Flash 允许程序存储器在系统可编程，亦适于常规编程器。在单芯片上，拥有灵巧的 8 位 CPU 和在系统可编程 Flash，AT89S51 为众多嵌入式控制应用系统提供高灵活、超有效的解决方案。

1.2 芯片简介

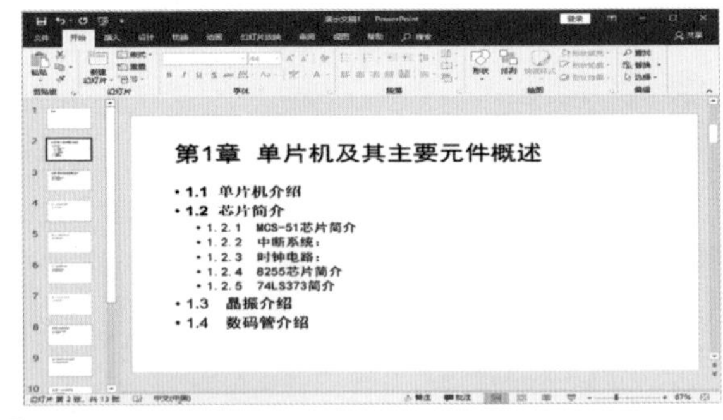


图8-19

张姐，从图8-19所示的效果来看，转换后的PPT只显示了文档的标题，没有显示正文内容啊？

先给你打个预防针，只有设置了大纲级别的Word文档才能够一键转换为PPT。这点你一定要记住。如果想要显示正文内容，那么在Word文档中，将正文内容再设置一下大纲级别就可以了。

将Word文档转换成PPT后，需要对PPT进行适当的加工和美化，如文字内容的提炼、配图的添加、页面的美化等。添加了PPT主题的文稿效果如图8-20所示。如果只是简单地将Word内容复制到PPT中，而无任何美化操作，这样的PPT会显得枯燥、乏味。

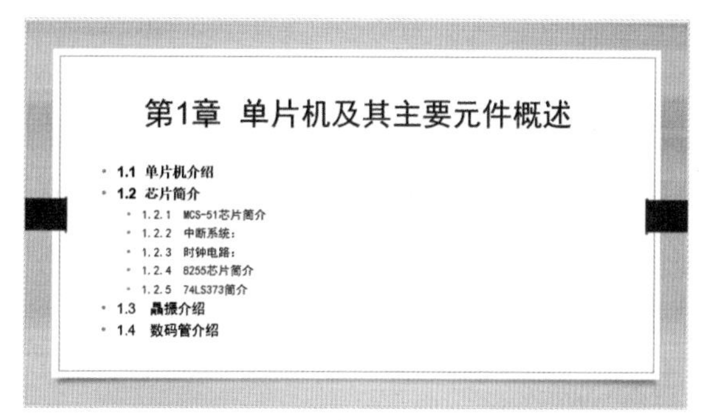


图8-20

## 8.3 打印文档的方法

文档制作完成后，有时需要将文档打印出来，以方便他人浏览、阅读。虽说打印操作很简单，但实际操作起来总会遇到各种问题。下面将介绍一些打印文档的小技巧，希望能够帮助到用户。

### 8.3.1　打印时文档版式变化了怎么办

文档做好后，拿到打印店去打印，可是打印出来的文档版式上发生了变化。这时有的人会以为只能重新对文档进行排版后再打印。要知道，这个问题其实是可以避免的，用户只要在打印前将最终文档转换成PDF格式就好了，在Word中按F12键打开“另存为”对话框，将“保存类型”设为“PDF”即可，如图8-21所示。

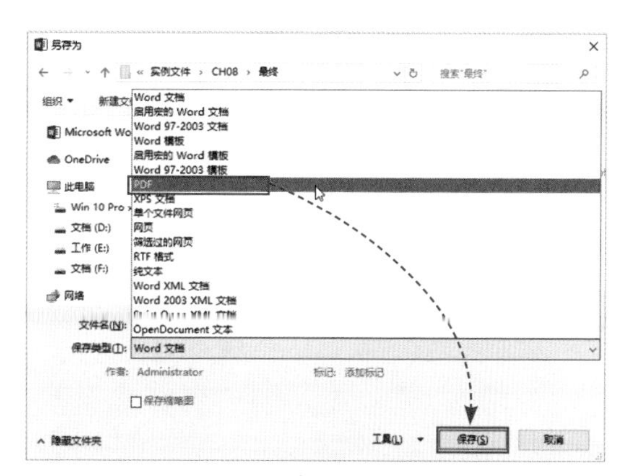


图8-21

PDF是印刷行业的印前标准，它是版式文件。将文档转换成PDF格式后，文档内存会变小，便于传输，同时也可以避免使用其他软件打开时产生的不兼容和字体替换问题。所以为了避免打印时文档内容出现问题，应先将文档转换为PDF格式，再进行打印操作。

### 8.3.2　如何打印指定区域的内容

扫码观看视频

默认情况下，在“打印”界面中单击“打印”按钮后，就会打印出文档中的所有内容。那么用户如果只想打印某个范围中的内容，该怎么设置呢？

答案很简单，如果只想打印文档中的某几页内容，只需在“打印”界面中的“页数”文本框中输入所需打印的页码，如输入“2-6”，单击“打印”按钮，如图8-22所示。此时从第2页至第6页的内容就会被打印出来了。

上述内容是打印连续页面的操作，如果想打印不连续的页面，那么用户只需将页码之间用逗号隔开，如输入“2,6,8”。此时文档的第2页、第6页和第8页的内容就会被打印出来，如图8-23所示。

当然，用户也可以将上述两种方式组合起来使用。例如，在“页数”方框中输入“2,6-10”后，文档的第2页、第6页、第7页、第8页、第9页和第10页的内容就会被打印出来，如图8-24所示。

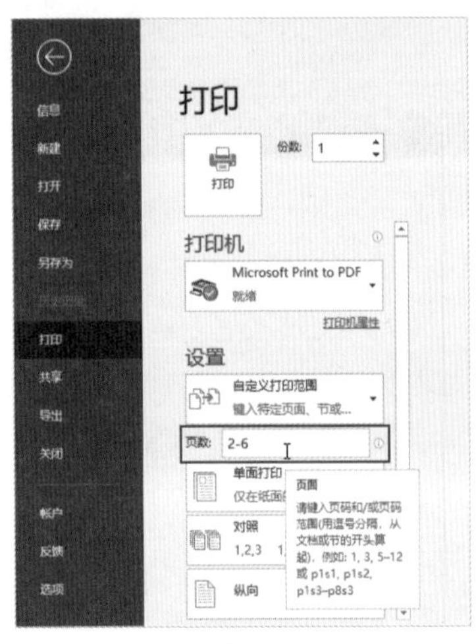


图8-22

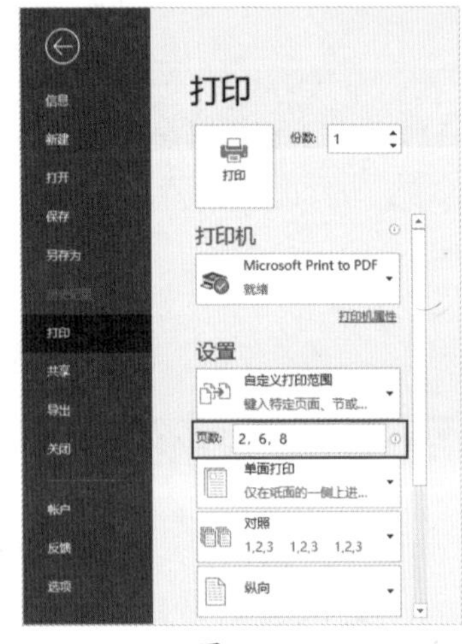


图8-23

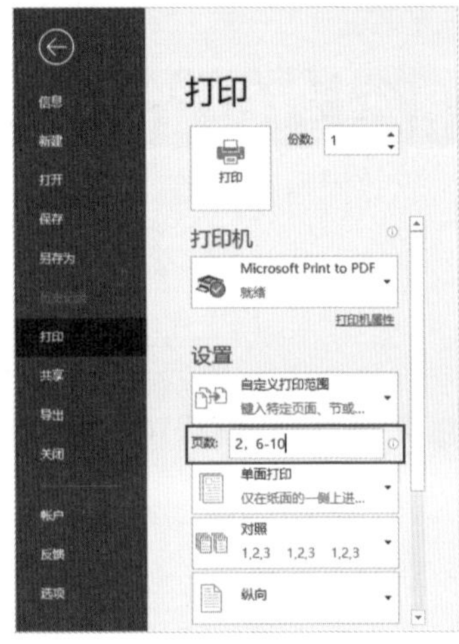


图8-24

张姐，如果我只想打印文档的某段内容或某一节内容，该怎么办呢?

这个好办，选中所需打印的内容，打开“打印”界面，将打印选项设为“打印选定区域”就可以了。具体操作请往下看。

在文档中选择要打印的内容，按组合键Ctrl+P进入“打印”界面，单击“设置”下拉按钮，选择“打印选定区域”选项即可，如图8-25所示。

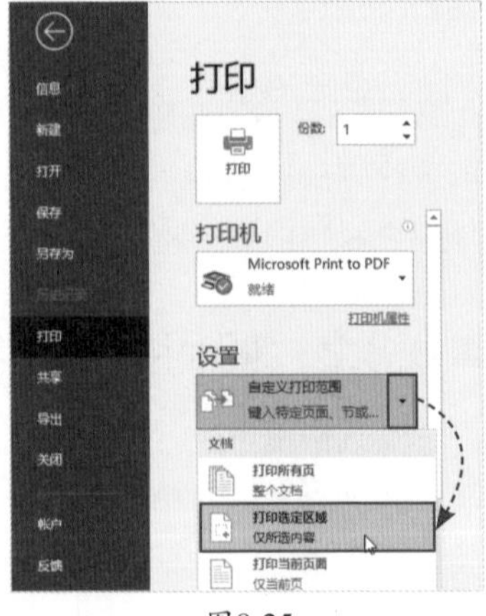


图8-25

## 知识拓展

在打印文档时，用户可以对文档的打印方向进行调整。例如，当前页面是纵向显示的，如果用户认为横向显示的效果会更好，那么只需在打印界面中单击“设置”下拉按钮，从中选择“横向”即可。

## ■8.3.3　如何一次性打印多份长文档

在打印1份长文档时，系统会按照页码顺序进行打印。那么，如果需要打印5份长文档时，系统就会先将第1页打印5份，然后再将第2页打印5份，依此类推，直到最后。打印后，用户还得手动整理文档的顺序。而理想的打印顺序应该是，先从文档的第一页打印到最后一页，然后重复5遍。这样的操作可以实现吗？

答案是肯定的。在“打印”界面中的“设置”选项下选择“对照”选项即可，如图8-26所示。

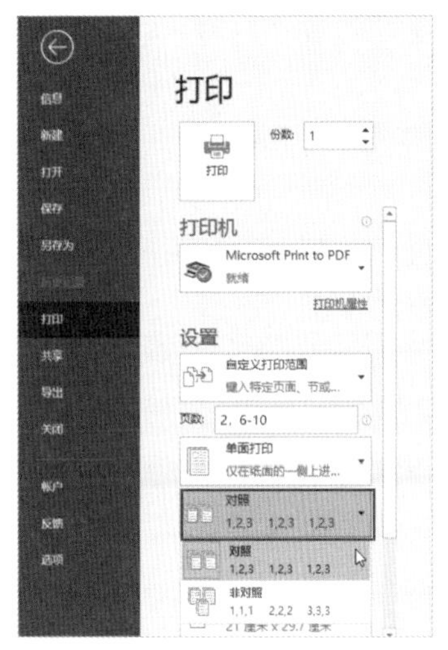


图8-26

## ■8.3.4　如何实现双面打印

有时为了工作需求，要将文档进行双面打印。那么，这就需要将文档的奇数页和偶数页分开打印。下面介绍一下具体的操作方法。

打开“打印”界面，在“设置”选项下单击“打印所有页”下拉按钮，先选择“仅打印奇数页”选项进行打印，如图8-27所示。奇数页打印完成后，将纸张翻面放入打印机中，然后再选择“仅打印偶数页”选项即可，如图8-28所示。

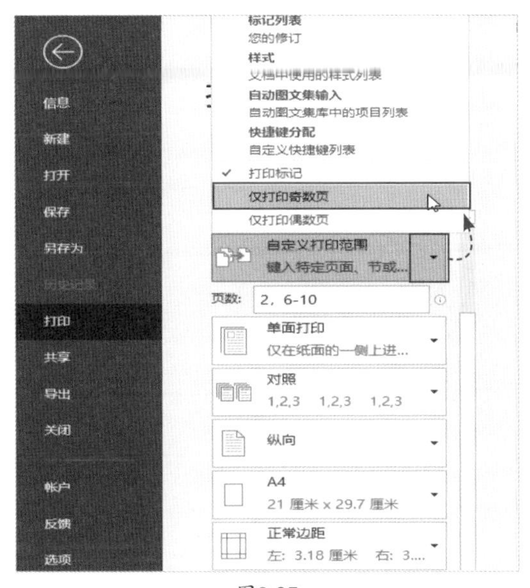


图8-27

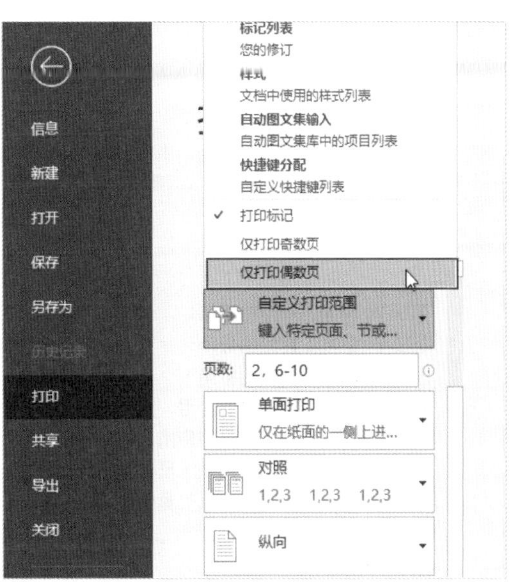


图8-28

# 综合实战

## 8.4 多人协作编排一份电子书稿

对于长文档来说，多人协作的效率要比一个人的效率高。但多人共同制作一份文档往往会涉及文档的重复拆分与合并操作。这时，用户就可以利用主控文档功能来操作。本案例将以编辑电子书稿为例，来向用户介绍文档的拆分与合并。

扫码观看视频

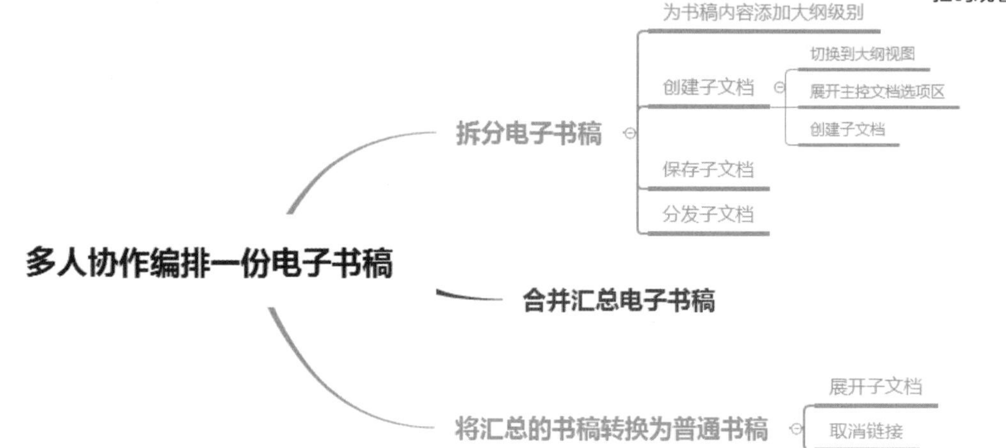


### 8.4.1 分发电子书稿

既然是多人共同编辑一份书稿，那么肯定需要分配好每个人负责的编写范围。下面将利用文档拆分功能来操作，好让每个人都能够按照指定的范围有序地展开编写。

**Step 01 指定编写范围。**新建一份空白文档，并设置好保存文档的位置，将文件标题设为“主控文档”，然后在文档中输入所需编写的内容标题，如图8-29所示。

**Step 02 设置大纲级别。**将所有标题内容添加“标题1”样式，并设置好其样式，如图8-30所示。

第一节 画笔工具组的应用
第二节 形状工具组的应用
第三节 图章工具组的应用
第四节 橡皮擦工具组的应用
第五节 历史记录工具组的应用
第六节 模糊、涂抹、锐化工具的应用
第七节 减淡、加深、海绵工具的应用
第八节 课后拓展训练

图8-29

第一节 画笔工具组的应用
第二节 形状工具组的应用
第三节 图章工具组的应用
第四节 橡皮擦工具组的应用
第五节 历史记录工具组的应用
第六节 模糊、涂抹、锐化工具的应用
第七节 减淡、加深、海绵工具的应用
第八节 课后拓展训练

设置“标题1”级别

图8-30

**Step 03 切换到大纲视图。**将在“视图”选项卡中单击“大纲”按钮，切换到大纲视图界面，如图8-31所示。

**Step 04 展开“主控文档”选项组。**在打开的“大纲显示”选项卡中单击“显示文档”按钮，展开“主控文档”选项组，如图8-32所示。

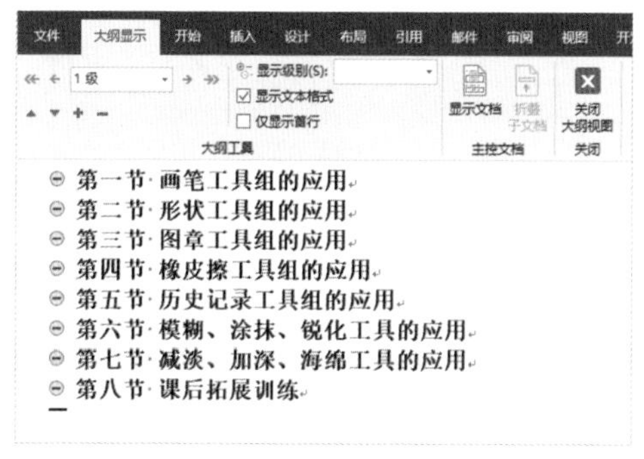


图8-31

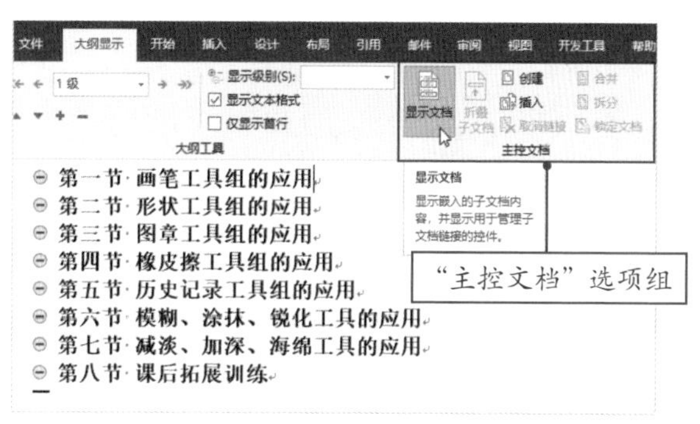


图8-32

**Step 05 创建子文档。**在“大纲工具”选项组中单击“显示级别”下拉按钮，选择“1级”选项。选中所有标题内容，在“主控文档”选项组中单击“创建”按钮，此时系统会将每一节标题利用分节符进行分隔，如图8-33所示。

**Step 06 保存子文档。**按组合键Ctrl+S保存主控文档。此时，在主文档所在的位置处会显示其他8个子文档，同时这些子文档会以相应的标题名称命名，如图8-34所示。



图8-33

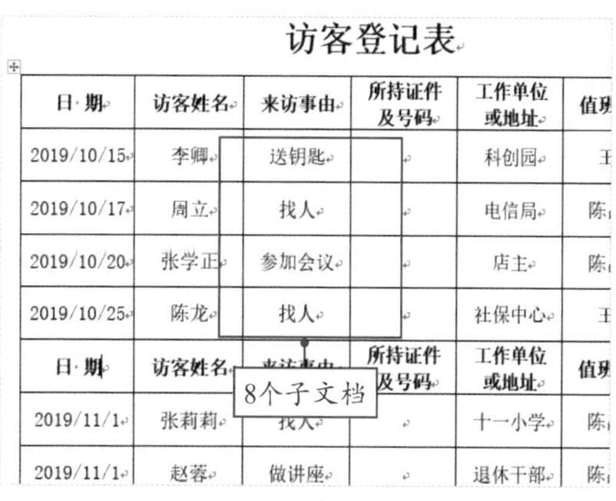

访客登记表

| 日期 | 访客姓名 | 来访事由 | 所持证件及号码 | 工作单位或地址 | 值班 |
|---|---|---|---|---|---|
| 2019/10/15 | 李卿 | 送钥匙 | | 科创园 | 王 |
| 2019/10/17 | 周立 | 找人 | | 电信局 | 陈 |
| 2019/10/20 | 张学正 | 参加会议 | | 店主 | 陈 |
| 2019/10/25 | 陈龙 | 找人 | | 社保中心 | 王 |
| 日期 | 访客姓名 | 来访事由 | 所持证件及号码 | 工作单位或地址 | 值班 |
| 2019/11/1 | 张莉莉 | 找人 | | 十一小学 | 陈 |
| 2019/11/1 | 赵蓉 | 做讲座 | | 退休干部 | 陈 |



图8-34

**Step 07 分发子文档。**设置完成后，关闭主控文档，双击任意一个子文档查看效果，如图8-35所示。确认无误后，就可以将这些子文档分发给每个人进行编辑了。

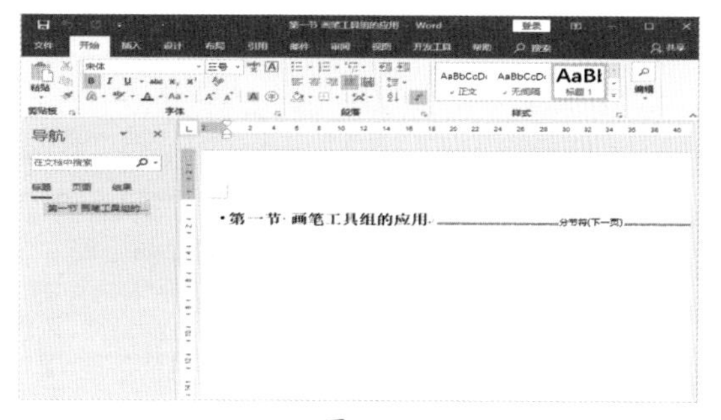


图8-35

● **新手误区：** 在保存好子文档后，这些文档就不能再改名或移动了，否则，主文档会因找不到子文档而无法显示。

## ■8.4.2 合并汇总电子书稿

当所有人把稿件编辑好并将其发回来后，用户需要将这些文档分别覆盖原来的子文档，才能完成文档的汇总操作。文档汇总的具体操作如下。

**Step 01 打开主控文档。** 当旧的子文档分别被新的文档覆盖完成后，打开主控文档，这时该文档会显示所有子文档的链接信息，如图8-36所示。

**Step 02 展开子文档。** 切换到大纲视图，在“主控文档”选项组中单击“展开子文档”按钮，即可显示各子文档的内容，此时“展开子文档”按钮变为“折叠子文档”按钮，如图8-37所示。

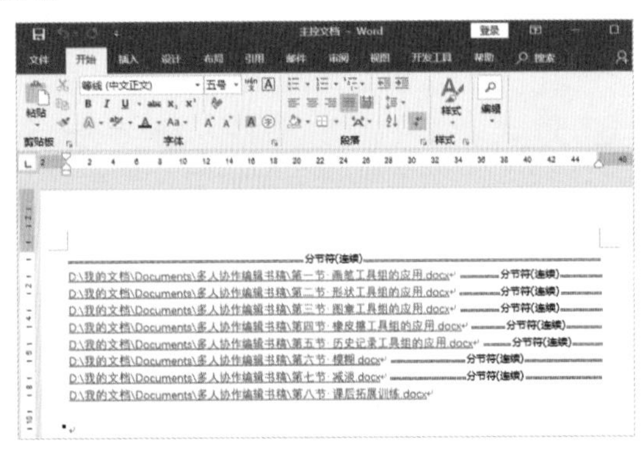

图8-36

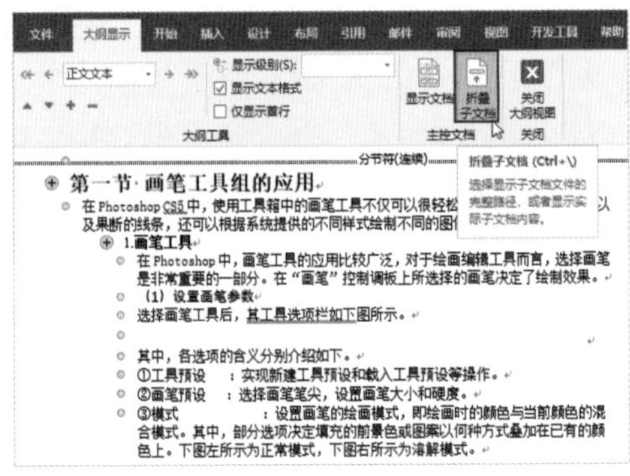

图8-37

● **新手误区：** 在大纲视图中只会显示文档中的文本内容，所有图形或图片是无法被显示出来的。

**Step 03 查看页面视图效果。** 在“视图”选项卡中单击“页面视图”按钮，即可切换到正常的视图界面。在此，可以浏览汇总后的文档效果，用户可以对此文档进行批注或修订。确认无误后，按组合键Ctrl+S进行保存，如图8-38所示。

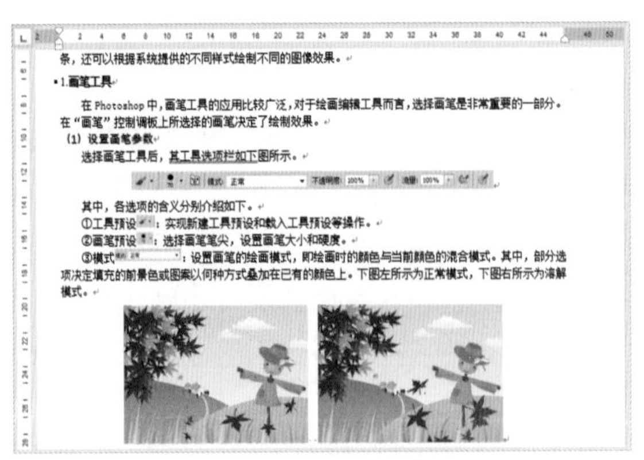

图8-38

**知识拓展**

在主控文档修改的内容，如添加的批注、修订等记录都会被同步保存到相应的子文档中。

## ■8.4.3 将汇总的电子书稿转换为普通书稿

拆分过的主控文档不会自动显示所有子文档的内容，需要经过转换才可以，具体转换操作如下。

**Step 01 展开子文档。**切换到“大纲视图”界面，在“主控文档”选项组中单击“展开子文档”按钮，展开所有子文档内容。

**Step 02 取消链接。**此时将光标放置在所需取消链接的子文档中，在“主控文档”选项组中单击“取消链接”按钮，如图8-39所示，此时文档的边框线将消失。

**Step 03 保存文档。**在“大纲显示”选项卡中单击“关闭大纲视图”按钮，关闭当前视图。按F12键打开“另存为”对话框，将当前文档另存为一份新文档，即可完成转换操作，如图8-40所示。

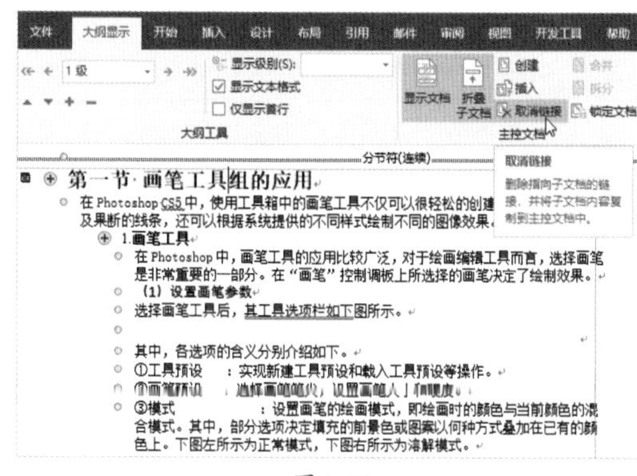

图8-39

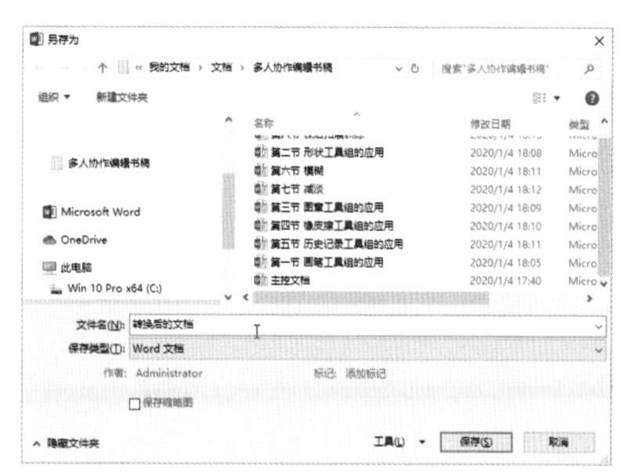

图8-40

**Step 04 打印文档。**打开普通文档，再次确认一下是否需要调整。如确认无误后，单击“文件”选项卡，打开“打印”界面，预览打印效果，单击“打印”按钮，即可打印当前文档，如图8-41所示。

至此，多人协作编辑电子书稿已制作完毕。

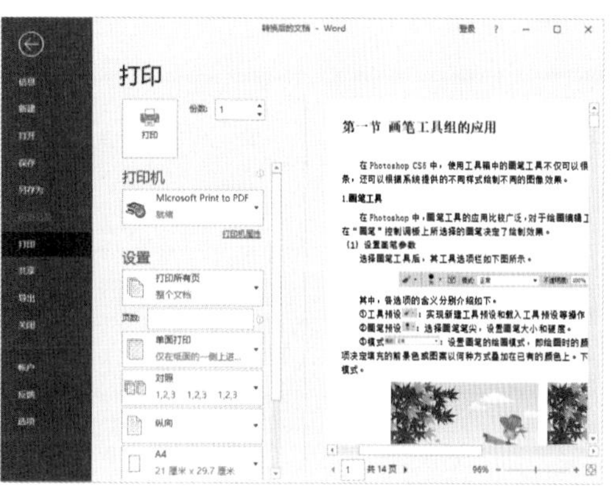

图8-41

# 课后作业

通过对本章内容的学习，相信大家应该对文档的查阅、办公软件间的协作和文档的打印有了一定的了解。为了巩固本章所学的知识，大家可以根据以下的思维导图打印一份员工聘用协议书。

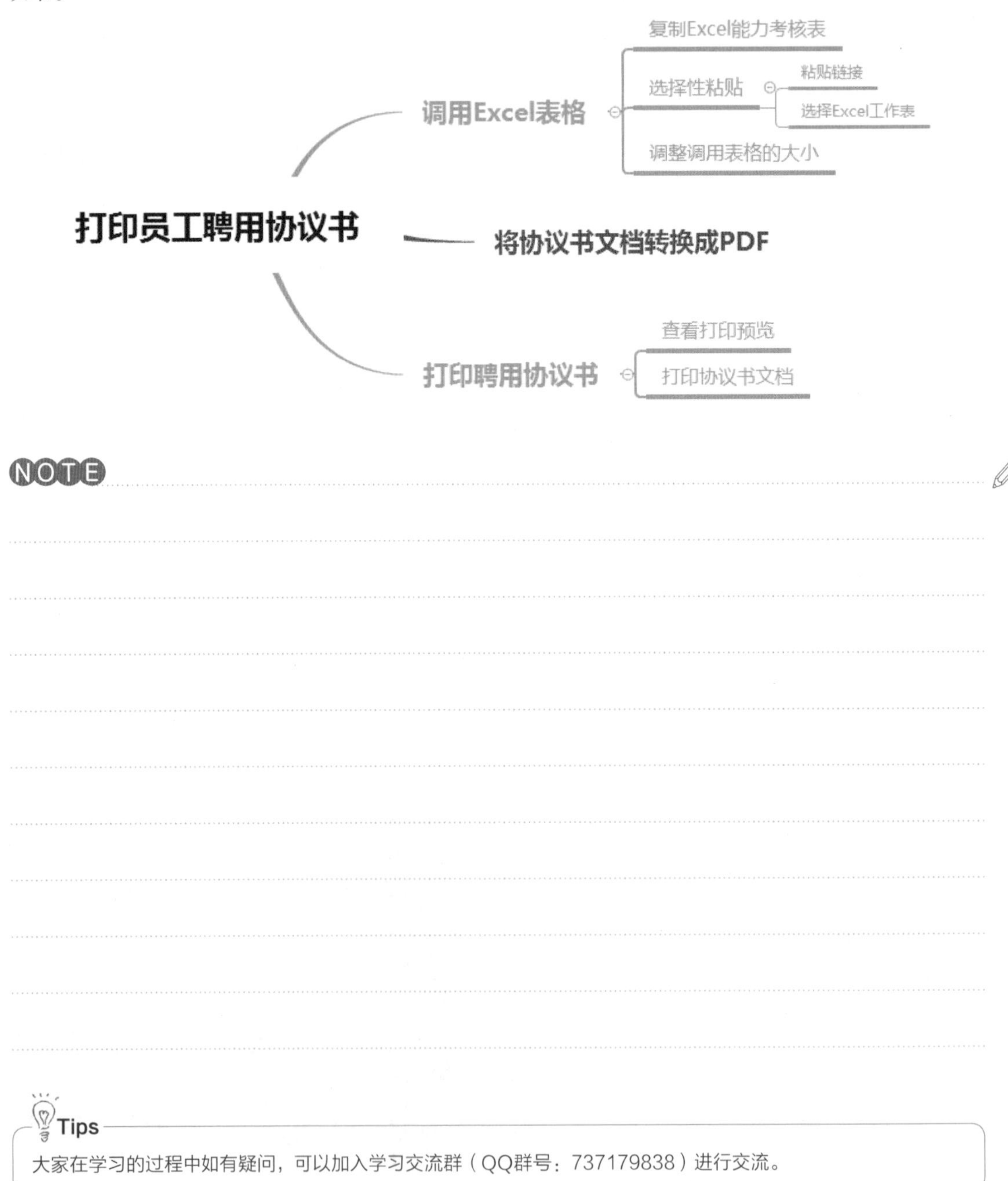


Tips

大家在学习的过程中如有疑问，可以加入学习交流群（QQ群号：737179838）进行交流。